国际金融实务

主　审　纪建新
主　编　冷　静　张宗英
副主编　周艾丽　贺婷婷
参　编　袁梦秋　邓　帆

北京理工大学出版社
BEIJING INSTITUTE OF TECHNOLOGY PRESS

版权专有　侵权必究

图书在版编目（CIP）数据

国际金融实务 / 冷静, 张宗英主编. --北京：北京理工大学出版社, 2022.7
ISBN 978-7-5763-1476-2

Ⅰ.①国… Ⅱ.①冷… ②张… Ⅲ.①国际金融-高等学校-教材 Ⅳ.①F831

中国版本图书馆CIP数据核字（2022）第118370号

出版发行 / 北京理工大学出版社有限责任公司	
社　　址 / 北京市海淀区中关村南大街5号	
邮　　编 / 100081	
电　　话 /（010）68914775（总编室）	
（010）82562903（教材售后服务热线）	
（010）68944723（其他图书服务热线）	
网　　址 / http：//www.bitpress.com.cn	
经　　销 / 全国各地新华书店	
印　　刷 / 涿州市新华印刷有限公司	
开　　本 / 787毫米×1092毫米　1/16	
印　　张 / 14.75	责任编辑 / 王晓莉
字　　数 / 352千字	文案编辑 / 王晓莉
版　　次 / 2022年7月第1版　2022年7月第1次印刷	责任校对 / 周瑞红
定　　价 / 75.00元	责任印制 / 施胜娟

图书出现印装质量问题，请拨打售后服务热线，本社负责调换

前　言

　　金融是货币资金融通以及与之相关的信用活动的总称，现代经济的核心就是金融。当与货币、信用、资金融通有关的经济活动跨越了国界，便成为国际金融。国际金融活动使资本等生产要素在全球范围内实现更优的配置，从而极大地促进了世界经济的发展，但与此同时，国际金融领域的剧烈波动也给各国的宏观经济和微观主体带来各种风险。历史经验表明，作为当今世界经济中发展最快、最活跃，同时也是最不稳定的领域，国际金融因素是国际竞争与合作的关键一环，具有极其重要的地位。

　　改革开放以来，中国经济经历了 40 多年的高速增长，取得了举世瞩目的成就。但支撑我国经济高速增长的要素条件与国际环境已发生明显变化，中国经济发展面临新的挑战。从国内看，十九大报告指出，我国经济已由高速增长阶段转向高质量发展阶段，正处在转变发展方式、优化经济结构、转换增长动力的攻关期，建设现代化经济体系是跨越关口的迫切要求和我国发展的战略目标。从国际看，世界经济呈现低增长、不平衡、多风险的特征，贸易保护主义和逆全球化抬头。受疫情和局部地区冲突等因素的影响，金融产品和大宗商品价格波动剧烈，地缘政治风险加剧，世界经济存在诸多不确定性，我国发展面临的外部环境更趋复杂。与此同时，在"百年未有之大变局"中，我国已进入中国特色社会主义新时代。面对深刻复杂的国内外环境，在习近平同志为核心的党中央领导下，我国在构建更高水平开放格局上不断取得新的进展：共建"一带一路"、成立自贸试验区、签订 RCEP 自贸协定、发展中欧班列……新的开放格局也为我国企业开展对外经贸活动提供了新的机遇和广阔的空间。在此背景下，中国货币金融政策的走向、人民币的国际化进程、人民币汇率的升降、国际金融市场的变化都会对我国宏观经济、企业发展乃至个人生活产生深远的影响。因此，正确理解和分析国际金融现象、了解国际金融发展的新动态、熟悉国际金融工具的特点和运用、掌握参与国际金融活动的相关技能，是每一个从事涉外经济活动的工作者必备的素质。

　　"国际金融"是高职财经商贸大类专业普遍开设的一门专业课程。目前面向高职层面的国际金融教材比较丰富，这其中不乏具有创新性、实用性的优秀作品，体现了国内国际金融教育工作者的教育研究成果，它们也是本教材的重要参考对象。但同时其也存在内容比较庞大、与实际业务联系不够密切、不适应不同专业高职学生学习特点等问题。"三教"改革是深化职业教育内涵建设的切入点和关键抓手，教材改革是其中重要一环。如今项目化教学、混合式教学、课程思政改革已广泛应用，伴随经济环境新变化、外经贸行业新发展、现代教育技术新趋势，市面上迫切需要一本专门面向高职财经商贸类非金融专业学生的新型国际金融教材，以适应人才培养的需要。

　　本教材以项目化教学为基础，结合在线课程，实现混合式教学。力图突破传统的国际金融学科知识构架，以"理论够用、突出实践"为原则，选取与涉外经济交往密切相关的七大项目。按照"项目导向，任务驱动"的教学模式，从任务导入到国际金融基础知识认知，再到具体操作的逻辑，层层递进。根据高职学生的认知规律设置栏目，每个项目设置若干工作任务，每个任务包含任务导入、知识准备、操作示范、实训练习、拓展任务五大栏目，使教师教学和学生学习更加有的放矢，实现"教学做"一体化。每个项目最后设置思政专栏、项目习题和总结评价，贯彻课程思政教育，达到从感性认识到理性认识的提升，完成整个项目的学习反思和评价。总的来说，本教材具有以下几方面的特色和优势：

一、体现职业教育特征

基于涉外、经贸、职业、实务等前提，校企合作开发教材，选取涉外经济往来中的典型工作情境、任务和案例，设置项目任务，实现"项目导向，任务驱动"的教学模式。引入实际业务中的单据、表格，增加任务单、评分表等教学工具，有效帮助教师运用启发式、讨论式、探究式等多种教学方法，促进教学效果提升。

二、体现时代变化趋势

随着时代的发展，一方面国内外经济金融形势政策不断变化，另一方面新业态、新模式不断涌现，如我国外汇管理体制的改革，数字货币、跨境电商的兴起等。因此，我们在编写过程中特别注重教材的现实性和时效性，尽可能联系中国经济发展的新情况、新问题、新政策，密切联系涉外企业实务操作，使学生不仅能学到最基本、最重要的国际金融原理，而且能学以致用，解决国际贸易等涉外业务中的实际问题。

三、体现课程思政元素

充分挖掘每一个教学项目蕴含的思政元素，尽可能从官方渠道选取资料、案例，体现权威性、客观性，讲好中国金融故事，突出正能量。同时在每个教学项目最后，设置思政专栏栏目，着力培养学生的国际视野、家国情怀、诚信意识和工匠精神。

四、体现信息技术变革

建立与教材匹配的数字教学资源库，通过二维码的方式，与拓展知识、微课、图片、案例等建立链接，形成立体化教材。深化内涵，拓宽外延，使教材成为教师授课和学生学习的好帮手。

本教材不仅适合于高职财经商贸大类专业的学生学习，也适合于应用型本科相关专业学生，还可以作为外贸公司等涉外企业员工继续教育和培训的学习材料。

本教材由山东外贸职业学院冷静和张宗英担任主编，周艾丽和贺婷婷担任副主编，袁梦秋和朗新控股（山东）有限公司邓帆参与编写。全书由冷静进行统稿，青岛银行纪建新担任主审。

在本教材的编写过程中得到了山东陆桥国际货运有限公司、青岛百霖工贸有限公司、青岛桥港制衣有限公司、青岛益诚戴客贸易有限公司等多家涉外企业和中国银行青岛分行、交通银行青岛分行、青岛银行、中国出口信用保险公司山东分公司等多家金融机构为我们提供的业务帮助，在此表示衷心的感谢。此外我们还参阅了国内外大量文献资料并访问了相关网站，借鉴了其中的某些观点、数据和分析方法，在此一并表示感谢。

由于编者水平有限，书中难免有疏忽、欠缺之处，敬请广大读者批评指正。

冷　静

2022 年 4 月

目　　录

项目一　外汇 ·· 1

　　任务一　认识外汇 ··· 2
　　思政专栏 ·· 9
　　项目习题 ·· 11
　　总结评价 ·· 12

项目二　国际收支 ·· 13

　　任务一　解读国际收支 ·· 14
　　任务二　国际收支申报 ·· 26
　　思政专栏 ·· 31
　　项目习题 ·· 34
　　总结评价 ·· 35

项目三　外汇汇率 ·· 36

　　任务一　查找解读汇率行情 ·· 37
　　任务二　分析汇率 ··· 47
　　任务三　进出口报价折算 ·· 62
　　　子任务一　进口报价折算 ·· 62
　　　子任务二　出口报价折算 ·· 65
　　思政专栏 ·· 68
　　项目习题 ·· 69
　　总结评价 ·· 72

项目四　外汇交易 ·· 73

　　任务一　即期外汇交易操作 ·· 74
　　任务二　远期外汇交易操作 ·· 79
　　任务三　掉期交易操作 ·· 88
　　任务四　外汇期货交易操作 ·· 92

任务五　外汇期权交易操作 …………………………………………………… 98
　　思政专栏 ……………………………………………………………………… 103
　　项目习题 ……………………………………………………………………… 105
　　总结评价 ……………………………………………………………………… 107

项目五　外汇风险管理 ……………………………………………………………… 109

　　任务一　运用一般方法进行外汇风险管理 …………………………………… 110
　　任务二　运用金融交易进行外汇风险管理 …………………………………… 121
　　思政专栏 ……………………………………………………………………… 130
　　项目习题 ……………………………………………………………………… 132
　　总结评价 ……………………………………………………………………… 134

项目六　国际结算操作 ……………………………………………………………… 135

　　任务一　汇付业务操作 ………………………………………………………… 136
　　任务二　托收业务操作 ………………………………………………………… 143
　　任务三　信用证业务操作 ……………………………………………………… 151
　　　　子任务一　申请开立信用证 ……………………………………………… 151
　　　　子任务二　审核信用证 …………………………………………………… 162
　　任务四　跨境电商结算操作 …………………………………………………… 174
　　思政专栏 ……………………………………………………………………… 185
　　项目习题 ……………………………………………………………………… 186
　　总结评价 ……………………………………………………………………… 187

项目七　国际贸易融资 ……………………………………………………………… 188

　　任务一　短期国际贸易融资操作 ……………………………………………… 189
　　任务二　中长期国际贸易融资操作 …………………………………………… 207
　　任务三　出口信用保险项下的融资操作 ……………………………………… 217
　　思政专栏 ……………………………………………………………………… 225
　　项目习题 ……………………………………………………………………… 226
　　总结评价 ……………………………………………………………………… 227

参考文献 ……………………………………………………………………………… 228

项目一 外　汇

学习目标

素质目标：
- 具备团队协作精神
- 具备一定的国际视野

知识目标：
- 熟悉外汇的概念和特征
- 熟悉外汇的主要形态
- 了解主要国际结算货币的国际地位和发展概况
- 了解人民币国际化的发展和现状

能力目标：
- 能够辨别主要国际结算货币票样
- 能够区分各种不同外汇资产的形态
- 能够写出主要国际结算货币的代码和全称

重点难点

重点：
- 不同外汇概念的理解
- 主要国际结算货币的票样、发展概况和国际地位
- 主要国际结算货币的代码

难点：
- 不同外汇形态的区别和用途

任务一　认识外汇

任务导入

人民币在全球凭实力"圈粉"。环球银行金融电信协会（SWIFT）当地时间2022年2月16日发布的数据显示，1月份，人民币全球支付占比跃升至3.2%，突破了2015年创下的高点。在基于金额统计的全球支付货币排名中，人民币排名位列美元、欧元、英镑之后，稳居全球第四位，这也是人民币连续第二个月保持这一位置，去年12月，人民币全球支付排名超过日元升至全球第四，为六年来首次。此外，美元、欧元、英镑、日元的占比分别为39.92%、36.56%、6.3%和2.79%。

资料来源：范子萌. 人民币全球支付排名保持第四［N］. 上海证券报，2022-02-18（004）.

思考： 什么是外汇？是不是所有的外币都可以称作外汇？一种货币在国际上的使用范围和国际地位由哪些因素决定？

任务： 分小组搜集主要国际结算货币的票样、基本情况、历史发展、国际地位等，制作成演示文稿（PPT），并在课堂上进行展示讲解。

知识准备

一、外汇的概念

在频繁的国际经济活动中，"外汇"这个词几乎已经成为人们的日常用语。我们经常可以在各种媒体中听到、看到"外汇"一词，如某某企业创汇多少，某某企业花多少外汇引进设备，我国的外汇储备多少，等等。外汇的确切概念是什么？外汇资产主要有哪些形式？在国际金融领域中它又起到什么作用？

在我国，广泛使用的"外汇"一词是"国际汇兑"（Foreign Exchange）的简称。"汇"是指资金的移动，"兑"则是指货币的兑换。外汇有动态和静态两种含义。

动态的外汇是指把一国货币兑换成另一国货币，以清偿国际债权债务的金融活动。在这一活动中，通过"汇"把资金从一个国家划拨至另一个国家，实现了购买力在国与国之间的转移；通过"兑"，把一种货币兑换成另一种货币，解决了不同国家或地区货币差异的问题。

静态的外汇又有广义和狭义之分。广义的外汇泛指一切以外币表示的金融资产。我国2008年8月修订颁布的《中华人民共和国外汇管理条例》第三条规定："外汇是指下列以外币表示的可以用作国际清偿的支付手段和资产：外币现钞，包括纸币、铸币；外币支付凭证或者支付工具，包括票据、银行存款凭证、银行卡等；外币有价证券，包括债券、股票等；

特别提款权；其他外汇资产。"可见我国外汇管理条例是从广义的角度界定外汇的。

狭义的外汇是指以外国货币表示的可以直接用于国际结算的支付手段。由于国际的支付结算绝大多数情况下都是通过银行转账进行的，转账转的就是银行账面上的钱，也就是银行存款，因此严格地说只有外币银行存款以及对这些存款有要求权的相关票据和凭证，才能直接用于国际银行的转账，才算是狭义的外汇。它主要包括外币银行存款，以及对这些存款有要求权的相关票据或凭证。

二、外汇的形态

从广义上说，外汇资产有很多种形态，主要有外币现钞、外币现汇、外币有价证券及其他外汇资产。

（一）外币现钞

外币现钞（Foreign Currency Banknote）是指以可自由兑换货币表示的货币现金，包括纸币和铸币。外国钞票票面内容主要有发行机构、年版、号码、签字或印章、图案和盲人标记等。国际上常用的外币现钞主要有美元、欧元、英镑、日元、加拿大元、澳大利亚元等。外币现钞有实物形态，主要由个人携带或专门机构运输出入境。外币现钞不能直接用于国际银行转账，因此如果客户想要将一笔现钞"汇出"时，需要先将现钞卖给银行，再向银行买入现汇，才能进行银行间的转账和支付结算，这个过程中需要向银行支付一笔"钞转汇"的手续费。

（二）外币现汇

外币现汇即狭义的外汇，是指以可自由兑换货币表示的银行存款以及对这些存款有要求权的各种支付凭证，如本票、支票、汇票、外币信用卡、银行存款凭证等。现汇是账面上的外汇，它的支付结算不需要现金的转移，可以直接划转。由现汇支取现钞时一般不需要再支付手续费。

（三）外币有价证券

外币有价证券是指以可自由兑换货币表示的用以表明财产所有权或债权的凭证，其基本形式有外币股票、外币债券和外币可转让定期存单等。

股票（Stock）是股份公司为筹集资金而发行给各个股东作为持股凭证并借以取得股息和红利的一种有价证券。外币股票（Foreign Currency Stock or Share），是表明投资者对外国发股单位（如股份公司）拥有一定财产的所有权凭证。投资者所拥有的股票，代表了一定比例的外汇资产。股票通常没有期限，投资者需要资金时，可在股票市场转让。

现钞和现汇

债券（Bond）是政府、银行、企业等债务人为筹集资金，按照法定程序发行并向债权人承诺于指定日期还本付息的有价证券。外币债券（Foreign Currency Bond）是指以外币表示的构成债权债务关系的债券。持券人在债券到期日可向外国的债券发行人或指定人收回本息。它对于持券人来说是一种外汇债权。

国债

可转让定期存单（Negotiable Certificate of Deposit，CD）是指银行印发的一种定期存款凭证，有一定的票面金额、存入和到期日，以及利率，到期后可按票面金额和规定利率提取全部本利，逾期存款不计息。可转让定期存单通常面额比较大，利率高于活期存款，但是在到期前可流通转让，自由买卖，如美元可转让定期存单通常有5万、10万、

50万、100万美元等各种不同面额。

(四) 其他外汇资产

其他外汇资产主要有在国际货币基金组织的储备头寸和特别提款权等。

国际货币基金组织（International Monetary Fund，IMF）的储备头寸，又称普通提款权，是指一成员国在基金组织的储备部分提款权余额，再加上向基金组织提供的可兑换货币贷款余额。

国际货币基金组织

国际货币基金组织（International Monetary Fund，IMF）是根据1944年7月在布雷顿森林会议签订的《国际货币基金组织协定》，于1945年12月27日在华盛顿成立的。国际货币基金组织与世界银行同时成立，并列为世界两大金融机构，其职责是监察货币汇率和各国贸易情况，提供技术和资金协助，确保全球金融制度运作正常。其总部设在华盛顿特区。

特别提款权（Special Drawing Right，SDR），最早发行于1969年，是国际货币基金组织创造的一种无形货币或记账单位，是国际货币基金组织无偿分配给会员国的一种使用资金的权利。因为它是国际货币基金组织原有的普通提款权以外的一种补充，所以称为特别提款权。基金组织根据会员国认缴的份额多少分配特别提款权，它可用于偿还基金组织债务、弥补会员国政府之间国际收支逆差，还可与黄金、自由兑换货币一样充当国际储备。特别提款权的分配和使用仅限于基金组织或会员国政府官方，不能直接用于贸易和非贸易支付。

特别提款权的定值

特别提款权最初发行时每一单位等于0.888 671克黄金，与当时的美元等值，因此又被称为"纸黄金"。1974年7月，基金组织正式宣布特别提款权与黄金脱钩，改用"一篮子"货币作为定值标准，此后"一篮子"货币几经变动。2015年11月30日，国际货币基金组织正式宣布人民币2016年10月1日纳入特别提款权。从2016年10月1日起，特别提款权的价值由美元、欧元、人民币、日元、英镑这五种货币所构成的一篮子货币的当期汇率确定，所占权重分别为41.73%、30.93%、10.92%、8.33%和8.09%。2022年5月11日国际货币基金组织执行董事会完成了5年一次的特别提款权（SDR）定值审查，决定维持现有SDR篮子货币构成不变，并将人民币权重上调至12.28%，将美元权重上调至43.38%，同时将欧元、日元和英镑权重分别下调至29.31%、7.59%和7.44%，人民币权重仍保持第三位。新的SDR货币篮子在2022年8月1日正式生效。

三、外汇的特征

国际上的外币有很多种，但并不是每一种外币都可以充当外汇普遍用于国际支付结算。作为外汇的货币应该具有以下特征：

（一）国际性

用于国际结算的支付手段通常是以外币表示的金融资产，以本币表示的信用工具、支付手段、有价证券对于本国居民来说，一般不作为外汇。

（二）可偿付性

即外汇能在国外得到普遍认可，并能在国际作为支付手段被无条件接受。凡在国际得不到偿付的各种外币证券、空头支票、银行拒付汇票等都不能被视为外汇。

（三）可兑换性

充当外汇的币种应该是可自由兑换货币。当一种货币的持有人能把该种货币兑换为任何其他国家货币而不受限制，则这种货币就被称为可自由兑换货币。国际最常用的自由兑换货币主要有美元、欧元、英镑、日元、澳大利亚元、加拿大元等，这些国家通常取消了大部分的外汇管制。随着人民币的国际化程度不断提高，我国外汇管制也在不断放宽，人民币的可兑换性将越来越强。

四、外汇的作用

（一）外汇作为国际支付手段，促进了国际经济贸易的发展

用外汇清偿国际的债权债务，不仅能节省运送现金的费用，降低风险，缩短支付时间，加速资金周转，更重要的是可以扩大国际的经济交往，拓宽融资渠道，促进国际经贸的发展。

（二）外汇充当国际信用手段，调剂了国际资金余缺

世界经济发展不平衡导致了资金配置不平衡。有的国家资金相对过剩，有的国家资金严重短缺，客观上存在着调剂资金余缺的必要。而外汇充当国际的信用手段，通过国际信贷和投资途径，可以调剂资金余缺促进各国经济的均衡发展。

（三）外汇是各个国家国际储备的重要组成部分

外汇储备作为国家储备资产的主体，在国际收支发生逆差时可以用来干预外汇市场、稳定汇率、清偿国际债务、平衡国际收支。

五、货币的标准代码

为了能够统一、准确而简易地表示各国货币，便于开展国际贸易、国际金融业务和计算机数据通信，国际标准化组织（International Organization for Standardization，ISO）制定了各国货币的标准代码——ISO 4217 代码。本标准规定了一个包含三个大写英文字母的代码来代表货币和资金。一般来说前两个大写字母表示国家（地区），第三个大写字母表示该货币的单位名称（表 1-1）。

表1-1 世界主要货币名称及代码

国家（或地区）	货币名称	国际标准代码
中国	人民币元	CNY
中国香港	港元	HKD
中国澳门	澳门元	MOP
中国台湾	新台币	TWD
美国	美元	USD
欧元区	欧元	EUR
英国	英镑	GBP
日本	日元	JPY
加拿大	加拿大元	CAD
澳大利亚	澳大利亚元	AUD
瑞士	瑞士法郎	CHF
新西兰	新西兰元	NZD
新加坡	新加坡元	SGD
俄罗斯	卢布	RUB
韩国	韩元	KRW
泰国	泰铢	THB
越南	越南盾	VND
菲律宾	菲律宾比索	PHP
马来西亚	马来西亚林吉特	MYR
印度尼西亚	印尼盾	IDR
印度	卢比	INR
南非	兰特	ZAR
土耳其	土耳其镑	TRL
瑞典	瑞典克朗	SEK
墨西哥	墨西哥比索	MXP
巴西	巴西雷亚尔	BRL
阿根廷	阿根廷比索	ARE

操作示范

外汇是以外币表示的可以用作国际清偿的支付手段和资产。不是所有的外币都可以称作外汇，一种货币要具有充分的可兑换性和可偿性，能够被各国普遍接受，才能充当外汇。影响一种货币在国际的使用范围和国际地位的因素有很多，主要包括货币发行国的经济实力、对外贸易水平、货币的可兑换性、资本市场的开放程度、金融发展水平和币值稳定性等。此外，实体经济发展水平、经济稳定性、社会稳定性、军事实力和金融危机等因素也会对货币的国际地位产生影响。

主要国际结算货币——美元

一、美元概况

美元（United States Dollar；货币代码 USD；单位 Dollar；辅币单位 Cent）是美利坚合众国的官方货币。1792 年美国铸币法案通过后出现。从 1913 年起美国建立联邦储备制度，发行联邦储备券。现行流通的钞票中 99% 以上为联邦储备券。美元的发行主管部门是国会，具体发行业务由联邦储备银行负责办理。

二、美元现钞

美国钞票有 1 美元、2 美元、5 美元、10 美元、20 美元、50 美元、100 美元 7 种面额，不论面值尺寸统一为 156 毫米×66.3 毫米。每张钞票正面印有券类名称、美国国名、美国国库印记、财政部官员的签名等。美元纸币正面主景图案为人物头像，主色调为黑色，背面主景图案为建筑，背面主景图案为建筑，主色调为绿色，但不同版别的颜色稍有差异。美元硬币共有 1 美分、5 美分、10 美分、25 美分、50 美分、1 美元 6 种面额。

三、美元的历史发展

两次世界大战后，美国成为世界上经济最发达的国家，黄金储备量排世界第一。"二战"后布雷顿森林体系确立，实行美元与黄金挂钩，其他货币与美元挂钩的"双挂钩"政策，使美元成为国际清算的支付手段和各国的主要储备货币。美元在国际货币体系中的这种优势地位给美国带来了巨大的利益。然而随着日本和西欧经济的复苏和迅速发展，以及美国国际收支的不断恶化，美元不断贬值，布雷顿森林体系最终于 1973 年崩溃，国际结算货币向多元化的方向发展。此后，虽然美国的经济霸主地位有所削弱，但是美国经济仍然在世界上处于领先地位，美国凭借其强大的政治经济实力及 20 世纪末高新技术产业的迅猛发展，维持了美元在国际货币体系中的核心地位。

四、美元的国际地位

步入 21 世纪后，美元的表现出现周期性波动，2008 年全球金融危机发生以前，美元国际化水平趋于下降，而其他货币尤其是欧元的国际化水平相对提高。2008 年全球金融危机重创世界经济，尤其是 2009 年欧债危机之后欧元国际地位出现显著下降，美元国际地位又有所回升。2020 年新冠疫情暴发，美国大量释放美元流动性，实行超低利率，全球对美元的国际货币地位的质疑加大。由于国际环境的变化，美国在全球产业分工的主导地位受到挑战，已丧失全球第一大贸易国地位。美元在全球外汇储备中的份额、在国际支付市场的占比均出现下降并处于近年来较低水平。因此，尽管美元在国际计价、支付清算、外汇交易、全球投融资等方面仍占据主导地位，中短期内美元仍然是最主要的国际货币，但从长期而言，美元的国际地位将可能呈现下降趋势。

参考来源：

[1] 百度百科．美元［EB/OL］．(2020.04.04)［2022.04.30］.https://baike.baidu.com/item/%E7%BE%8E%E5%85%83.

[2] 边卫红，汪雨鑫．美元国际地位变化特点及影响因素分析［J］．清华金融评论，2021（4）．

实训练习

写出部分国家（或地区）的货币名称和国际标准代码（表1-2）。

表1-2 部分国家（或地区）的货币名称和国际标准代码

国家（或地区）	货币名称	国际标准代码
中国		
美国		
德国		
英国		
日本		
瑞士		
加拿大		
澳大利亚		
中国香港		
新加坡		

 拓展任务

2020年8月24日，国际清算银行（Bank for International Settlements，BIS）发布题为《央行数字货币崛起：动因、方法和技术》的报告，分析了全球央行数字货币（Central Bank Digital Currencies，CBDC）的技术设计和政策立场，认为在手机使用率较高、创新能力较强的辖区，CBDC项目指数更高，各国CBDC在动机、经济和技术设计上都存在明显差异，包括中国的央行数字货币（Digital Currency Electronic Payment，DCEP）在内的三种先进设计对其他司法管辖区具有借鉴意义，并表示"目前最先进的CBDC项目可能是中国人民银行的项目"。

BIS数据显示，截至2020年7月中旬，全球至少有36家央行公布了零售或批发CBDC工作，厄瓜多尔、乌克兰和乌拉圭已经完成零售CBDC试点，6个零售CBDC试点正在进行中，包括中国、巴哈马、柬埔寨、东加勒比货币联盟、韩国和瑞典。2020年互联网上对央行数字货币的搜索量已超过比特币，越来越多央行行长在公开演讲中对CBDC持正面态度。

资料来源：林芯芯. 21世纪经济报道. 国际清算银行最新报告：中国的央行数字货币全球领先[EB/OL]. (2020.09.01)[2022.04.30]. https://baijiahao.baidu.com/s?id=1676620600331659998&wfr=spider&for=pc

思考：什么是央行数字货币？中国版央行数字货币有哪些特点？比特币又属于什么货币？你认为未来数字货币对传统的各国主权货币及国际支付方式将会产生怎样的影响？

任务：搜集数字人民币、比特币的资料，制作演示文稿（PPT）进行展示。

思政专栏

人民币国际化

人民币国际化一般指人民币在境外流通，成为国际上普遍认可的计价、结算、支付及储备货币的过程。早在20世纪90年代，我国与越南、蒙古等邻国就已开始在边境贸易中使用人民币结算。但是人民币国际化真正提上日程还是在2008年国际金融危机之后，这次由美国"次贷危机"引发的全球金融海啸进一步暴露了美元"一币独大"的国际货币体系的缺陷：一方面作为世界货币发行国的美国，可以凭借货币发行获得巨额的铸币税收益；另一方面其他国家要受到美元流动性的影响，顺差国被动承担美元贬值的损失。因此越来越多的国家意识到过度依赖美元的弊端。

2009年7月跨境贸易人民币结算试点启动，此后试点范围不断扩大。目前境内企业从事对外贸易等经常项目下的交易均可使用人民币结算，境外地域范围没有限制；同时在直接投资、证券投资等资本项目下，人民币"出海"和"回流"也有了越来越多的渠道。2016年10月1日国际货币基金组织正式启用包括人民币在内的新的特别提款权（SDR）货币篮子，标志着人民币国际化迈上一个新的台阶。经过10多年的发展，人民币国际化取得了显著进展。主要体现在：

一、跨境支付快速增长

据最新数据，2020年，人民币跨境收付金额较快增长，银行代客人民币跨境收付金额合计为28.39万亿元，同比增长44.3%，收付金额创历史新高。环球银行金融电信协会（SWIFT）数据显示，2022年1月，人民币全球支付占比跃升至3.2%，排名世界第4（图1-1）。

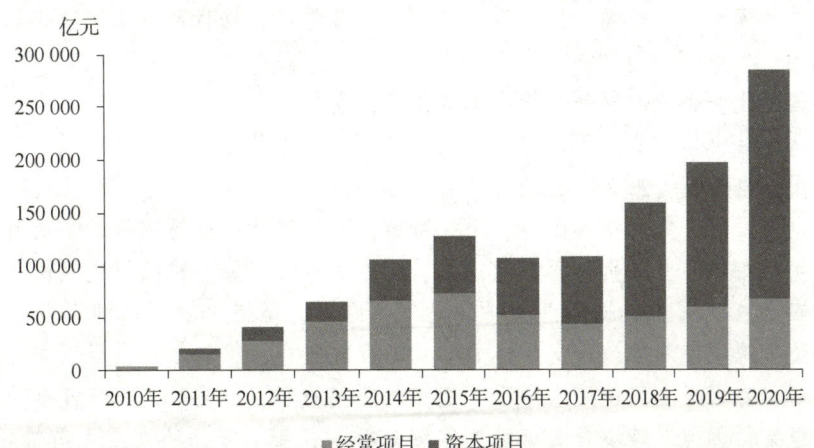

图1-1 2010—2020年人民币跨境收付情况

二、投资价值日益凸显

我国经济基本面良好，货币政策保持在正常区间，人民币相对于主要可兑换货币有较高利差，人民币资产对全球投资者的吸引力较强。截至2021年6月末，境外主体持有境内人民币股票、债券、贷款及存款等金融资产金额合计为10.26万亿元，同比增长42.8%。

三、储备功能逐步显现

2021年一季度，在国际货币基金组织官方外汇储备货币构成中，人民币排名第五，在全球外汇储备中的占比为2.5%，是国际货币基金组织自2016年开始公布人民币储备资产以来的最高水平。据不完全统计，目前全球有70多个央行或货币当局将人民币纳入外汇储备。

四、离岸市场初具规模

离岸人民币市场是指在中国境外经营人民币存放款、投融资等业务的市场。中国香港是最大的人民币离岸市场，此外新加坡、伦敦等地也开办离岸人民币业务。截至2020年年末，主要离岸市场人民币存款余额超过1.27万亿元，人民币贷款余额为5 285.49亿元，有人民币清算安排的国家和地区人民币债券未偿付余额2 648.72亿元，人民币存单（CD）发行余额1 221.49亿元。2021年6月环球银行金融电信协会（SWIFT）发布全球外汇即期交易使用排名中，人民币排在第五位，居美元、欧元、英镑、日元之后。

五、基础设施不断完善

一种货币的国际化需要有完善的跨境支付清算系统作为基础保障，作为我国重要的金融市场基础设施——人民币跨境支付系统（Cross-border Interbank Payment System，CIPS）自2015年上线运行以来，保持安全稳定运行，境内外接入机构数量增多，类型更为丰富，系统的网络覆盖面持续扩大，业务量逐步提升，为跨境支付结算清算领域的参与主体提供了安全、便捷、高效和低成本的服务。截至2020年年末，共有境内外1 092家机构通过直接或间接方式接入CIPS，较2015年上线初期增加了约5倍。

六、央行合作持续拓宽

截至2020年年末，中国人民银行共与40个国家和地区的中央银行或货币当局签署双边本币互换协议，互换总金额超过3.99万亿元。同时人民银行已在25个国家和地区授权了27家境外人民币清算行，在跨境人民币资金清算、业务推广、培育离岸人民币市场方面发挥了积极作用。

人民币国际化使企业的贸易、投资更加便利，有效降低了汇率风险；个人在跨国交易中也更加方便；金融机构的业务不断拓展；国家的整体实力获得提升。人民币国际化是我国综合国力的体现，也是社会主义市场经济制度优势的体现。但是人民币国际化的进程并非一蹴而就，其中也会面临一些风险和阻碍。下一阶段，人民银行将坚持以习近平新时代中国特色社会主义思想为指导，坚决贯彻落实党中央、国务院决策部署，稳慎推进人民币国际化，统筹好发展和安全，以顺应需求和"水到渠成"为原则，坚持市场驱动和企业自主选择，进一步完善人民币跨境使用的政策支持体系和基础设施安排，推动金融市场双向开放，发展离岸人民币市场，为市场主体使用人民币营造更加便利的环境，同时进一步健全跨境资金流动的审慎管理框架，加强对跨境资金流动的监测分析和预警，守住不发生系统性风险的底线，更好服务"双循环"新发展格局。

参考来源：《2021年人民币国际化报告》，中国人民银行官方网站 www.pbc.gov.cn

项目习题

一、判断题

1. 充当外汇的货币应具有充分的可兑换性。（   ）
2. 外汇就是外国的货币。（   ）
3. 人民币的国际标准代码是 RMB。（   ）
4. 只要是外国的货币就能充当国际结算货币进行国际支付。（   ）
5. 特别提款权属于一种超主权货币。（   ）
6. 欧元是欧盟国家使用的货币。（   ）
7. 股票是所有权凭证，债券是债权债务凭证。（   ）
8. 特别提款权可以直接用于贸易和非贸易支付。（   ）
9. 各国货币的发行机构一般是财政部。（   ）
10. 外币现钞只有运到该货币的发行国、存入该国的银行系统才能真正变成现汇。（   ）

二、单项选择题

1. 下列属于狭义外汇，可以直接用于国际结算的外汇资产是（   ）
   A. 外国货币，包括纸币、铸币
   B. 外币支付凭证，包括票据、银行存款凭证等
   C. 外币有价证券，包括政府债券、公司债券、股票等
   D. 特别提款权
2. 下列有关特别提款权的说法错误的是（   ）
   A. 按照平均分配的原则在 IMF 会员国中进行分配
   B. 是一种无形货币或记账单位
   C. 是 IMF 无偿分配给会员国的一种使用资金的权利
   D. 目前由美元、欧元、人民币、英镑、日元共同定值
3. 下列货币代码表示错误的是（   ）
   A. 美元 USD   B. 欧元 EUR   C. 英镑 GBP   D. 日元 JPD
4. 下列外汇资产属于现汇的是（   ）
   A. 美元现钞   B. 美国政府国库券
   C. 欧元银行存款   D. 特别提款权
5. 下列不使用欧元的欧洲国家是（   ）
   A. 德国   B. 法国   C. 意大利   D. 瑞士

 总结评价

项目内容结构图

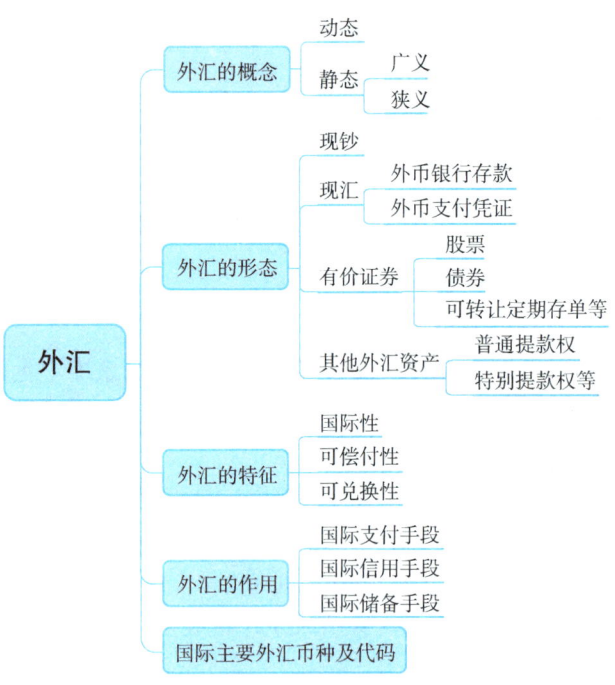

项目学习评价表

班级：　　　　　　　　　　　　　　　　　　　　　姓名：

评价类别	评价项目	评价等级
自我评价	学习兴趣	☆☆☆☆☆
	掌握程度	☆☆☆☆☆
	学习收获	☆☆☆☆☆
小组互评	沟通协调能力	☆☆☆☆☆
	参与策划讨论情况	☆☆☆☆☆
	承担任务实施情况	☆☆☆☆☆
教师评价	学习态度	☆☆☆☆☆
	课堂表现	☆☆☆☆☆
	项目完成情况	☆☆☆☆☆
综合评价		☆☆☆☆☆

项目二 国际收支

学习目标

素质目标：
- 具备一定的宏观视野
- 树立诚信合规的经营理念

知识目标：
- 掌握国际收支的含义
- 熟悉国际收支平衡表主要账户的设置
- 掌握国际收支失衡对一国经济的影响和作用机制
- 了解调节国际收支的政策措施
- 了解我国国际收支统计政策

能力目标：
- 能够区分不同类型的国际经济交易
- 能够读懂国际收支平衡表的主要项目并进行简单的统计和分析
- 能够进行国际收支申报

重点难点

重点：
- 国际收支的含义
- 国际收支平衡表的主要内容
- 国际收支失衡对一国经济的影响和作用机制
- 国际收支申报操作

难点：
- 国际收支平衡表的解读和分析
- 调节国际收支的政策措施

任务一　解读国际收支

任务导入

2022年3月25日，国家外汇管理局发布《2021年中国国际收支报告》。报告显示，2021年，我国国际收支延续基本平衡格局，外汇储备稳定在3.2万亿美元左右。报告预计，2022年经常账户维持合理顺差格局，跨境资本流动保持平稳有序发展态势。

在国际收支方面，报告显示，2021年，我国经常账户顺差3 173亿美元，较2020年增长28%，与GDP之比为1.8%，继续处于合理均衡区间。其中，货物贸易顺差进一步增加，体现疫情下我国产业链、供应链等相对优势。非储备性质的金融账户顺差382亿美元，2020年为小幅逆差。其中，直接投资顺差处于高位，说明外资继续看好中国市场和经济的发展潜力；证券投资双向交易活跃并延续顺差，体现出人民币资产对外资吸引力增强。

在人民币汇率方面，报告显示，2021年，人民币对美元汇率双向波动中总体稳定，人民币对一篮子货币表现稳健。在外汇市场交易方面，企业外汇套保率较2020年提高4.6个百分点至21.7%。业内人士分析，2021年企业外汇套保率上升，体现出企业更好地适应人民币汇率双向波动，积极树立汇率风险的中性理念。

报告表示，2022年主要发达经济体货币政策继续调整，外部环境存在较多不稳定、不确定因素，但我国经济运行将保持在合理区间，金融市场改革开放稳步推进，外汇市场成熟度不断提升，有助于我国国际收支保持基本平衡。

资料来源：葛孟超. 国际收支延续基本平衡格局［N］. 人民日报，2022-03-28.

思考：什么是国际收支？你有没有进行过国际经济交易活动？如何判断一个国家的国际收支是否平衡？作为重要的宏观经济指标之一，国际收支对一国经济的影响体现在哪些方面？

任务：分小组对2021年我国的国际收支平衡表和《2021年中国国际收支报告》进行解读，分别找出该年度我国的货物出口额、货物进口额、货物贸易差额、服务贸易差额、经常账户差额、非储备性质的金融账户差额、储备资产及国际收支总差额的数据，并结合数据进行一定的分析。

知识准备

一、国际收支的概念

国际收支（Balance of Payments，BOP）这一概念出现于17世纪，在很长的一段时间，只是被简单地解释为一国的外贸收支。随着国际经济交易的不断扩大，国际收支被用来指一国的外汇收支，各种国际经济交易只要涉及外汇收支，都属于国际收支的范畴，这也是所谓的狭义的国际收支。第二次世界大战后，一些不涉及外汇收支的国际经济交易，如政府援助、私人捐赠、易货贸易、补偿贸易等逐渐增多，为了便于一国当局掌握对外经济交易的全貌，国际收支的概念不再以收支为基础，而是以交易为基础，即只要是国际经济交易，无论是否涉及外汇的收付，都属于国际收支，这就是目前各国普遍采用的广义的国际收支概念。

国际货币基金组织对国际收支的定义是：国际收支是一种统计报表，它汇总了在一定时期内居民与非居民之间的经济交易。因此，国际收支就是指在一定时期内一国居民与非居民之间的全部经济交易的系统记录。

知识窗

居民（Resident）和非居民（Non-resident）

居民与非居民的划分不以交易双方的国籍为标准，而是以其所在地为标准。居民是指在一国（或地区）长期居住或营业的自然人或法人。在一国（或地区）以外居住或营业的自然人或法人即为非居民。居民和非居民包括个人、各级政府机构、非营利团体和企业四类。

自然人居民是指那些长期（1年以上）居住在本国的自然人，即使是外国公民，只要他在本国长期居住并从事生产消费行为，也属本国居民。但官方外交使节、驻外军事人员等一律是派出国的居民，是所在国的非居民。

法人居民是指在本国从事经济活动的各级政府机构、企业和非营利团体。一国驻外机构和驻外军事人员属于派出国的居民、所在国的非居民；国际性机构，诸如联合国、国际货币基金组织等组织，是任何国家的非居民。

二、国际收支平衡表

（一）国际收支平衡表的概念

国际收支平衡表（Balance of Payments Statement）是反映某个时期内一个国家或地区与世界其他国家或地区间的经济交易的统计报表。它是按项目分类以货币形式统计的。国际收支平衡表统计的结果是开放经济中决策者参照的重要经济指标，也是一国掌握对外经济交往全貌的分析工具。中国国际收支平衡表是反映特定时期内我国（不含中国香港、中国澳门和中国台湾）与世界其他国家或地区的经济交易的统计报表。

（二）国际收支平衡表的编制原理和记账方法

国际收支平衡表统计以权责发生制为统计原则，并采用复式记账法，通过设置不同的账户记录不同类型的国际经济交易，每个账户又分为"借"和"贷"两方，分别记录同一类交易方向相反的两种情况。每发生一笔交易会涉及国际收支平衡表中至少两个账户，其中有的账户记在借方，有的账户记在贷方，并且借贷两方的总金额是相等的，即"有借必有贷、借贷必相等"。一切收入项目或资产减少、负债增加项目都列在各账户贷方,或称为正号项目,如商品及劳务输出、国外单方面馈赠、资本输入等;而一切对外支出项目或资产增加、负债减少项目都列在各账户借方,或称为负号项目,如商品及劳务输入、对国外单方面馈赠、资本输出等。当某一账户的贷方金额大于借方金额,称为顺差(Favorable Balance),反之,当某一账户的贷方金额小于借方金额,则称为逆差(Unfavorable Balance),应在逆差数字前冠以"-"号(表2-1)。

表2-1 国际收支平衡表记账方法

项目		贷方(+)	借方(-)
经常账户	货物	货物出口	货物进口
	服务	提供服务	接受服务
	初次收入	取得收入	支付收入
	二次收入	获得经常转移	提供经常转移
资本和金融账户	资本账户	对外净资产减少	对外净资产增加
	非储备性质的金融账户	对外净负债增加	对外净负债减少
	储备资产	储备资产减少	储备资产增加
净误差与遗漏		统计残差项	

(三)国际收支平衡表的主要内容

我国的国际收支平衡表根据国际货币基金组织《国际收支和国际投资头寸手册》(第六版)编制,包括经常账户、资本账户和金融账户,以及净误差与遗漏三个一级账户。经常账户可细分为货物和服务账户、初次收入账户、二次收入账户。金融账户可细分为直接投资、证券投资、金融衍生工具、其他投资和储备资产。表2-2所示为2021年我国国际收支平衡表(概览表)。

表2-2 2021年中国国际收支平衡表(概览表)[①]

项 目	行次	亿元	亿美元	亿SDR
1. 经常账户	1	20 445	3 173	2 231
贷方	2	250 060	38 780	27 248
借方	3	-229 616	-35 607	-25 017
1.A 货物和服务	4	29 810	4 628	3 255
贷方	5	229 166	35 543	24 979
借方	6	-199 355	-30 915	-21 724
1.A.A 货物	7	36 261	5 627	3 956

---

① 资料来源:国家外汇管理局官方网站 www.safe.gov.cn

续表

项　　目	行次	亿元	亿美元	亿SDR
贷方	8	207 348	32 159	22 599
借方	9	−171 087	−26 531	−18 644
1.A.B 服务	10	−6 451	−999	−701
贷方	11	21 817	3 384	2 380
借方	12	−28 268	−4 384	−3 080
1.B 初次收入	13	−10 430	−1 620	−1 140
贷方	14	17 724	2 745	1 924
借方	15	−28 154	−4 365	−3 064
1.C 二次收入	16	1 064	165	116
贷方	17	3 171	492	346
借方	18	−2 107	−327	−230
2. 资本和金融账户	19	−9 732	−1 499	−1 054
2.1 资本账户	20	6	1	1
贷方	21	17	3	2
借方	22	−11	−2	−1
2.2 金融账户	23	−9 738	−1 500	−1 055
资产	24	−52 405	−8 116	−5 690
负债	25	42 667	6 616	4 635
2.2.1 非储备性质的金融账户	26	2 417	382	266
2.2.1.1 直接投资	27	13 296	2 059	1 445
资产	28	−8 247	−1 280	−901
负债	29	21 543	3 340	2 346
2.2.1.2 证券投资	30	3 242	510	361
资产	31	−8 129	−1 259	−881
负债	32	11 371	1 769	1 241
2.2.1.3 金融衍生工具	33	715	111	78
资产	34	1 153	179	126
负债	35	−438	−68	−48
2.2.1.4 其他投资	36	−14 837	−2 298	−1 617
资产	37	−25 028	−3 873	−2 713

续表

项　　目	行次	亿元	亿美元	亿SDR
负债	38	10 191	1 576	1 096
2.2.2 储备资产	39	−12 154	−1 882	−1 320
3. 净误差与遗漏	40	−10 713	−1 674	−1 177

注：

1. 根据《国际收支和国际投资头寸手册（第六版）》编制，资本和金融账户中包含储备资产。
2. "贷方"按正值列示，"借方"按负值列示，差额等于"贷方"加上"借方"。本表除标注"贷方"和"借方"的项目外，其他项目均指差额。
3. 季度人民币计值的国际收支平衡表数据，由当季以美元计值的国际收支平衡表，通过当季人民币对美元季平均汇率中间价折算得到，季度累计的人民币计值的国际收支平衡表由单季人民币计值数据累加得到。
4. 季度SDR计值的国际收支平衡表数据，由当季以美元计值的国际收支平衡表，通过当季SDR对美元平均汇率折算得到，季度累计的SDR计值的国际收支平衡表由单季SDR计值数据累加得到。
5. 本表计数采用四舍五入原则。
6. 细项数据请参见国家外汇管理局国际互联网站"统计数据"栏目。
7. 《国际收支平衡表》采用修订机制，最新数据以"统计数据"栏目中的数据为准。

国际收支平衡表具体项目的含义如下：

1. 经常账户

经常账户是国际收支平衡表中，最基本也是最重要的一个项目，记录了一国最经常发生的国际经济交易，其差额反映了一国长期的真实的外汇收支状况。

（1）货物和服务：包括货物和服务两部分。

①货物：指经济所有权在我国居民与非居民之间发生转移的货物交易。贷方记录货物出口，借方记录货物进口。根据国际货币基金组织规定，商品的进出口以各国的海关统计为准，并且按照离岸价格（FOB）计价。

②服务：包括加工服务，维护和维修服务，运输，旅行，建设，保险和养老金服务，金融服务，知识产权使用费，电信、计算机和信息服务，其他商业服务，个人、文化和娱乐服务，以及别处未提及的政府服务。贷方记录对外提供的服务，借方记录对外接受的服务。

（2）初次收入：指由于提供劳务、金融资产和出租自然资源而获得的回报，包括雇员报酬、投资收益和其他初次收入三部分。

①雇员报酬：指根据企业与雇员的雇佣关系，因雇员在生产过程中的劳务投入而获得的酬金回报。贷方记录我国居民个人从非居民雇主处获得的薪资、津贴、福利及社保缴款等。借方记录我国居民雇主向非居民雇员支付的薪资、津贴、福利及社保缴款等。

②投资收益：指因金融资产投资而获得的利润、股息（红利）、再投资收益和利息。贷方记录我国居民因拥有对非居民的金融资产权益或债权而获得的利润、股息、再投资收益或利息。借方记录我国因对非居民投资者有金融负债而向非居民支付的利润、股息、再投资收益或利息。

③其他初次收入：指将自然资源让渡给另一主体使用而获得的租金收入，以及跨境产品和生产的征税和补贴。贷方记录我国居民从非居民获得的相关收入。借方记录我国居民向非居民进行的相关支付。

（3）二次收入：指居民与非居民之间的经常转移，包括现金和实物。经常转移是经济价值在居民与非居民之间转移，没有获得相应的补偿和回报，因此又称为单方面转移。贷方记录我国居民从非居民处获得的经常转移，借方记录我国向非居民提供的经常转移。

2. 资本和金融账户

统计一定时期内一国对外净资产和净负债的变化情况，包括资本账户和金融账户。其中对外净资产等于我国在外的资产减去外国在华的资产，净负债等于我国对外的负债减去外国对华的负债。

（1）资本账户：指居民与非居民之间的资本转移，以及居民与非居民之间非生产非金融资产的取得和处置。贷方记录我国居民获得非居民提供的资本转移，以及处置非生产非金融资产获得的收入，借方记录我国居民向非居民提供的资本转移，以及为取得非生产非金融资产而支出的金额。

（2）金融账户：指发生在居民与非居民之间、涉及金融资产与负债的各类交易。根据会计记账原则，当期对外金融资产净增加记录在借方为负值，净减少记录在贷方为正值；当期对外负债净增加记录在贷方为正值，净减少记录在借方为负值。具体又包括非储备性质的金融账户和储备资产。

①非储备性质的金融账户包括直接投资、证券投资、金融衍生工具和其他投资。

直接投资：以投资者寻求在本国以外运行企业获取有效发言权为目的的投资，包括直接投资资产和直接投资负债两部分。相关投资工具可划分为股权和关联企业债务。股权包括股权和投资基金份额，以及再投资收益。关联企业债务包括关联企业间可流通和不可流通的债权和债务。

证券投资：包括证券投资资产和证券投资负债，相关投资工具可划分为股权和债券。股权包括股权和投资基金份额，记录在证券投资项下的股权和投资基金份额，均应可流通（可交易）。股权通常以股份、股票、参股、存托凭证或类似单据作为凭证。投资基金份额指投资者持有的共同基金等集合投资产品的份额。债券指可流通的债务工具，是证明其持有人（债权人）有权在未来某个（些）时点向其发行人（债务人）收回本金或收取利息的凭证，包括可转让存单、商业票据、公司债券、有资产担保的证券、货币市场工具，以及通常在金融市场上交易的类似工具。

近10年我国对外直接投资发展取得积极成效

 **相关链接**

QFII 和 QDII

QFII（Qualified Foreign Institutional Investor）是合格的境外机构投资者的英文简称，QFII机制是指外国专业投资机构到境内投资的资格认定制度。

QFII是一国在货币没有实现完全可自由兑换、资本项目尚未开放的情况下，有限度地引进外资、开放资本市场的一项过渡性的制度。这种制度要求外国投资者若要进入一国证券市场，必须符合一定的条件，得到该国有关部门的审批通过后汇入一定额度的外汇资金，并转换为当地货币，通过严格监管的专门账户投资当地证券市场。

RQFII（RMB Qualified Foreign Institutional Investor）是指人民币合格境外机构投资者。其中，R代表人民币，RQFII境外机构投资人可将批准额度内的人民币投资于境内的证券市场。对RQFII放开股市投资，是侧面加速人民币的国际化。

2019年9月10日，国家外汇管理局宣布，经国务院批准，决定取消QFII/RQFII投资额度限制。同时，RQFII试点国家和地区限制也一并取消。

QDII，即"Qualified Domestic Institutional Investor"的首字母缩写，合格境内机构投资者，是指在人民币资本项目不可兑换、资本市场未开放的条件下，在一国境内设立，经该国有关部门批准，有控制地，允许境内机构投资境外资本市场的股票、债券等有价证券投资业务的一项制度安排。

设立该制度的直接目的是进一步开放资本和金融账户，以创造更多外汇需求，使人民币汇率更加平衡、更加市场化，并鼓励国内更多企业走出国门。直接表现为让国内投资者直接参与国外的市场，并获取全球市场收益。

沪港通、深港通、债券通

外国债券和欧洲债券

金融衍生工具：又称金融衍生工具和雇员认股权，用于记录我国居民与非居民金融衍生工具和雇员认股权交易情况。

 **知识窗**

金融衍生工具

金融衍生工具（Financial Derivative），又称"金融衍生产品"，是与基础金融产品相对应的一个概念，指建立在基础产品或基础变量之上，其价格随基础金融产品的价格（或数值）变动的派生金融产品。作为金融衍生工具基础的变量则包括利率、汇率、各类价格指数、通货膨胀率甚至天气（温度）指数等。金融衍生工具是在货币、债券、股票等传统金融工具的基础上衍化和派生的，以杠杆和信用交易为特征的金融工具。常见的金融衍生工具有远期合同、互换合同、期货、期权等。

其他投资：除直接投资、证券投资、金融衍生工具和储备资产外，居民与非居民之间的其他金融交易。包括其他股权、货币和存款、贷款、保险和养老金、贸易信贷和其他。

 **知识窗**

国际贷款

国际贷款是指债权人和债务人分属不同国别的贷款。国际贷款是国际资本流动的主要方式之一。按其资金来源，分为国际政府贷款、国际组织贷款和国际商业银行贷款；按照贷款用途，可分为国际贸易贷款、平衡外汇收支贷款、项目贷款和自由贷款等；按照贷款的信贷条件，又可分为长、中、短期贷款，低、中、高息贷款，固定利率贷款和浮动利率贷款等；按照贷款所使用的币种，还可分为美元贷款、欧元贷款或其他国家货币的贷款。

②储备资产：记录的是我国中央银行拥有的对外资产的变化情况。包括外汇、货币黄金、特别提款权、在基金组织的储备头寸。

货币黄金：指我国中央银行作为国际储备持有的黄金。

特别提款权：是国际货币基金组织根据会员国认缴的份额分配的，可用于偿还国际货币基金组织债务、弥补会员国政府之间国际收支赤字的一种账面资产。

在国际货币基金组织的储备头寸：指在国际货币基金组织普通账户中会员国可自由提取使用的资产。

外汇储备：指我国中央银行持有的可用作国际清偿的流动性资产和债权。

其他储备资产是指不包括在以上储备资产中的、我国中央银行持有的可用作国际清偿的流动性资产和债权。

相关链接

我国的外汇储备

外汇储备（Foreign Exchange Reserve），是指为了应付国际支付的需要，各国的中央银行及其他政府机构所集中掌握并可以随时兑换成外国货币的外汇资产。通常状态下，外汇储备的来源是贸易顺差和资本流入，集中到本国央行内形成外汇储备。具体形式是：政府在国外的短期存款或其他可以在国外兑现的支付手段，如外国有价证券，外国银行的支票、期票、外币汇票等。主要用于清偿国际收支逆差，以及当本国货币被大量抛售时，利用外汇储备买入本国货币干预外汇市场，以维持该国货币的汇率。

中华人民共和国成立初期，我国的外汇储备非常有限。改革开放以来，我国外汇储备明显增加，尤其是2001年加入WTO以后，我国国际收支双顺差格局明显，导致外汇储备快速增长，2006年突破万亿美元大关，在最高的2014年接近4万亿美元。后虽有所回落，但依然保持较高水平，截至2021年12月末，中国外汇储备规模为32 502亿美元，位居世界第一位，发挥着稳定中国经济和人民币汇率的"压舱石"作用。

3. 净误差与遗漏

国际收支平衡表采用复式记账法，由于统计资料来源和时点不同等原因，会形成整个账户不平衡，形成统计残差项，称为净误差与遗漏。净误差与遗漏的金额不是统计出来的，而是根据其他账户的金额和会计记账原理计算得出，它的金额等于经常账户、资本和金融账户两大项目差额之和的相反数。

三、国际收支的调节

(一) 国际收支平衡的判断标准

国际收支平衡表是按照会计学的借方与贷方相互平衡的复式记账原理编制的，因此它借贷双方的总额必然相等，但这种账面上的平衡并非真实的平衡。如果具体到平衡表里的某一项或者某几项交易，它的借贷双方就未必是平衡的了。

货物和服务账户差额、经常账户差额、非储备性质的金融账户差额都是我们在分析一国国际收支时具有重要意义的差额，但这些差额都属于局部差额，反映的是某一类国际经济交易的结果。如果我们想从总体上看一个国家的国际收支是否平衡，一般采用的是国际收支总差额。总差额是除了储备资产以外所有项目的借贷差额，它包含经常账户、资本和金融账户中除储备资产以外的项目及净误差与遗漏。国际收支平衡表中，总差额在数值上与储备资产互为相反数。总差额之所以把储备资产排除在外，是因为储备资产的变化主要是由于一国货币当局对国际收支进行调节而产生的，而私人部门经济实体或个人出自某种经济动机和目的，独立自主地进行的国际经济交易，其结果才能真实反映该国的国际收支状况。

(二) 国际收支不平衡的影响

通常来说，一国的国际收支总差额或多或少都会出现一定的顺差或逆差，如果其金额不是很大，持续的时间不长，可以视为暂时性的不平衡。但是如果总差额的金额较大，并且长期处于不平衡状态，就会给该国的经济带来各种不利的影响。

1. 国际收支持续性逆差的影响

(1) 本币贬值，影响货币信誉。当一国的国际收支出现持续性逆差时，由于在一定时期内外汇收入小于外汇支出，外汇紧缺，供不应求，因此这一般会导致外币汇率上升、本币汇率下降，如逆差严重，则本币汇率就会急剧贬值，从而进一步加剧市场上对本币资产的抛售，导致资本外流。

(2) 消耗外汇储备，阻碍国内经济发展。如果本国货币当局不愿看到本币贬值速度过快、幅度过大，就要动用外汇储备对外汇市场进行干预，即抛出外币买进本币。这样一方面会消耗外汇储备，甚至会造成外汇储备的枯竭，从而严重削弱其对外支付能力；另一方面会形成国内的货币紧缩形势，促使利率水平上升，影响本国经济的增长，引起失业增加。

(3) 外债负担增加，影响国家经济地位。如果自有储备不足以弥补国际收支逆差，该国将不得不扩大外债，这将增加该国的债务负担，使国际经济活动受到限制，影响经济地位。

2. 国际收支持续性顺差的影响

当一国的国际收支出现持续性顺差时，固然可以增加其外汇储备，增强其对外支付能力，但也会对一国产生不利的影响。

(1) 本币升值，不利于出口和经济增长。国际收支顺差时，由于在一定时期内外汇收入大于外汇支出，外汇供大于求，因此这一般会导致外币汇率下降、本币汇率上升。通常本币升值会抑制出口，促进进口，虽然这样一来从贸易角度有助于国际收支恢复平衡，但是从资本流动来看却可能会刺激外国短期资本的进一步流入，同时由于升值不利于出口贸易，对于出口依赖程度较高的国家将会制约国内经济发展，国内失业率增加。

(2) 增加国内通货膨胀压力，外汇储备机会成本上升。如果货币当局不愿让本币升值或升值速度太快、幅度过大，就不得不在外汇市场上购入大量过剩外汇进行干预，这将迫使货币当局本币投放规模扩大，从而加重国内的通货膨胀。此外，官方积累的大部分外汇储备主要投资于安全性、流动性较强的外国政府债券，收益率底，造成较高的机会成本。

(3) 加剧国际摩擦，国内可使用资源减少。长期顺差还将加剧国际摩擦，因为一国的国际收支发生顺差，意味着有关国家国际收支发生逆差，从而引起国际摩擦，影响国际经济关系。而如果以大量可使用资源换取外汇，也意味着国内可使用资源的相对减少。

一般说来，一国的国际收支越是不平衡，其不利影响也越大。虽然国际收支逆差和顺差都会产生种种不利影响，但相比之下，逆差所产生的影响更为险恶，因为它会造成国内经济萎缩、失业增加和外汇储备的枯竭，因而对逆差采取调节措施要更为紧迫些。顺差的调节虽不如逆差紧迫，但从长期来看也还是需要调节的。

(三) 调节国际收支的政策措施

在市场经济条件下，国际收支本身具有一定的自动调节机制，即通过汇率、利率、物价水平和国民收入的变动，自我调节达到平衡。但是这个过程可能相对缓慢，经济需要付出一定的代价，并且市场机制有时还会存在失灵的情况。因此，政府对国际收支的政策调节仍然非常必要。

1. 外汇缓冲政策

所谓外汇缓冲政策，是指一国政府为应对国际收支不平衡，动用官方储备或临时向外筹措资金，来消除国际收支的暂时性失衡。一般的做法是：当国际收支逆差时卖出外汇，买入本币；当国际收支顺差时买入外汇，卖出本币。这样可以抵消超额外汇需求或供给，从而使国际收支不平衡所产生的影响仅限于外汇储备的增减，而不致导致汇率的急剧变动和进一步影响本国的经济。外汇缓冲政策的优点是简便易行，但它也有局限性，即它不适于调节长期、巨额的国际收支差额，因为在逆差时过度依赖这一政策会导致大量消耗外汇储备；在顺差时则会加重通货膨胀压力。

2. 财政货币政策

总的来说，在逆差时采用紧缩的财政货币政策，将会降低社会总需求，促使物价下降，利率水平上升，从而抑制对外支出，改善逆差；反之，顺差时采用扩张性的财政货币政策，将会扩大总需求，物价上升，利率水平下降，对外支出增加，从而减少国际收支顺差。

但是由于财政货币政策对一国国内经济的影响非常大，并且其对国际收支的调节作用受到一国汇率制度和资本管制的影响，因此财政货币政策的调节目标主要针对国内经济，一般不专门用来调节国际收支。

3. 汇率政策

汇率政策指一国政府利用本国货币汇率的升降来控制进出口及资本流动以达到国际收支平衡的目的。一般来说，当国际收支逆差时，让本币汇率贬值或适当的低估将有助于改善国际收支；反之，当国际收支顺差时，让本币汇率升值或适当高估会使顺差减少。

4. 直接管制

直接管制是指政府通过发布行政命令，对国际经济交易进行行政干预，以求国际收支平衡的政策措施。直接管制包括：外汇管制和贸易管制。外汇管制是指国家对一切涉及外汇的对外经济活动和汇率进行严格管制，以期做到鼓励或限制商品及资本的输出输入，来达到调节国际收支的目的。贸易管制是指一国政府以行政干预方式，直接鼓励或限制本国商品的输出和外国商品的输入。直接管制通常能起到迅速改善国际收支的效果，能按照本国的不同需要，对进出口贸易和资本流动区别对待；但是，它并不能真正解决国际收支平衡问题，只是将显性失衡变为隐形失衡，一旦取消管制，失衡仍会重新出现。同时，实行直接管制政策属于非市场化手段，可能会扭曲价格，限制资源合理配置，因此国际经济组织均不提倡，也会引起他国的反抗和报复。

此外，国与国之间还可以通过国际政策协调，相互配合，实现国际收支平衡。上述政策措施在一定程度上有助于平衡国际收支，但也都有一定局限性。各国政府在具体调节时，都是根据本国具体情况，结合不平衡的产生原因选择相应的调节措施，灵活应用。

操作示范

国际收支是指在一定时期内一国居民与非居民之间的全部经济交易的系统记录。判断一个国家的国际收支总体上是否平衡通常看国际收支总差额。除了短期1年以内的国际收支状况，更要注重对长期国际收支的分析，除了总差额，也要看贸易收支差额、经常账户收支差额、非储备性质的金融账户差额等重要的局部差额。作为重要的宏观经济指标之一，国际收支对一国的经济增长、物价水平和就业情况都会产生不同程度的影响，即一国外部经济和内部经济之间的相互作用是全方位、多方面的。

从2021年我国的国际收支平衡表中可以看出，2021年我国的货物出口额为32 159亿美元、货物进口额为26 531亿美元、货物贸易差额为顺差5 627亿美元、服务贸易差额为逆差999亿美元、经常账户差额为顺差3 173亿美元、非储备性质的金融账户差额为顺差382亿美元、储备资产在国际收支平衡表中体现为借方-1 882亿美元，即增加1 882亿美元，国际收支总差额为顺差1 882亿美元。

2021年，新冠肺炎疫情持续扰动全球经济复苏，主要发达经济体货币政策开始转向，面对复杂严峻的国际金融形势，我国经济发展和疫情防控保持领先地位，为国际收支基本平衡奠定了坚实基础。我国经常账户顺差有所增加，并继续处于合理均衡区间，全球经济复苏提振外需，我国外贸进出口较快增长，规模创新高，服务贸易规模较快增长。2021年，非储备性质的金融账户下跨境双向投资保持活跃，呈现小幅顺差、总体均衡的态势。疫情下我国对外直接投资有所下降，来华直接投资3 340亿美元，较2020年增长32%。我国经济发展前景广阔、疫情防控卓有成效、对外开放不断扩大、营商环境持续优化，对境外长期资本形成较强吸引力。2021年，我国证券投资项下净流入510亿美元。其中，对外证券投资净流出1 259亿美元，来华证券投资净流入1 769亿美元。近年来，随着我国证券市场高水平对外开放持续推进，股市和债市逐步被纳入国际主流指数，跨境证券投资双向流动更加活跃、运行总体平稳。2021年年末，外汇储备规模稳定在3.2万亿美元左右。

实训练习

任务：分小组登录国家外汇管理局网站（www.safe.gov.cn），查找最新的国际收支统计数据，对我国国际收支平衡表和国际收支报告进行解读，分别找出最近一个年度我国的货物出口额、货物进口额、货物贸易差额、服务贸易差额、经常账户差额、非储备性质的金融账户差额、直接投资、证券投资、储备资产以及国际收支总差额的数据，并结合数据材料进行一定的分析。

拓展任务

任务：以小组为单位，到国家外汇管理局官方网站（www.safe.gov.cn）查找近年来《中国国际收支报告》原文，对报告进行解读，撰写一篇调研报告，分析最近10年来我国货物和服务、直接投资、证券投资、储备资产等主要账户呈现的特征、产生的原因和对我国经济的影响。

任务二 国际收支申报

任务导入

2020年10月9日山东正峰进出口有限公司与美国史密斯公司（SMITH INT. TRADE CO., LIT. U.S.A.）签订了一笔出口贸易合同。交易主要信息如下：

总值：10万美元

付款方式：T/T预付40%货款，装运后30天T/T支付剩余60%货款

交货期：2020年11月30日以前

预付款到达时间：2020年10月16日

实际交货日期：2020年11月21日

剩余货款到达时间：2020年12月20日

申报号码：预付款371000000601201016N005，剩余货款371000000601201220N023

组织机构代码：760010837

美元账号：7373011496400001

人民币账号：3000567892214181

任务：请代表山东正峰进出口有限公司财务人员王洁在预收4万美元货款时填写涉外收入申报单，进行国际收支申报。4万美元全部保留现汇。

_____
_____
_____
_____

知识准备

一、我国的国际收支统计申报制度

国际收支统计申报是指各对外经济交易行为主体按照规定向有关机关据实报告经济交易内容的活动。国际收支统计能反映出一国在一定时期内对外经济交往的全貌以及在某一时点上全部对外资产和负债的总量，对一国外汇政策的制定、本币与外币政策的协调以及整个宏观经济决策具有重要作用。根据有关规定，凡是中国居民与非中国居民之间发生的一切经济交易，都应当向国家外汇管理机关进行申报。根据《国际收支统计申报办法》，机构居民身份认定的主要依据是在中国境内依法成立，个人居民身份认定的主要依据是在中国境内居住1年以上（含1年）。实践中按照身份证、永久居留证、护照等有效证件中的国籍来认定其是否为居民个人。

国际收支统计申报实行交易主体申报的原则，采取间接申报与直接申报、逐笔申报与定期申报相结合的办法。2014年1月1日施行修改后的《国际收支申报办法》，2019年10月1日起实施新的《通过银行进行国际收支统计申报业务指引（2019年版）》，2020年9月22日颁布《通过银行进行国际收支统计申报业务实施细则》。

二、国际收支申报需注意的问题

申报主体应通过境内银行填写《涉外收入申报单》《境外汇款申请书》和《对外付款/承兑通知书》的纸质凭证或者通过境内银行提供的电子单据办理国际收支统计申报。发生涉外收入业务的机构申报主体，还可以通过国家外汇管理局国际收支网上申报系统（企业版）办理涉外收入网上申报，选择网上申报的机构申报主体仍可以通过纸质申报或电子单据申报方式完成涉外收入申报。涉外收付纸质凭证的内容和格式由国家外汇管理局负责统一制定、修改，由境内银行按照涉外收付凭证管理规定的要求备案后自行印制。申报主体通过境内银行提供的电子单据或国家外汇管理局国际收支网上申报系统（企业版）进行国际收支统计申报，无须使用涉外收付纸质凭证。

国家外汇管理局数字外管平台（ASOne）

发生涉外收入的申报主体，应在解付银行解付之日或结汇中转行结汇之日后5个工作日内办理该款项的申报。发生涉外付款的申报主体，应在提交《境外汇款申请书》或《对外付款/承兑通知书》的同时办理该款项的申报。

三、涉外收入申报单填报说明

（1）申报号码：根据国家外汇管理局有关申报号码的编制规则，由银行编制，并由收款人根据银行编制的申报号码填写此栏。

（2）收款人名称：对公项下按收款人预留银行印鉴或国家质量监督检验检疫总局颁发的组织机构代码证或国家外汇管理局及其分支局（以下简称"外汇局"）签发的特殊机构代码赋码通知书上的名称填写；对私项下按个人身份证件上的名称填写。

（3）组织机构代码：按国家质量监督检验检疫总局颁发的组织机构代码证或外汇局签发的特殊机构代码赋码通知书上的单位组织机构代码或特殊机构代码填写。

（4）个人身份证件号码：包括境内居民个人的身份证号、军官证号等以及境外居民个人的护照等。

（5）中国居民个人/中国非居民个人：根据《国际收支统计申报办法》中对中国居民/中国非居民的定义进行选择。

（6）结算方式：选择适当的结算方式打"√"。其中："其他"指除了信用证、托收、保函、电汇、票汇和信汇以外的结算方式。

（7）收入款币种及金额：指实际从境外收到的款项币种及金额。币种按照国家质量监督检验检疫总局颁布的货币和资金字母型代码填写。

（8）结汇金额：指该笔涉外收入结汇成人民币的金额。按原币金额填写。

（9）现汇金额：指该笔涉外收入以外汇方式保留的金额。按原币金额填写。

（10）其他金额：指该笔涉外收入除结汇和现汇以外的方式保留的金额。按原币金额填写。

（11）账号：如该笔涉外收入结汇后进入收款人的人民币账户，则填写该人民币账户的账号；如该笔涉外收入直接进入收款人现汇账户，则填写该现汇账户的账号；如该笔涉外收入以结汇和现汇以外的方式进入收款人相应的账户，则填写该账户的账号。

（12）国内银行扣费币种及金额：指国内银行围绕该笔涉外收入发生的，且从该笔涉外收入中扣除的费用。

（13）国外银行扣费币种及金额：指围绕该笔涉外收入发生的，国内银行代国外银行从该笔涉外收入中扣除的费用。

（14）付款人名称：指支付该笔款项的境外付款人的名称。

（15）付款人常驻国家（地区）名称及代码：指该笔涉外收入的实际付款人常驻的国家或地区。名称用中文填写，代码根据第一联背面"国家（地区）名称代码表"填写。

（16）申报日期：指收款人将填写完整的"涉外收入申报单"送达银行的日期。

（17）如果本笔款为预收货款或退款，请选择：根据款项的实际性质在相应的选项后打"√"。

（18）如果本笔款为外债提款，请填写相应的外债编号。

（19）交易编码：应根据本笔涉外收入交易性质对应的"国际收支交易编码表（收入）"填写。如果本笔涉外收入款为多种交易性质，则在第一行填写最大金额交易的国际收支交易编码，第二行填写次大金额交易的国际收支交易编码；如果本笔涉外收入款涉及出口收汇核销项下交易，则核销项下交易视同最大金额交易处理；如果本笔涉外收入款为退款，则应填写本笔涉外收入款对应原对境外付款的国际收支交易编码。

（20）相应币种及金额：应根据填报的交易编码填写。如果本笔涉外收入款为多种交易性质，则在第一行填写最大金额交易相应的币种及金额，第二行填写其余币种及金额。两栏合计数应等于收入款币种及金额。

（21）交易附言：应对本笔涉外收入交易性质进行详细描述。如果本笔涉外收入款为多种交易性质，则应对相应的涉外收入款交易性质分别进行详细描述；如果本笔涉外收入款为退款，则应填写本笔涉外收入款对应原对境外付款的申报号码。

（22）填报人签章：由经办人签字或加盖私章。

（23）填报人电话：由经办人填写其联系电话。

（24）收款人章：由收款人加盖本单位公章/财务章/国际收支申报专用章。

（25）银行业务编号：指本笔业务在银行的业务编号（此栏由银行填写）。

项目二　国际收支

操作示范

汇丰涉外收入申报单示例如表2-3所示。

表2-3　HSBC ⦻ 汇 丰 涉 外 收 入 申 报 单
REPORTING FORM FOR RECEIPTS FROM ABROAD

根据《国际收支统计申报办法》（1995年8月30日经国务院批准），特制发本申报单。
This Reporting Form is Distributed According to The Regulations on Reporting of Balance of Payments Statistics (Approved by The State Council on Aug.30,1995)
国家外汇管理局和有关银行将为您的具体申报内容保密。
The State Administration of Foreign Exchange (The SAFE) and The Banks Concerned Would Keep What You Reported Confidential.

请按填报说明（见第二联背面）填写。　　　　　　　　　　　　　制表机关：国家外汇管理局
Please Report According to The Instructions Overleaf.　　　　　　　Authority: The SAFE

申报号码 Bop Reporting No.	371000　0006　01　201016　N005			
收款人名称 Payee				
☑ 对公 Unit	组织机构代码 Unit Code	76001083-7		
☐ 对私 Individual	个人身份证件号码 ID Number	☐ 中国居民个人 Resident Individual　　☐ 中国非居民个人 Non-resident Individual		
结算方式 Payment Method	☐ 信用证 L/C　☐ 托收 Collection　☐ 保函 L/G　☑ 电汇 T/T　☐ 票汇 D/D　☐ 信汇 M/T　☐ 其他 Others			
收入款币种及金额 Currency & Amount of Receipts	USD40 000.00	结汇汇率 Exchange Rate		
其中 of Which	结汇金额 Amount of Sale		账号/银行卡号 Account No./Credit Card No.	
	现汇金额 Amount in FX	USD40 000.00	账号/银行卡号 Account No./Credit Card No.	7373011496400001
	其他金额 Amount of Others		账号/银行卡号 Account No./Credit Card No.	
国内银行扣费币种及金额 Bank's Charges inside China		国外银行扣费币种及金额 Bank's Charges outside China		
付款人名称 Payer	SMITH INT. TRADE CO.,LIT.U.S.A.			
付款人常驻国家（地区）名称及代码 Country/Region of Payer & Code	美国　840	申报日期 Reporting Date	2020.10.16	
如果本笔款为预收货款或退款，请选择 If Advance Receipts/Refund, Please Choose	☑ 预收货款 Advance Receipts	☐ 退款 Refund		
本笔款项是否为保税货物项下收入	☐ 是	☑ 否		
外汇局批件号/备案表号/业务编号				
收入类型	☐ 福费廷　☐ 出口保理　☐ 出口押汇　☐ 出口贴现　☐ 其他			
交易编码 BOP Transac. Code	121010　□□□□□□	相应币种及金额 Currency & Amount	USD40 000.00	交易附言 Transac. Remark	预收一般贸易出口货款
填报人签章 Signature or Stamp of Reporter	王洁	填报人电话 Phone No. of Reporter	88888888	
收款人章 Stamp of Payee	山东正峰进出口有限公司	银行经办人签章 Signature of Bank Teller	银行业务编号 Bank Transaction Ref.No.	

第一联　银行留存联

Member HSBC Group 汇丰集团成员

29

实训练习

任务：请代表山东正峰进出口有限公司财务人员王洁在收到 6 万美元余款时填写涉外收入申报单（表2-4），进行国际收支申报，申报号码 371000000601201220N023，6 万美元全部结汇成人民币。

表 2-4　HSBC 汇丰涉外收入申报单
REPORTING FORM FOR RECEIPTS FROM ABROAD

根据《国际收支统计申报办法》(1995 年 8 月 30 日经国务院批准)，特制发本申报单。
This Reporting Form is Distributed According to The Regulations on Reporting of Balance of Payments Statistics (Approved by The State Council on Aug.30,1995)

国家外汇管理局和有关银行将为您的具体申报内容保密。
The State Administration of Foreign Exchange (The SAFE) and The Banks Concerned Would Keep What You Reported Confidential.

请按填报说明（见第二联背面）填写。　　　　制表机关：国家外汇管理局
Please Report According to The Instructions Overleaf.　　Authority: The SAFE

申报号码 Bop Reporting No.	□□□□□□ □□□□ □□ □□□□□□ □□□□			
收款人名称 Payee				
□ 对公 Unit	组织机构代码 Unit Code	□□□□□□□□□ - □		
□ 对私 Individual	个人身份证件号码 ID Number	□中国居民个人 Resident Individual　□中国非居民个人 Non-resident Individual		
结算方式 Payment Method	□信用证 L/C　□托收 Collection　□保函 L/G　□电汇 T/T　□票汇 D/D　□信汇 M/T　□其他 Others			
收入款币种及金额 Currency & Amount of Receipts		结汇汇率 Exchange Rate		
其中 of Which	结汇金额 Amount of Sale		账号/银行卡号 Account No./Credit Card No.	
	现汇金额 Amount in FX		账号/银行卡号 Account No./Credit Card No.	
	其他金额 Amount of Others		账号/银行卡号 Account No./Credit Card No.	
国内银行扣费币种及金额 Bank's Charges inside China		国外银行扣费币种及金额 Bank's Charges outside China		
付款人名称 Payer				
付款人常驻国家（地区）名称及代码 Country/Region of Payer & Code	□□□	申报日期 Reporting Date		
如果本笔款为预收货款或退款，请选择 If Advance Receipts/Refund, Please Choose	□预收货款 Advance Receipts	□退款 Refund		
本笔款项是否为保税货物项下收入	□是	□否		
外汇局批件号/备案表号/业务编号				
收入类型	□福费廷　□出口保理　□出口押汇　□出口贴现　□其他			
交易编码 BOP Transac. Code	□□□□□□　□□□□□□	相应币种及金额 Currency & Amount	交易附言 Transac. Remark	
填报人签章 Signature or Stamp of Reporter		填报人电话 Phone No. of Reporter		
收款人章 Stamp of Payee	银行经办人签章 Signature of Bank Teller	银行业务编号 Bank Transaction Ref.No.		

第一联　银行留存联

Member HSBC Group 汇丰集团成员

项目二　国际收支

改革开放以来我国国际收支的发展演变

改革开放以来，我国经济社会各方面都发生了翻天覆地的变化，涉外经济更是得到蓬勃发展，从国际收支数据上能够得到充分体现。

一、改革开放推动中国经济全面融入世界经济体系，我国国际收支交易实现了从小变大、由弱变强的巨大飞跃

我国在全球贸易中的地位明显提升。国际收支平衡表显示，1982年我国货物和服务进出口总额为404亿美元，在全球范围内位居第20位。之后到2001年加入世界贸易组织的近20年间，货物和服务贸易总额年均增长14%；2001年至2008年，对外贸易进入高速发展期，年均增速达26%；2009年至2021年，对外贸易在波动中逐步趋稳，年均增长9%。2021年我国货物和服务进出口总额超过6万亿美元，在全球范围内位居第一位。

对外金融资产和负债规模稳步增长。改革开放以来，跨境直接投资先行先试，债券投资和贷款逐渐被政府允许，证券投资随着合格机构投资者制度的引入实现了从无到有的突破，近年来"沪港通""深港通""债券通"等渠道不断丰富，各类跨境投融资活动日益频繁。以直接投资为例，20世纪80年代国际收支统计的外国来华直接投资年均净流入二三十亿美元，90年代升至每年几百亿美元，2005年开始进入千亿美元，到2021年年末达到36 238亿美元，中国逐步成为全球资本青睐的重要市场。对外直接投资在2005年之前每年均不足百亿美元，2014年突破千亿美元，到2021年年末为25 819亿美元，体现了国内企业实力的增强和全球化布局的需要。国际投资头寸表显示，2021年年末我国对外金融资产和负债净头寸为19 833亿美元。

二、改革开放促进国内经济结构和对外经济格局的优化，我国国际收支经历长期"双顺差"后逐步趋向基本平衡

我国经常账户顺差总体呈现先升后降的发展态势。1982年至1993年，我国经常账户差额有所波动，个别年份出现逆差。但1994年以来，经常账户开始了持续至今的顺差局面。其中，1994年至2007年，经常账户顺差与GDP之比由1%左右提升至9.9%，外向型经济特征凸显，在此期间也带动了国内经济的快速增长。但2008年国际金融危机进一步表明，我国经济应降低对外需的依赖，更多转向内需拉动。2008年起我国经常账户顺差与GDP之比逐步回落至合理区间，2021年降至1.8%，说明近年来内需尤其是消费需求在经济增长中的作用更加突出，这也是内部经济结构优化与外部经济平衡的互为印证。经常账户主要子项目的收支状况如图2-1所示。

跨境资本由持续净流入转向双向流动。在1994年经常账户开启长期顺差局面后，我国非储备性质金融账户也出现了长达20年左右的顺差，"双顺差"一度成为我国国际收支的标志性特征。在此情况下，外汇储备余额持续攀升，最高接近4万亿美元。2014年以来，在内外部环境影响下，非储备性质金融账户持续了近3年的逆差，外汇储备由升转降，直至2017年外汇储备再度回升。上述调整也引起了我国对外资产负债结构的变化，2021年年末对外资产中，余额为34 269亿美元，占比为37%，较2013年年末下降28个百分点，直接投资25 819亿美元，占对外资产的比重为28%；证券投资资产9 797亿美元，占对外资产的比重为11%；金融衍生工具资产154亿美元，占对外资产的比重为0.2%；存贷款等其他投资资产 23 205 亿美元，占对外资产的比重为 25%，体现了对外资产的分散化持有与运用，国内资本市场开放的成果逐步显现。资本和金融账户主要子项目的收支状况如图 2-2 所示。

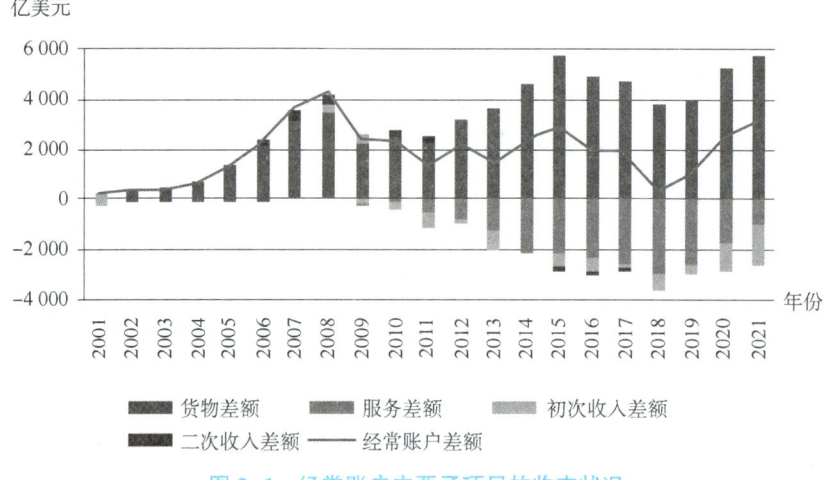

图 2-1 经常账户主要子项目的收支状况

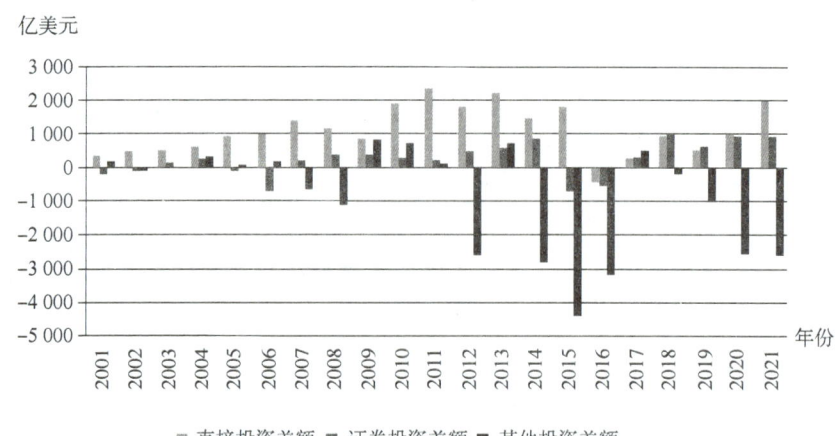

图 2-2 资本和金融账户主要子项目的收支状况

三、改革开放增强了我国的综合国力和抗风险能力，我国国际收支经受住了三次较显著的外部冲击考验

改革开放以来我国国际收支状况保持总体稳健。历史上，国际金融市场震荡对我国国际收支形成的冲击主要有三次。一是 1998 年亚洲金融危机，当年我国非储备性质金融账户出现 63 亿美元小幅逆差，但由于经常账户顺差较高，外汇储备稳中略升。二是 2008 年国际金融危机以及随后的欧美债务危机，我国国际收支"双顺差"格局没有发生根本改变，外汇储备进一步增加。三是 2014 年至 2016 年美国货币政策转向，新兴经济体普遍面临资本外流、货币贬值问题，我国外汇储备下降较多，但国际收支支付和外债偿还能力依然较强、风险可控。2018 年的中美贸易摩擦和 2020 年至今的新冠疫情，使我国面临的内外部环境更趋复杂，在这种情况下，我国国际收支依然保持了稳健和基本平衡的格局，体现出我国经济的强大韧性。

  日益稳固的经济基本面和不断提升的风险防范能力是应对外部冲击的关键。首先，改革开放以来，我国经济实力不断增强，逐步成为全球第二大经济体，而且产业结构比较完整，为应对外部冲击奠定了坚实的经济基础。其次，我国国际收支结构合理，抗风险能力较强，经常账户持续顺差，外汇储备持续充裕，1998年亚洲金融危机前已是全球第二位，2006年起超过日本位居首位，使得我国储备支付进口、外债等相关警戒指标始终处于安全范围内。最后，我国资本项目可兑换稳步推进，人民币汇率形成机制改革不断完善，逆周期调节跨境资本流动的管理经验逐步积累，防范和缓解风险的效果明显。

  资料来源：各年度《中国国际收支报告》国家外汇管理局官方网站 www.safe.gov.cn

项目习题

一、判断题

1. 经常项目是一国国际收支平衡表中最基本、最重要的项目。（　　）
2. 如果一国国际收支平衡表中净误差与遗漏为正数，则说明该国国际收支是顺差，反之为逆差。（　　）
3. 国际收支总差额与国际收支平衡表中储备资产的数额互为相反数。（　　）
4. 储备资产增加应记入借方，以"-"号表示。（　　）
5. 一国出现国际收支逆差，一般会导致本国货币汇率上升。（　　）
6. 金融资产在国际间的投资而产生的红利、股息和利息等收支都应列入经常账户。（　　）
7. 中国驻外使领馆的工作人员，因其长期在国外生活，所以在国际收支统计中应算作中国的非居民。（　　）
8. 顺差可以增加一国的外汇储备，使本币汇率上升，因此国际收支顺差越大越好。（　　）
9. 根据相关规定，发生涉外收入的申报主体，应在解付银行解付之日或结汇中转行结汇之日后7个工作日内办理该款项的申报。（　　）
10. 货币当局调节国际收支顺差时，通常会在外汇市场上买入外汇卖出本币。（　　）

二、单项选择题

1. 外商到我国投资建厂，应记入我国国际收支平衡表的（　　）。
   A. 劳务收支　　　B. 单方面转移　　　C. 资本账户　　　D. 直接投资
2. 如果一国国际收支为持续性顺差，则该国货币汇率一般会呈现（　　）。
   A. 下降趋势　　　B. 上升趋势　　　C. 不变
3. 下列不属于二次收入的是（　　）。
   A. 侨汇　　　B. 战争赔款　　　C. 运费　　　D. 捐款
4. 国际收支平衡表中的总差额是（　　）。
   A. 经常账户与非储备性质的金融账户的差额之和
   B. 经常账户与资本和金融账户的差额之和
   C. 经常账户、资本与金融账户、净误差与遗漏的差额之和
   D. 除储备资产以外的所有账户的差额之和
5. 国际收支平衡表中记入贷方的项目是（　　）。
   A. 对外资产的增加　　　　　　B. 对外负债的增加
   C. 官方储备的增加　　　　　　D. 对外无偿转移
6. 下列属于持续性顺差可能造成的影响是（　　）。
   A. 本币贬值　　　　　　B. 外汇储备减少
   C. 影响国家的经济地位　　　　　　D. 加重通货膨胀

总结评价

项目内容结构图

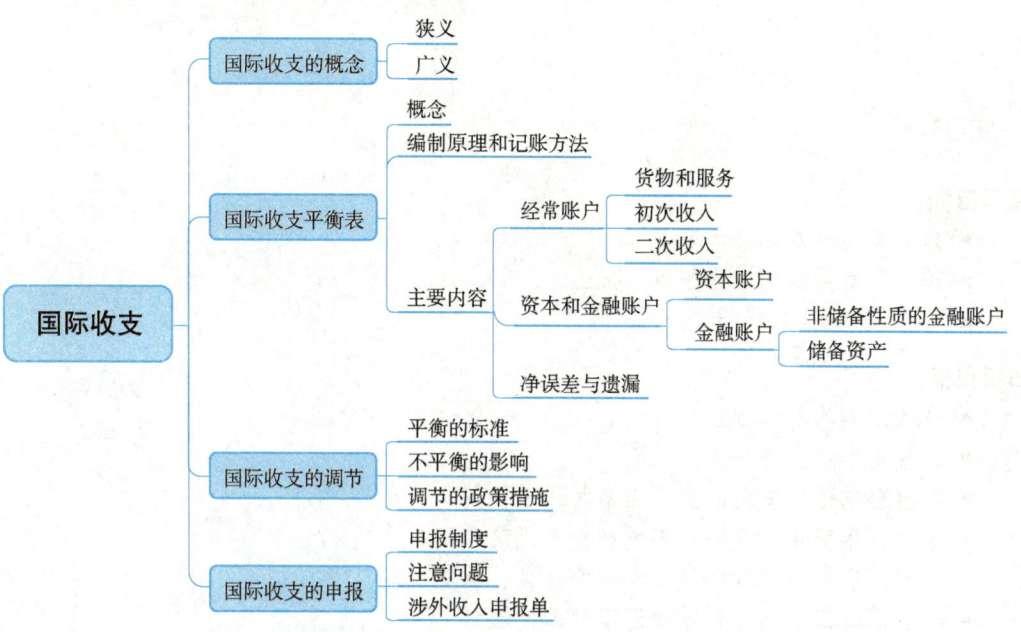

项目学习评价表

班级：　　　　　　　　　　　　　　　　　　　　　　　　　　姓名：

评价类别	评价项目	评价等级
自我评价	学习兴趣	☆☆☆☆☆
自我评价	掌握程度	☆☆☆☆☆
自我评价	学习收获	☆☆☆☆☆
小组互评	沟通协调能力	☆☆☆☆☆
小组互评	参与策划讨论情况	☆☆☆☆☆
小组互评	承担任务实施情况	☆☆☆☆☆
教师评价	学习态度	☆☆☆☆☆
教师评价	课堂表现	☆☆☆☆☆
教师评价	项目完成情况	☆☆☆☆☆
	综合评价	☆☆☆☆☆

项目三　外汇汇率

学习目标

素质目标：
- 培养关注时事政策的习惯
- 培养认真细致的工作作风
- 树立互惠互利的经营理念

知识目标：
- 掌握汇率的标价方法
- 掌握汇率的主要分类
- 掌握影响汇率变化的主要因素和作用机制
- 掌握汇率变化对经济的影响和作用机制
- 了解固定汇率制和浮动汇率制的含义、历史发展
- 了解固定汇率制度和浮动汇率制的优缺点
- 了解人民币汇率和汇率制度的沿革

能力目标：
- 能够查找解读各种不同的汇率行情
- 能够看懂汇率走势并进行一定的分析
- 能够合理运用汇率进行进出口报价折算

重点难点

重点：
- 汇率的标价方法
- 汇率的主要分类
- 影响汇率变化的主要因素和作用机制
- 汇率变化对经济的影响和作用机制
- 进出口报价折算

难点：
- 汇率标价法的判断
- 升（贴）水与升（贬）值的判断
- 汇率与经济间的相互作用机制
- 进出口报价折算

项目三　外汇汇率

任务一　查找解读汇率行情

任务导入

山东正峰进出口有限公司业务员李雪近日与国外客户签订了一笔 10 万美元的进口原材料合同，现需要支付 4 万美元的预付款，公司的开户银行为中国银行，自有资金主要为人民币，请问公司大约需要多少人民币购汇？

思考：当我们需要兑换外汇时一般通过什么机构？如何查找和解读汇率行情？日常新闻中常提到的人民币汇率中间价又是什么意思？企业在实际货币兑换中采用的是什么汇率？

任务：代表李雪查找中国银行外汇牌价，并估算正峰公司买入 4 万美元的人民币成本。

_____
_____
_____
_____

知识准备

一、汇率的概念

外汇汇率（Foreign Exchange Rate）是用一种货币折算成另一种货币的比率、比价或价格。它反映了一国货币的对外价值。汇率又称汇价、汇率行情或外汇牌价（Foreign Exchange Quotation）。

二、汇率的标价方法

根据汇率的概念可知一个汇率必然涉及两种货币，要表示汇率，首先要确定用哪种货币作为基准。人们将各种标价法下数量固定不变的货币叫作基准货币（Base Currency），把数量变化的货币叫作标价货币（Quoted Currency）。比如 EUR1＝USD1.093 4，其中欧元是基准货币，美元则是标价货币。根据表示汇率的基准货币和标价货币的不同，可分为三种汇率的标价方法。

（一）直接标价法

直接标价法（Direct Quotation），又称应付标价法（Giving Quotation），是指以一定单位（如 1 个或 100 个单位等）的外国货币为基准，折算为若干单位的本国货币。

标价法和汇率变化的判断

世界上绝大多数国家和地区采用直接标价法。以人民币汇率中间价为例，2022 年 3 月 31 日银行间外汇市场人民币汇率中间价为：1 美元对人民币 6.348 2 元，1 欧元对人民币 7.084 7 元，100 日元对人民币 5.196 5 元，1 港元对人民币 0.811 01 元，1 英镑对人民币 8.337 8 元，1 澳大利亚元对人民币 4.764 6 元，1 新西兰元对人民币 4.426 0 元，1 新加坡元

37

对人民币 4.693 2 元，1 瑞士法郎对人民币 6.874 1 元，1 加拿大元对人民币 5.084 9 元。

在直接标价法下，外国货币作为基准货币，本国货币作为标价货币。基准货币（外国货币）数额不变（1 或者 100），而标价货币（本国货币）数额则随着汇率的变化而改变。当单位外币折合的本币数额增加时，说明外币汇率上升，本币汇率下降；反之，当单位外币折合的本币数额减少时，则说明外币汇率下降，本币汇率上升。

（二）间接标价法

间接标价法（Indirect Quotation），又称应收标价法（Receiving Quotation），是指以一定单位（如 1 个或 100 个单位等）的本国货币为基准，折算为若干单位的外国货币。

世界上只有英国和美国等少数国家使用间接标价法。人民币汇率中间价在对部分货币的报价中也采用间接标价法，例如 2022 年 3 月 31 日银行间外汇市场人民币汇率中间价为：人民币 1 元对 0.662 12 林吉特，人民币 1 元对 13.148 0 俄罗斯卢布，人民币 1 元对 2.282 3 南非兰特，人民币 1 元对 190.63 韩元，人民币 1 元对 0.578 59 阿联酋迪拉姆，人民币 1 元对 0.590 99 沙特里亚尔，人民币 1 元对 51.825 7 匈牙利福林，人民币 1 元对 0.655 11 波兰兹罗提，人民币 1 元对 1.049 8 丹麦克朗，人民币 1 元对 1.457 6 瑞典克朗，人民币 1 元对 1.350 5 挪威克朗，人民币 1 元对 2.309 84 土耳其里拉，人民币 1 元对 3.131 6 墨西哥比索，人民币 1 元对 5.246 3 泰铢。

在间接标价法下，本国货币作为基准货币，外国货币作为标价货币。基准货币（本国货币）数额不变（1 或者 100），而标价货币（外国货币）数额则随着汇率的变化而改变。当单位本币折合的外币数额增加时，说明外币汇率下降，本币汇率上升；反之，当单位本币折合的外币数额减少时，则说明外币汇率上升，本币汇率下降。

（三）美元标价法

美元标价法（U.S. Dollar Quotation），是指以一定单位的美元为基准，折算为若干单位的其他货币，例如 USD1 = CAD1.248 9，USD1 = CHF0.933 0，USD1 = JPY123.87。

"二战"以后，特别是欧洲货币市场的兴起，银行同业间外汇买卖越来越多，一笔交易涉及的两种货币可能都不是市场所在国的本币，这时就很难用前面的直接标价法或间接标价法的标准对报价进行规范，所以需要将全球化外汇交易背景下的标价方法进行统一。于是国际外汇市场上逐步形成了除英镑、欧元、澳大利亚元、新西兰元等几种货币外，其余货币都以美元作为基准货币的汇率报价法。而当表示美元与上述几种货币汇率的时候，根据国际外汇市场的报价习惯，美元则通常作为标价货币出现。2022 年 4 月 13 日某时国际外汇市场汇率行情如表 3-1 所示。

欧洲货币市场

表 3-1 2022 年 4 月 13 日某时国际外汇市场汇率行情

货币对	最新价
欧元美元	1.082 0
英镑美元	1.299 3
美元日元	125.526 0
澳元美元	0.744 6
美元加元	1.263 9

续表

货币对	最新价
美元瑞郎	0.933 2
美元人民币	6.365 6
美元港元	7.837 8
新西兰元美元	0.684 5

数据来源：新浪外汇 https：//finance.sina.com.cn/forex/

知识窗

美元指数

美元指数（US Dollar Index&reg，USDX），是综合反映美元在国际外汇市场的汇率情况的指标，用来衡量美元对一揽子货币的汇率变化程度。它通过计算美元对选定的一揽子货币的综合的变化率，来衡量美元的强弱程度，从而间接反映美国的出口竞争能力和进口成本的变动情况。

三、汇率的种类

在实际业务中，根据不同的标准，可以把汇率分为不同的种类。

（一）按照汇率的计算方法不同划分，可分为基础汇率和套算汇率

（1）基础汇率（Basic Rate），是指根据一国货币与国际上某一关键货币所确定的比价。所谓关键货币（Key Currency）通常是在一个国家国际收支中使用最多、外汇储备中比重最大、国际上被普遍接受的可自由兑换货币。各国最多的是选择美元作为关键货币。

（2）套算汇率或交叉汇率（Cross Rate），是指通过两种不同货币分别与关键货币的汇率间接计算得出的这两种货币之间的汇率。

（二）按照交易对象不同划分，可分为银行间汇率和商人汇率

（1）银行间汇率又称同业汇率（Interbank Rate），是指银行间进行外汇买卖时的汇率。在我国，银行间外汇市场是指经国家外汇管理局批准可以经营外汇业务的金融机构（包括银行、非银行金融机构和外资金融机构）之间通过中国外汇交易中心进行外汇交易的市场，属于外汇批发市场。

中国外汇交易中心

知识窗

人民币汇率中间价

在我国，人民币汇率中间价不是外汇交易、货币兑换过程中的实际成交价，但它却是我国即期银行间外汇交易市场的最重要参考指标。

> 中国人民银行授权中国外汇交易中心于每个工作日上午9：15对外公布当日人民币对美元、欧元、日元、港币、英镑等24种货币的汇率中间价，作为当日银行间即期外汇市场交易汇率的中间价。
>
> 人民币对美元汇率中间价的形成方式为：中国外汇交易中心于每日银行间外汇市场开盘前向银行间外汇市场做市商询价，做市商参考上日银行间外汇市场收盘汇率，综合考虑外汇供求情况以及国际主要货币汇率变化，向中国外汇交易中心提供中间价报价。中国外汇交易中心将做市商报价作为人民币对美元汇率中间价的计算样本，去掉最高和最低报价后，将剩余做市商报价加权平均，得到当日人民币对美元汇率中间价，权重由中国外汇交易中心根据报价方在银行间外汇市场的交易量及报价情况等指标综合确定。
>
> 人民币对港元汇率中间价由交易中心分别根据当日人民币对美元汇率中间价与上午9时国际外汇市场港元对美元汇率套算确定。
>
> 人民币对欧元、日元、英镑等货币汇率中间价形成方式为：交易中心于每日银行间外汇市场开盘前向银行间外汇市场相应币种的做市商询价，去掉最高和最低报价后，将剩余做市商报价平均，得到当日人民币对欧元、日元、英镑等货币汇率中间价。
>
> 现阶段每日银行间即期外汇市场美元对人民币的交易价在中国外汇交易中心对外公布的美元交易中间价上下2%的幅度内浮动，人民币对瑞士法郎、林吉特、韩元、阿联酋迪拉姆、沙特里亚尔、匈牙利福林、波兰兹罗提、丹麦克朗、瑞典克朗、挪威克朗、土耳其里拉和墨西哥比索的交易价在外汇交易中心对外公布的该货币交易中间价上下5%幅度内浮动，银行间外汇市场人民币对俄罗斯卢布、南非兰特和泰铢的交易价在外汇交易中心对外公布的该货币交易中间价上下10%幅度内浮动，其他非美元货币对人民币的交易价在外汇交易中心对外公布的该货币交易中间价上下3%幅度内浮动。

（2）商人汇率（Merchant Rate），是指银行与个人、企业等客户之间买卖外汇时使用的汇率。在我国，银行对客户的报价一般称为银行外汇牌价或银行挂牌汇价，银行可基于市场需求和定价能力对客户自主挂牌人民币对各种货币汇价，没有限制。

（三）按照银行买卖外汇的角度划分，可分为买入汇率、卖出汇率、中间汇率和现钞汇率

（1）买入汇率（Buying Rate），又称为买入价（Bid Price），是指报价银行在买入外汇现汇时所依据的汇率。

（2）卖出汇率（Selling Rate），又称为卖出价（Offer Price），是指报价银行在卖出外汇现汇时所依据的汇率。

由于银行既经营外汇的买入也经营外汇的卖出，这种同时报出买价和卖价的报价法被称为双向报价法。交易的金额、币种、市场等因素不同，买卖差价的幅度也会有所区别，但其确定的基本原则都是一样的，就是"贱买贵卖"的原则，即同一时间既定两种货币间的汇率，买入汇率低于卖出汇率，因为只有这样报价银行才有利可图。在银行间外汇市场，买入价和卖出价之间通常用横线（或波浪线或斜线）间隔开。有时候，银行也会采取简略的形式进行报价，后面一个价格只报出最后两位，而将前面的几位数字省略，比如 EUR/USD 1.055 3/61 相当于 EUR1=USD1.055 3/1.056 1。

在直接标价法下，买入汇率在前，卖出汇率在后。例如在我国外汇市场，某日汇率为 USD1=CNY6.359 5/6.360 5，其中 USD1=CNY6.359 5 就是报价银行买入美元时所依据的汇

率，而USD1=CNY6.360 5则是报价银行卖出美元时所依据的汇率。

在间接标价法下，卖出汇率在前，买入汇率在后。例如在美国外汇市场，某日汇率为USD1=CAD1.299 5/1.300 1，其中USD1=CAD1.299 5就是报价银行卖出加元时所依据的汇率，而USD1=CAD1.300 1则是报价银行买入加元时所依据的汇率。

在美元标价法下，由于不再区分本外币，一般可以统一认定前面一个较小的数字为买入价，后面一个较大的数字为卖出价，但这个买入价和卖出价都是站在报价方的角度，买卖的对象针对的是左边的基准货币。例如EUR1=USD1.055 3/1.056 1，其中EUR1=USD1.055 3是报价银行买入欧元时所依据的汇率，而EUR1=USD1.056 1是报价银行卖出欧元时所依据的汇率。

（3）中间汇率（Middle Rate），又称为中间价，是指买入汇率和卖出汇率的算术平均数。中间汇率不是在外汇买卖业务中使用的实际成交价，它的主要作用是在会计核算、媒体报道、理论论述等过程中便于计算和报价。

（4）现钞汇率（Bank Note Rate），是指银行在与客户买卖外币现钞时所使用的价格。又分为现钞买入价和现钞卖出价。

一国货币的现钞（包括纸币和铸币），在它的货币发行国之外是无法变成现汇的，需要积累到一定数额之后运到其货币发行国，存入本国的银行才能变成现汇银行存款，产生利息，因此对买入外币现钞的银行来讲，会有利息的损失；另外，在保管和运送现钞的过程中，要支付保管费、运费和保险费，银行要把这些损失和费用开支转嫁到出卖钞票的客户身上，所以银行的现钞买入价就低于现汇的买入价。而银行在卖出外币现钞时，则通常与现汇卖出价相同，不再单独列明。

了解银行汇率报价应该注意以下几个问题：

首先，买入价和卖出价都是站在报价银行自身的角度，而客户作为报价银行的交易对手则正好相反。也就是当客户买入外汇时，报价银行是在卖出外汇，成交价是卖出价；而当客户卖出外汇时，报价银行是在买入外汇，成交价是买入价。

其次，买卖的对象针对的是外币，本币的买卖方向和外币正好相反。也就是买入价是报价银行买入外币时所依据的价格，但同时也是报价银行卖出本币的价格；而卖出价是报价银行卖外币时所依据的价格，但同时也是报价银行买入本币的价格。如果是两种外币之间的兑换，不涉及本币，则一般以基准货币为参照，买卖价格针对的是基准货币。

最后，我国外汇指定银行对客户的挂牌汇价一般明确列明现汇买入价、现汇卖出价、现钞买入价和现钞卖出价，客户可以根据自身的需要查看相应的外汇牌价。

如表3-2的外汇牌价所示，最左边一列为各种不同的外币，每一行显示的是100个单位的外币分别折合人民币的汇率，因此采用的是直接标价法。每一行对应四个汇率，以第一行美元为例，其中现汇买入价即中国银行此时每买入客户100美元现汇支付给客户的人民币金额为635.3元，现钞买入价即中国银行此时每买入客户100美元现钞支付给客户的人民币金额为630.14元，现汇卖出价即中国银行此时每卖给客户100美元现汇向客户收取的人民币金额为638元，现钞卖出价即中国银行此时每卖给客户100美元现钞向客户收取的人民币金额也是638元。其他外币的四个报价也是按照这个标准。此外由于汇率是实时变动的，银行公布的外汇牌价表一般供客户参考，实际的成交价应以银行系统中成交时的汇率为准。

表 3-2　2022 年 4 月 13 日某时中国银行外汇牌价①

单位：元人民币/100 外币

货币名称	现汇买入价	现钞买入价	现汇卖出价	现钞卖出价
美元	635.3	630.14	638	638
澳大利亚元	472.32	457.64	475.79	477.9
加拿大元	502.03	486.18	505.73	507.96
瑞士法郎	679.31	658.35	684.09	687.02
欧元	686.11	664.79	691.17	693.4
英镑	824.23	798.62	830.3	833.97
日元	5.049 9	4.893	5.087	5.094 9
新西兰元	434.28	420.88	437.34	443.35
新加坡元	464.81	450.46	468.07	470.4

知识窗

结售汇业务和外汇买卖业务

结汇业务是指银行买入客户的外汇，并向客户支付相应人民币的业务。在结汇业务中，银行是买入客户的外汇，因此使用的成交价是买入价。而对客户来说结汇业务实际是卖出外汇，如果客户结的是现汇就使用现汇买入价，如果客户结的是现钞，则使用现钞买入价。

售汇业务是指银行向客户出售外汇，并向客户收取等值人民币的业务。在售汇业务中，银行是向客户出售外汇，因此使用的成交价是卖出价。显然银行售汇，对客户来说是购买外汇，如果客户买的是现汇就使用现汇卖出价，如果客户买的是现钞，则使用现钞卖出价。

在我国，银行对客户提供的外汇买卖业务是指两种外币之间的兑换，不涉及人民币。如美元和欧元之间的兑换，美元和日元之间的兑换等。

（四）按照外汇交割时间的不同划分，可分为即期汇率和远期汇率

（1）即期汇率（Spot Exchange Rate），是指外汇买卖成交以后，两个营业日内即办理交割时所依据的汇率。即期汇率是外汇市场上的报价基础。

（2）远期汇率（Forward Exchange Rate）指外汇买卖成交以后，在未来某个时间才进行交割，但在成交时就约定好的汇率。成交的时间相同，但是交割的时间不同，所依据的汇率也不一样。因此两种货币之间在某一

结汇和购汇

---

① 数据来源：中国银行官方网站 www.boc.cn。汇率仅供参考，客户办理结/购汇业务时，应以中国银行网上银行、手机银行、智能柜台或网点柜台实际交易汇率为准。

特定时点上同时存在着一个即期汇率和数个远期汇率。远期汇率的期限通常以月份表示，如1个月期、3个月期、6个月期等，也可以根据客户的需要灵活约定。由于银行既经营远期外汇的买入即远期结汇业务，也经营远期外汇的卖出即远期售汇业务，因此远期汇率也有买入价和卖出价之分。此外，如果一种货币的远期汇率比即期汇率高，就称为升水，如果远期汇率比即期汇率低，则称为贴水。显然，两种货币之间如果一种货币远期升水，另一种货币即为远期贴水。

升（贴）水和升（贬）值

如表3-3的远期外汇牌价所示，如果客户做远期结汇，同样在这一天成交，但是交割期限不同，采用的是相应期限的远期买入价；而如果客户做远期购汇，采用的就是相应期限的远期卖出价。以表3-3为例，如果一个客户卖出3个月期100美元，做远期结汇，则到交割日将收取638.129元人民币，如果另一个客户买入6个月期100美元，做远期购汇（银行远期售汇），则到交割日需要支付643.355元人民币。以当日美元对人民币某时的即期汇率USD100＝CNY635.4/638.1为例，与各期的远期汇率相比，由于美元对人民币的远期汇率高于即期汇率，因此美元远期升水，而人民币远期贴水。需要指出的是，现在报出的远期汇率和未来到期时市场上的即期汇率并不是一回事，尽管前者反映了市场对后者的预期。比如表3-3中，2022年4月12日公布的3个月期远期汇率USD100＝CNY638.129/641.449，但是到交割日市场上的即期汇率是多少则只有到那一天才能确定。

表3-3　2022年4月12日中国银行远期结售汇牌价[①]

单位：元人民币/100美元

货币名称	交易期限	买入价	卖出价
美元	1周	635.558 6	638.658 6
美元	1个月	636.461	639.731
美元	2个月	637.387 5	640.657 5
美元	3个月	638.129	641.449
美元	4个月	638.608 4	641.928 4
美元	5个月	639.237	642.557
美元	6个月	640.035	643.355
美元	7个月	640.299 55	643.819 55
美元	8个月	640.650 65	644.170 65
美元	9个月	641.05	644.57
美元	10个月	641.206 25	644.826 25
美元	11个月	641.407 25	645.027 25
美元	12个月	641.63	645.25

---

① 数据来源，中国银行官方网站 www.boc.cn。此人民币牌价系中国银行当日市场开盘价，仅作参考。交易报价随市场波动而变化，实际成交价以中国银行当时报价为准。

相关链接

在岸人民币汇率和离岸人民币汇率

在岸人民币（CNY）汇率是指在中国大陆外汇市场进行交易时人民币的汇率，一般指中国外汇交易中心银行间即期外汇市场汇率。在岸人民币的汇率形成机制和交易规则决定了一定程度上会受到外汇政策和央行调控的影响。

离岸人民币（CNH）汇率是指在中国大陆之外的离岸人民币市场上，非居民之间进行人民币与外币兑换的汇率，一般指中国香港人民币离岸市场的汇率。离岸人民币汇率受国际因素影响比较多，波动幅度相对较大，因此通常更能反映国际金融市场对人民币汇率的预期。

在同一时间，在岸人民币汇率和离岸人民币汇率虽然会有一定的价差，但从根本上影响汇率的因素是一致的，并且如果价差太大会产生套汇活动，而套汇会使两个市场的汇率趋向一致，因此长期来看两者不会出现太大的背离。

操作示范

企业或个人需要兑换外汇时一般会通过银行，利用网上银行或手机银行就可以查找到银行的挂牌汇价。由于汇率是实时变动的，银行公布的外汇牌价表一般供客户参考，实际的成交价应以银行系统中成交时的汇率为准。

日常新闻中常提到的人民币汇率中间价是中国人民银行授权中国外汇交易中心于每个工作日上午9:15对外公布的当日人民币汇率中间价，它虽然不是外汇交易、货币兑换的实际成交价，但却是我国即期银行间外汇交易市场和银行挂牌汇价的重要参考指标。

通过中国银行官方网站www.boc.cn查找美元与人民币的即时外汇牌价（表3-4），由于正峰公司需要购买4万美元的现汇对外支付，因此银行就是出售现汇，所以成交价应该选现汇卖出价。因此购汇的人民币成本约为40 000×638.07÷100＝255 228（元）。

表3-4　美元与人民币的即时外汇牌价

单位：元人民币/100美元

货币名称	现汇买入价	现钞买入价	现汇卖出价	现钞卖出价
美元	635.53	630.43	638.07	638.07

 实训练习

选择一家银行，查找其最新外汇牌价，填写表3-5，并根据外汇牌价计算。

表3-5　外汇牌价

货币名称	现汇买入价	现钞买入价	现汇卖出价	现钞卖出价	时间
美元					
欧元					
港币					

(1) 一位旅游者到银行兑换 3 000 元港币现钞,需要支付多少人民币?

(2) 一位客户欲将 1 000 欧元现钞兑换等值人民币,能兑换多少人民币?

(3) 一家出口企业收到 20 000 美元现汇,并办理即期结汇,能兑换多少人民币?

(4) 一家企业要支付 50 000 美元进口材料款,需多少人民币购汇?

拓展任务

(1) 查找中国人民银行授权中国外汇交易中心公布的最新人民币中间价报价,并进行解读。目前人民币汇率中间价包括人民币与几种外币的汇率?分别采用的是什么标价法?最近一年来人民币汇率中间价的走势如何?

_____
_____
_____
_____

(2) 连续五个交易日通过新浪财经外汇栏目查找国际外汇市场主要外汇币种汇率行情,将最新价填写在表3-6中。

表3-6 国际外汇市场汇率行情

基准货币	第一日	第二日	第三日	第四日	第五日
美元日元					
美元瑞士法郎					
美元加拿大元					

续表

基准货币	第一日	第二日	第三日	第四日	第五日
英镑美元					
欧元美元					
新西兰元美元					
澳大利亚元美元					
英镑欧元					
欧元日元					

以上汇率采用的是什么标价法？行情中的直盘和交叉盘分别是什么意思？包含的最新价、涨跌数、涨跌幅、买入价、卖出价、开盘价、最高价、最低价、收盘价等各指什么？第五个交易日与第一个交易日相比，各种货币的汇率都发生了怎样的变化？

_____
_____
_____
_____

任务二　分析汇率

任务导入

据新华社 2022 年 1 月 18 日报道，我国 2021 年主要金融数据日前出炉。2021 年我国信贷投向哪些领域？今年金融政策走向如何？汇率走势又将怎样变化？在国新办 2022 年 1 月 18 日举办的新闻发布会上，中国人民银行相关负责人详细介绍了有关情况，回应市场热点。

在提到人民币汇率时，人民银行货币政策司司长孙国峰说："人民币汇率的变化主要由市场决定，既可能升值，也可能贬值。"他表示，弹性增强、双向波动，是人民币汇率发挥宏观经济和国际收支自动稳定器功能的体现，也有利于促进内部均衡和外部均衡的平衡。

中国人民银行副行长刘国强坦言，短期观察人民币汇率的难度增大。原来人民币和美元汇率的互动比较有规律，经常出现"跷跷板"，美元升一点，人民币就相对贬一点。但 2021 年出现了多次美元走强，人民币更强的情况。

不过在他看来，这看似难以理解却又在情理之中。去年我国经济增长较快，贸易顺差较大，尤其是前期市场预期较好，支撑了人民币走强，这就导致短期出现了美元强，人民币更强的情况。

刘国强表示，人民币汇率不可能出现持续单边升值或持续单边贬值。我国宏观调控有度，没有"大水漫灌"，保持了人民币汇率在合理均衡水平上的基本稳定。人民币汇率可能在短期偏离均衡水平，但从中长期看，市场因素和政策因素会对偏离进行纠正。

资料来源：吴雨，张千千．金融政策如何发力？贷款投向哪些领域？汇率走势如何？——央行相关负责人详解当前金融热点．[EB/OL]．(2020.01.18)［2022.04.23］．http://www.news.cn/2022－01/18/c_1128275972.htm

思考：影响人民币汇率变动的主要因素有哪些？为什么说"弹性增强、双向波动，是人民币汇率发挥宏观经济和国际收支自动稳定器功能的体现"？

任务：找出以上新闻中提到的影响人民币汇率的主要因素，并进行简要分析。

_____
_____
_____
_____

知识准备

一、影响汇率变动的主要因素

一般商品价格的变动，最直接的原因来自市场供求的变化，汇率作为一国货币对外的价格同样也最直接地受到外汇市场供求关系的影响。但是又是什么原因引起了外汇市场供求关系的变化呢？以下讨论的就是在影响一国货币汇率变动的外汇供求关系背后更深层的原因。由于在采取固定汇率制或外汇管制的国家，汇率不完全受市场供求的影响，在此仅分析浮动汇率制和资本自由流动前提下的一般情况。

（一）国际收支

一国的国际收支，尤其是经常项目收支状况是影响该国货币汇率变动的最直接因素。因为国际收支体现了一定时期内一国通过各种国际经济交易产生的收入与支出，资产与负债的变化，会直接影响到该国的外汇与本币供求。通常情况下，如果在一定时期内一国的国际收支为顺差，说明这一阶段该国外汇收入大于支出，外币供大于求，那么通常外汇就会贬值，本币升值，即外汇汇率上升，本币汇率下跌；反之，当一国国际收支出现逆差时，外汇供不应求，则外汇升值，本币贬值。

（二）财政经济状况和经济增长率

财政经济状况和经济增长率是影响一国货币汇率的最根本因素。总的说从长期时期来看，一国财政经济状况改善，经济持续稳定增长，投资者会更愿意持有该国的货币，更愿意到该国进行投资，其货币的汇率必然会保持稳定和坚挺；反之，如果一国财政经济状况恶化，经济增长缓慢甚至衰退，该国货币的汇率就会下降。

（三）通货膨胀率

一国货币的通货膨胀率是衡量该国货币对内价值或者说购买力的一个具体指标。通货膨胀或者通货紧缩主要通过价格和国际收支的机制实现对汇率的影响。因为它决定了一国货币的实际购买力，而货币的对内价值的变化最终会反映到对外价值也就是汇率的变化上。

当一国通货膨胀率上升时，说明该国的价格水平提高，在汇率既定的前提下，本国商品和劳务的价格在折合成外币时也会相应提高，这就会削弱本国商品和劳务在国际市场的竞争力，抑制出口；与此同时，也会使国内居民转而购买相对便宜的外国商品和劳务，从而促进了进口。这样国际收支就会向逆差方向发展，本币汇率将面临下降的压力。反之，当一国通货膨胀率下降，说明该国的物价水平下降，在汇率不变的前提下，本国商品和劳务的价格在折合成外币时也会相应降低，本国商品和劳务在国际市场的竞争力得到增强，促进了出口；而国内居民也会减少购买价格相对较高的外国商品和劳务，从而抑制了进口。这样国际收支就会得到改善，本币汇率将会上升。

（四）利率水平

利率对汇率的影响一方面体现在它对国际资本流动的作用上。利率作为借贷资本的价格，其变动直接影响一国的资本输出和输入。如果一国利息率水平提高，该种货币的相对收益率就会提高，国外资金持有者就会将资金投向该国，以追求较高的利息收入，使得该国外汇收入增加，从而促使该国货币的汇率上升；反之，会引起资本外流，促使该国货币的汇率下降。国际利率水平的差异对国际短期资本流动的影响尤为明显，而当今国际金融市场当中充斥着巨额的短期流动资本，这些国际游资为了投机获利，大规模进出各国外汇、金融市场，对汇率的影响非常大。

> **知识窗**
>
> ### 国际游资
>
> 国际游资，又称为热钱（Hot Money）是指在国际频繁流动，追逐短期汇率、利率、股票市场与其他金融市场价格波动获利的短期资本，是国际短期资本中最活跃的部分，也是加剧国际金融市场动荡，冲击各国经济，加深资本主义货币信用危机的重要因素。

利率对汇率的影响另一方面会通过贸易收支发挥作用。一般来说，当一国提高利率时，国内信用紧缩、物价下跌，有利于出口不利于进口，国际收支向顺差方向发展，本币有升值趋势；当一国调低利率时，国内信用扩张、物价上涨，有利于进口不利于出口，国际收支向逆差方向发展，本币有贬值趋势。

（五）当局的干预措施

由于汇率变动会对一国的进出口贸易、资本流动等多方面产生影响，而这些又会影响到国内的经济增长、物价和就业，因此各国政府可能会根据实际情况，对汇率采取一定的干预措施。其中，最直接的方式就是通过中央银行在外汇市场上买卖外汇，干预外汇的市场供求关系，从而影响汇率走势。一国政府采取的财政货币政策、贸易政策、外汇政策等也会影响到一国经济的各个方面，从而直接或间接地对汇率产生作用。此外，由领导人在公开场合就汇率进行评论，可以通过言论干预引导外汇市场投资者的心理预期。

（六）市场心理预期

市场心理预期是短期内影响汇率变动的最主要因素，具有十分易变、捉摸不定的特点。影响投资者心理预期的有信息、新闻、传闻等因素，有些并不一定是真实的政治、经济形势和政策动态。合理的市场心理预期可以有助于汇率的稳定、市场的健康发展。而非理性的心理预期则会加剧汇率的不稳定，造成外汇市场的恐慌和动荡，甚至诱发大规模的金融危机。这一因素对货币汇率变化起到推波助澜的作用。如果预期某种货币上升，则投资者会大量购买该货币，进一步扩大了对该种货币的需求量，这种货币的汇率就会上升，并且上升的力度和趋势加大；反之，则会加大该种货币汇率下降的力度和趋势。

（七）重大政治与突发事件

政治冲突、军事冲突、选举和政权更迭、金融危机、经济制裁和自然灾害等重大政治、经济与突发事件会在短期内直接、迅速影响国际汇率行情，造成国际外汇市场大幅波动。

2011年东日本大地震引发日元汇率大幅波动

（八）其他因素

除了上述对汇率变动的影响因素以外，各国经济数据的公布，股市、期货、大宗商品价格的变动等都会对国际外汇市场的汇率走势产生影响。

需要注意的是，我们在分析上述因素对汇率的影响和作用机制时，都是在假设其他条件不变的前提下，但实际上各种因素对汇率的影响错综复杂，最终汇率的走势是由各种因素综合作用的结果。

二、汇率变动对经济的影响

一国经济发展的各个方面都会影响汇率，而汇率的变动又会对一国经济产生广泛而复杂的反作用。主要体现在以下几个方面：

（一）汇率变动对国际收支的影响

1. 对有形贸易收支和无形贸易收支的影响

这里有形贸易收支指的是一国商品的进出口，而无形贸易收支是指一国劳务的输出入。汇率变动对两者产生的影响基本是一致的，主要通过汇率变动引起国内外商品和劳务相对价格的变动实现。

当一国货币汇率下降时，以外币表示的本国商品和劳务的价格就会跟着下降，这就会刺激外国对本国商品和劳务的需求，从而使商品的出口和劳务的输出增加。同时，由于本币贬值，以本币表示的外国商品和劳务的价格会相对上升，本国居民对外国商品和劳务的需求将因此减少，从而使商品的进口和劳务的输入减少，即本币贬值一般有利于出口、不利于进口。

反之，当一国货币汇率上升时，以外币表示的本国商品和劳务的价格也会上升，从而抑制了外国对本国商品和劳务的需求，使商品的出口和劳务的输出减少。同时，以本币表示的外国商品和劳务的价格下降，本国对外国商品和劳务的需求将随之增加，商品的进口和劳务的输入将会上升，即本币升值一般会促进进口、抑制出口。

在现实中，汇率变动对贸易收支的影响还会受到其他一些因素的制约，比如进出口商品的需求和供给弹性，一国的生产能力、进出口地理方向以及时滞等。

知识窗

J 曲线效应

本国货币贬值后，贸易收支状况通常不会立即得到改善反而会比原先恶化，即进口增加而出口减少，经过一段时间，贸易收入才会增加。因为这一运动过程的函数图像酷似字母"J"，所以这一变化被称为"J 曲线效应"。由于本币贬值到贸易收支改善之间存在着时间长度不等的时滞，因此又称为"时滞效应"。其原因在于最初的一段时间内由于消费和生产行为的"黏性作用"，进口和出口的贸易量并不会发生明显的变化，但由于汇率的改变，以本国货币计价的出口收入相对减少，以外国货币计价的进口支出相对增加，这造成贸易收支逆差增加或是顺差减少。经过一段时间后，这一状况开始发生改变，进口商品逐渐减少，出口商品逐渐增加，使贸易收支向顺差的方向发展，先是抵消原先的不利影响，然后使贸易收支状况得到改善。

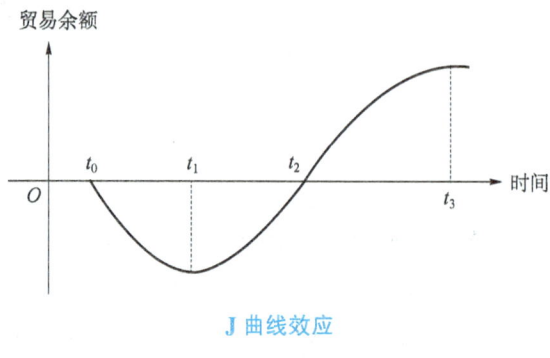

J 曲线效应

2. 汇率变动对国际资本流动的影响

由于汇率的变动会对资本持有者的成本和收益产生影响，因而会影响到资本在境内外的流动。

对短期资本来说，当一国货币汇率呈下降趋势时，本币资本持有者便会倾向于将本币换成外汇，从而造成资本流出增加，这种资本外流会持续到汇率下跌结束。相反，在本币升值过程中，由于持有该货币表示的资产价值会随其升值而上升，因此会吸引投资者买入该种货币表示的资产，于是资本流入该国。但是由于国际短期资本通常具有投机性，短期内大量资本的流入，意味着将来资金的反向流出，因此会对一国的货币供给量和金融市场稳定造成冲击。

对长期资本来说，一国货币贬值可以使外国投资者花更少的外汇进行投资生产，因此有利于吸引直接投资等长期资本的流入；反之，一国货币升值则意味着来此投资的成本提高，还会刺激本国企业到海外进行投资。

（二）汇率变动对国内经济的影响

1. 对就业和国民收入的影响

消费、投资和出口是拉动经济增长的"三驾马车"，而由于本币对外贬值通常有利于促进本国商品的出口、劳务的输出，因此可以促进出口行业的发展；不仅如此，由于本币贬值还会抑制进口，对生产进口替代品的行业构成利好；此外，如果贬值可以吸引更多长期资本的投入，也可以促进本国经济的增长。因此，总的来说，本币适当贬值一般可以增加社会总需求，激活闲置的生产要素，扩大生产规模，提高就业水平，增加国民收入，从而对一国经济产生促进作用。反之，由于本币升值不利于商品出口、劳务输出，有利于商品进口和劳务输入，所以这使得长期资本外流，对经济的增长，国民收入和就业一般会产生抑制作用。

2. 对国内物价的影响

在其他条件不变的前提下，本币汇率的变动最终会引起国内物价与汇率呈反方向变动。

当一国货币汇率下跌时，一方面，由于贬值促进了本国商品的出口、劳务的输出，抑制了商品的进口和劳务的输入，这将使总需求增加，从而推动价格水平的上涨。同时，出口拉动了国内经济增长、国民收入的增加、就业的提高，也会对价格起推动作用。另一方面，本币贬值引起进口商品的本币价格上涨，还会牵动国产同类产品和以进口商品为生产要素的商品价格上涨。反之，本币汇率上升，则一般会对国内物价有抑制作用。

相关链接

日元升值在泡沫经济形成与破灭中的作用

1949年起，日本实行360日元兑换1美元的单一固定汇率制，持续20多年。20世纪60年代，日本经济以年均10%以上的速度迅猛发展。到1968年，日本国内生产总值已超过联邦德国，成为西方世界第二大经济强国。

1985年9月22日，美国、日本、联邦德国、法国以及英国的财政部部长和中央银行行长在纽约广场饭店举行会议，达成五国政府联合干预外汇市场，诱导美元对主要货币的汇率有秩序地贬值，以解决美国巨额贸易赤字问题的协议。"广场协议"签订后，上述五国开始联合干预外汇市场,在国际外汇市场大量抛售美元,继而形成市场投资者的抛售狂潮,导致美元持续大幅贬值。1985 年 9 月,日元对美元汇率为 240 日元兑换 1 美元,到 1987 年 12 月升值为 120.9 日元兑换 1 美元。随着日元急剧升值,出口减少,日本经济形势出现恶化。

1986 年至 1987 年,正是西方发达国家经济从复苏走向高涨阶段,日本经济却出现了萧条,被称为"高日元萧条"。为了摆脱日元升值造成的经济困境,日本政府采取了宽松的财政金融政策,对日本泡沫经济的生成种下了深深的祸根。因为长期实行超低利率政策,造成货币供给量快速上升,大量过剩资金通过各种渠道涌入股票市场和房地产市场,导致资产价格急剧膨胀,泡沫经济形成。

从 1989 年 5 月至 1990 年 8 月,日本货币政策突然收缩,中央银行挑破泡沫。货币政策紧缩的影响首先表现在股价上。1989 年年末,日经指数达到高峰后,至 1990 年 4 月便由 38 915 点降至 28 000 点。1992 年 8 月跌至 14 309 日元,比 1989 年下降了 63%。股价的大幅下降几乎使日本所有的银行、企业和证券公司都出现了巨额亏损。股价暴跌半年之后,地价也开始大幅下降。1990—1991 年日本全国地价下跌了 46%,使价值为 108 万亿日元的资产化为泡影,到 1994 年东京等地的房地产价格的跌幅都超过 50%。

20 世纪 90 年代初"泡沫破灭"后,日本经济陷入低迷,长期处于增长乏力的状态,难现昔日的辉煌。

三、汇率制度

汇率制度(Exchange Rate System),也称作汇率安排(Exchange Rate Arrangement),是指一国货币当局对本国货币汇率变动的基本方式所做的基本安排和规定。汇率制度大致可以分为固定汇率制和浮动汇率制两大类。

(一)固定汇率制

1. 概念

固定汇率制(Fixed Rate System),就是指两国货币比价基本固定,或把两国货币汇率的波动界限规定在一定幅度之内。国际金本位制下的汇率制度和布雷顿森林体系下的汇率制度,都是固定汇率制。1973 年布雷顿森林体系崩溃以后至今,仍然有部分国家采用盯住国际上某种关键货币的固定汇率制。

 知识窗

国际金本位制(Gold Standard System)和布雷顿森林体系(Bretton Woods System)

在第一次世界大战以前,西方国家实行典型的金本位制,即以黄金作为本位货币的金币本位制。在金币本位制下,货币是用一定重量和成色的黄金铸造的,金币能够自由铸造、自由兑换,黄金可以自由输出入国境。金币所含黄金的一定重量和成色被称为含金量,两个实行金本位制国家货币单位的含金量之比——铸币平价是决定两种货币汇率

的物质基础。而外汇市场上的实际汇率，由外汇的供求直接决定，围绕着铸币平价上下波动。但是，其汇率的波动不是漫无边际的，主要取决于在两国运送黄金的运费，大致以黄金输送点为界限。

1944年在美国的布雷顿森林召开了联合国货币金融会议，会上确立了以美元为中心的固定汇率制度。这一汇率制度的最大特征，就是确立了"双挂钩"原则，即美元与黄金挂钩，各国货币与美元直接挂钩。在此原则下各国货币与美元之间的固定比价根据各国法定的纸币含金量与美元的含金量之比确定，称为金平价，各会员国货币对美元的汇率波动幅度不能超过金平价的上下1%，超过这个界限，则有关国家的中央银行就有义务进行干预，以保持外汇市场的稳定。1971年12月后，汇率上下波动的幅度由1%扩大到2.25%。

2. 固定汇率制的优缺点

由于在固定汇率制下两国货币比价基本固定，或汇率的波动范围被限制在一定幅度之内，因此它最突出的优点就在于汇率波动风险小。汇率相对稳定，便于经营国际贸易、国际信贷与国际投资的经济主体进行成本、收益和利润的核算，保证了各国国际清偿能力的稳定和国际债权债务的清偿，从这个角度上讲，是有利于世界经济发展的。

但是固定汇率制也具有明显的缺陷：

首先，在固定汇率制下汇率基本不能发挥调节国际收支的经济杠杆作用。原本汇率的变动可以通过影响国内外商品相对价格的变动而影响商品进出口，发挥自动调节国际收支的作用。而在固定汇率制下，由于货币比价基本固定，这种作用就发挥不出来了。

其次，不利于一国经济实现内外部的同时均衡。因为固定汇率制下，外部均衡即国际收支的平衡无法通过汇率变动来实现，因此当一国出现国际收支逆差时，为了稳定汇率，货币当局就要抛出外汇买入本币，或者需采取紧缩性的经济政策进行调节，但这会使国内经济增长受到抑制和失业扩大，从而牺牲内部经济；反之，当国际收支顺差时，货币当局需要买入外汇抛出本币，或采用扩张性的经济政策进行调节，这会加重国内的通货膨胀。同样地，如果为了实现内部均衡而采取一定的经济政策，那么就有可能影响国际贸易和国际资本流动，从而造成汇率波动的压力，抵消政策效果，使得各国受制于汇率目标，缺乏自由度。

汇率的经济杠杆作用

最后，固定汇率制容易招致国际游资的冲击。如果一个国家的国内经济和国际收支存在根本性的失衡，维持固定汇率的基础已经动摇，那么一旦遭遇游资冲击，逆差时就会导致黄金外汇储备急剧流失，资本大规模撤出，甚至引发金融危机，顺差时则会导致国内通货膨胀和泡沫经济，损害本国经济稳定。

 **相关链接**

亚洲金融危机

1997年亚洲金融危机（1997 Asian Financial Crises）指发生于1997年的一次世界性金融风波。1997年7月2日，泰国政府宣布放弃盯住美元的固定汇率制，实行浮动汇率，泰铢当天出现大跌。不久，这场风暴波及马来西亚、新加坡、日本、韩国、中国香港等国家或地区。泰国、印尼、韩国等国的货币大幅贬值，同时造成亚洲大部分主要股市大幅下跌；冲击了亚洲各国外贸企业，使得亚洲许多大型企业倒闭，工人失业，社会经济萧条。亚洲金融危机打破了亚洲经济急速发展的景象，一些国家的经济步入萧条，政局也出现动荡。

在亚洲金融危机爆发之前，一些亚洲国家通过"出口替代型"发展模式实现了经济的快速增长。但是这些国家的经济也存在一些缺陷，比如市场机制不完善、出口产业竞争力低、外债结构不合理等。它们为了吸引外资，一方面保持固定汇率，一方面又扩大金融自由化，给国际炒家提供了可乘之机。如泰国就在本国金融体系理顺之前，过早取消了对资本市场的管制，使短期资金的流动畅通无阻，为外国炒家炒作泰铢提供了条件。当发生国际收支根本性逆差时，国家很难用有限的外汇储备阻止大规模国际资本的冲击，因此也无法维持本币的汇率稳定，最终只能放任本币大幅贬值，国家和民众财富遭受重大损失。

（二）浮动汇率制

1. 概念

浮动汇率制（Floating Rate System），是指政府对汇率不加以固定，也不规定上下波动的界限，由外汇市场的供求情况决定本国货币对外国货币的汇率。

布雷顿森林体系在建立之初，为"二战"后西方主要工业国家经济的恢复和发展起了很大作用。但是由于这个体系下的"双挂钩"政策存在着根本的缺陷：美元危机爆发后，美元贬值，西方各国无法继续维持与美元的汇率，于是取消了本国货币与美元的固定比价，与美元脱钩，固定汇率制度终于被放弃，西方各国纷纷开始实行浮动汇率制。

2. 浮动汇率制的优缺点

由于浮动汇率制与固定汇率制相反，汇率的波动是相对不受限制的，因此浮动汇率制的优点恰好是实行固定汇率制时所不具备的。第一，**汇率的变动可以起到调节国际收支的经济杠杆作用**。通过汇率的波动，国内外物价出现相对变动，这就调节了收入和支出，进而起到自动调节国际收支的作用。第二，**无须以牺牲国内经济为代价来实现外部均衡，增强了各国实行经济政策的自主性**。在浮动汇率制下，由于一国的国际收支可以通过汇率的波动进行调节，各国可以专注于国内经济目标，更加自主地采取相应的政策。第三，**减少了对黄金、外汇储备的需求**。由于不必维持货币汇率在一定幅度内波动，一国所持有的黄金和外汇储备可以相对减少，转而投入国内生产，促进本国经济发展。

但是，实行浮动汇率制也有一定的弊端。第一，**增加了国际经济交易中的汇率风险**。在浮动汇率制下，由于汇率的波动基本由市场供求决定，没有了幅度限制，这必然导致汇率风险的增加，成本、利润的核算难以掌握，给国际经济交往带来了极大的不确定性。第二，**助长了国际金融市场的投机活动**。汇率波动的无限制，给国际投机者以可乘之机。出于逐利的目的，他们往往大量买进卖出一国货币，加剧了外汇市场的波动和汇率风险。

可见，无论是固定汇率制还是浮动汇率制，都有其自身的优点，也都有各自的局限性。对一个国家的政府和货币当局来说，实行什么样的汇率制度是一个政策选择问题，而这主要取决于该国的经济特征。适合本国经济特征的汇率制度将有利于该国的经济发展，反之则会成为一种障碍和束缚。历史经验表明，一个国家经济越发达、市场体制越健全、微观主体抵御外来风险的能力越强，就越适合于实行较为灵活的汇率制度，反之则较适合实行相对稳定的汇率制度。此外，一国的经济环境不是一成不变的，随着经济的发展，汇率制度也应该不断改革以适应经济发展的需要。

相关链接

香港的联系汇率制

香港于1983年起实行联系汇率制度。联系汇率制度是香港金融管理局（金管局）首要的货币政策目标，在联系汇率制度的架构内，通过稳健的外汇基金管理、货币操作及其他适当的措施，维持汇率稳定。在联系汇率制下，三家发钞行（汇丰银行、渣打银行和中国银行）在增发港元纸币时，必须按1美元兑换7.8港元的固定汇率水平向外汇基金缴纳等值美元，以换取港元的债务证明书，作为发钞的法定准备金。这种安排使港币的发行具有百分之百的外汇准备金支持。同时政府亦承诺港元现钞从流通中回流后，发钞银行同样可以用该比价兑换回美元。

在联系汇率制下，香港存在着两个平行的外汇市场，即由外汇基金与发钞银行因发钞关系而形成的公开外汇市场和发钞银行与其他持牌银行因货币兑换而形成的同业现钞外汇市场。因此，也存在着官方固定汇率和市场汇率两种平行的汇率。联系汇率制度的运作，是利用银行在上述平行市场上的竞争和套利活动进行的。当市场汇率低于联系汇率时，银行便以联系汇价将多余的港币现钞交还发钞银行，然后用换得的美元以市场汇价在市场上抛出，赚取差价；发钞银行也会将债务证明书交还外汇基金，以联系汇价换回美元并在市场上抛售获利。上述银行套汇活动导致港币的市场汇率逐渐被抬高；引起港币供应量收缩，并通过由此而导致的港币短期利率上升及套息活动，使港币的需求量增加，从而使市场对港元的供求关系得到调整，促使港币的市场汇率上浮。当市场汇率高于联系汇率时，银行的套利活动将按相反的方向进行，从而使市场汇率趋于下浮。两种情况的结果都是市场汇率向联系汇率1美元兑换7.8港元趋近。

联系汇率制的优点是有利于香港金融的稳定，而市场汇率围绕联系汇率窄幅波动的运行也有助于香港国际金融中心、国际贸易中心和国际航运中心地位的巩固和加强，增强市场信心。它的缺点是使香港的经济行为及利率、货币供应量指标过分依赖和受制于美国，削弱了运用利率和货币供应量杠杆调节本地区经济的能力；同时，使通过汇率调节国际收支的功能无从发挥。

亚洲金融风暴中的香港金融保卫战

四、人民币汇率和人民币汇率制度

(一) 人民币汇率和汇率制度的发展沿革

人民币汇率和汇率制度大致经历了以下几个不同的阶段。

1. 第一个阶段：从中华人民共和国成立到改革开放（1949—1978年）

改革开放前我国的汇率体制经历了中华人民共和国成立初期的单一浮动汇率制（1949—1952年）、20世纪五六十年代的单一固定汇率制（1953—1972年）和布雷顿森林体系后以"一篮子货币"计算的单一浮动汇率制（1973—1980年）。在传统的计划经济体制下，人民币汇率由国家实行严格的管理和控制，对外贸易由国营对外贸易公司专管，外汇业务由国有银行中国银行统一经营，逐步形成了高度集中、计划控制的外汇管理体制。

人民币汇率为官方制定的汇率，大部分时间采取稳定的方针，实行固定汇率制，只在西方国家宣布其货币贬值或升值时才做相应的调整。人民币汇率逐渐与国内外物价的变化脱节，基本起不到调节进出口贸易的作用，也不能反映我国经济状况，在一定意义上仅仅是计价折算的标准（图3-1）。

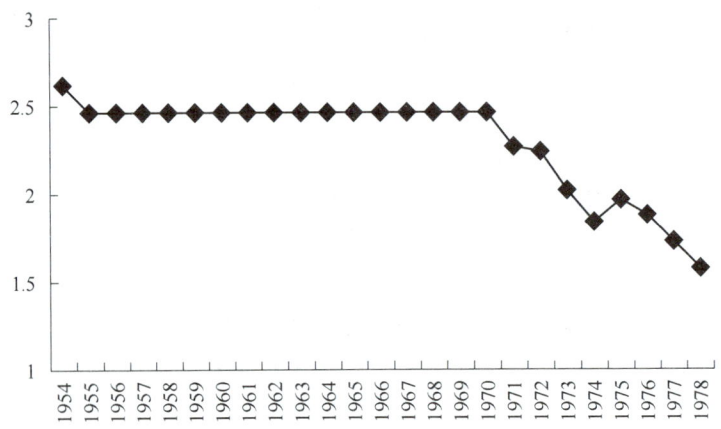

数据来源：*International finance statistics*，其他数据来自吴念鲁《人民币汇率研究》

图3-1　1954—1978年人民币对美元汇率（单位：元人民币/美元）

2. 第二个阶段：经济转型时期（1979—1993年）

1978年党的十一届三中全会召开，我国进入改革开放新时期。为改革统收统支的外汇分配制度，调动创汇单位的积极性，扩大外汇收入，改进外汇资源分配，从1979年开始实行外汇留成制。在外汇由国家集中管理、统一平衡、保证重点的同时，实行贸易和非贸易外汇留成，区别不同情况，适当留给创汇的地方和企业一定比例的外汇，以解决发展生产、扩大业务所需要的物资进口。外汇留成的对象和比例由国家规定。在实行外汇留成制度的基础上，产生了调剂外汇的需要。为此，1980年10月起中国银行开办外汇调剂业务，允许持有留成外汇的单位把多余的外汇额度转让给缺汇的单位，1988年3月起各地先后设立了外汇调剂中心，外汇调剂量逐步增加。

与外汇管理体制相配合，为了奖出限入，促进外贸经济核算并适应外贸体制改革和引进外资的需要，我国于1981年起实行双重汇率，具体又分为官方汇率与内部结算价并存和官方汇率与外汇市场调剂价格并存两个时期（图3-2）。

外汇留成制和外汇调剂市场在改革开放初期对调动企业创汇积极性，活跃市场方面发挥了积极的作用，但是随着经济的发展，其弊端也逐渐显现出来。外汇留成的条件由政府规定，条件复杂、手续烦琐，且容易产生寻租行为，双重汇率则导致了价格的混乱和套利交易。

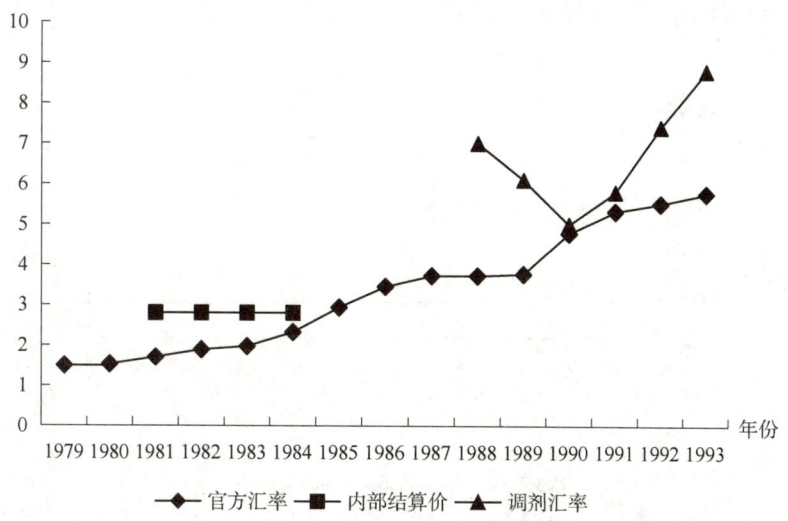

数据来源：*International finance statistics*，其他数据来自吴念鲁《人民币汇率研究》

图3-2　1979—1993年人民币对美元汇率（单位：元人民币/美元）

3. 第三个阶段：开始建立社会主义市场经济以来（1994年至今）

（1）1994年外汇管理体制改革。1993年11月14日，党的十四届三中全会通过的《中共中央关于建立社会主义市场经济体制若干问题的决定》中明确要求，"改革外汇管理体制，建立以市场供求为基础的、有管理的浮动汇率制度和统一规范的外汇市场，逐步使人民币成为可兑换货币"。1993年12月，中国人民银行发布了《关于进一步改革外汇管理体制的公告》，1994年又采取了一系列改革措施，标志着我国外汇管理体制发展进入了新阶段。此次改革的主要内容包括：

①实行外汇收入结汇制，取消外汇留成制。
②实行银行售汇制，允许人民币在经常项目下有条件可兑换。
③汇率并轨，实行以市场供求为基础的、单一的、有管理的浮动汇率制度。1994年1月1日，人民币官方汇率与市场汇率并轨，并轨时的人民币汇率为1美元合8.7元人民币。
④建立统一的、规范化的、有效率的外汇市场。1994年4月银行间外汇市场——中国外汇交易中心在上海成立并正式运营，外汇指定银行成为外汇交易的主体，中国人民银行根据宏观经济政策目标，对外汇市场进行必要的干预，以调节市场供求，保持人民币汇率的稳定。
⑤对资本项目下的外汇收支仍继续实行计划管理和审批制度。
⑥取消境内外币计价结算、禁止外币境内流通。

1994年的外汇管理体制改革为我国深化改革开放、建立社会主义市场经济体制奠定了对外经济交往的基础，具有里程碑意义。从1994年到1997年人民币对美元汇率一直呈现稳中有升态势。1996年我国又取消了经常项目下尚存的其他汇兑限制，12月1日宣布接受

《国际货币基金组织条约》第八条款,实现人民币经常项目可兑换。1997年亚洲金融危机爆发,遭受危机的国家经济出现衰退,货币纷纷贬值,我国政府当局权衡利弊,坚持稳定政策,承诺保持人民币汇率不贬值,成功地抵御了亚洲金融危机的冲击,为维持地区经济稳定,促进世界经济复苏做出了重要贡献。从1998年至2005年7月21日之前,人民币实际上采取了盯住美元的固定汇率制(图3-3)。

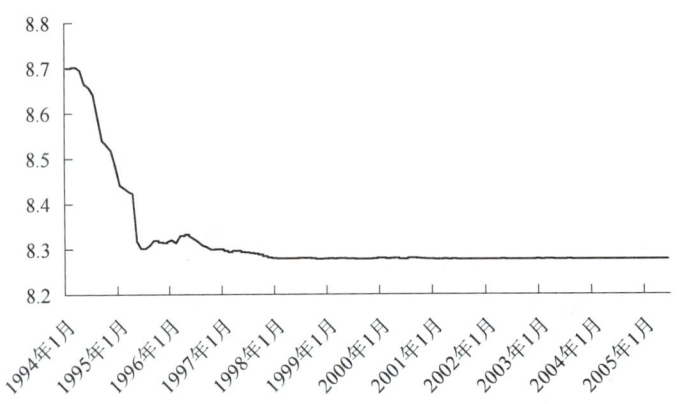

数据来源:*International finance statistics*

图3-3　1994年1月—2005年7月人民币对美元汇率（单位：元人民币/美元）

(2)不断完善的人民币汇率形成机制(2005年7月21日至今)。2005年7月21日,我国对人民币汇率形成机制进行了改革。人民币汇率不再盯住单一美元,而是按照我国对外经济发展的实际情况,选择若干种主要货币,赋予相应的权重,组成一个货币篮子。同时,根据国内外经济金融形势,以市场供求为基础,参考"一篮子货币"计算人民币多边汇率指数的变化,对人民币汇率进行管理和调节,维护人民币汇率在合理均衡水平上的基本稳定。人民币对美元的汇率在2005年7月21日当天升值2%,即1美元折合8.11元人民币。在此后的10年间人民币总体上处于渐进式升值的状态,只是在2008年至2010年由于国际金融危机的影响,采取了稳定的策略。到了2013年年底,美国货币政策转向,美元随之走强,而我国的经济和对外贸易增长有所放缓,人民币汇率开始出现贬值预期。

2015年8月11日,中国人民银行宣布调整人民币对美元汇率中间价报价机制,做市商参考上日银行间外汇市场收盘汇率,向中国外汇交易中心提供中间报价。这一调整使得人民币对美元汇率中间价机制进一步市场化,更加真实地反映了当期外汇市场的供求关系。此后在2016年2月和2017年5月,央行又进一步完善了人民币汇率中间价形成机制。总的来说,经过2005年和2015年的两次汇改,人民币汇率透明度和弹性大幅提高,近年来呈现双向波动的态势,能够反映中国经济的基本面情况并发挥调节经济的杠杆作用(图3-4)。

(二)现行的人民币汇率制度和发展方向

我国现行的人民币汇率制度是以市场供求为基础、参考"一篮子货币"进行调节、有管理的浮动汇率制度。包括三个方面的内容:一是以市场供求为基础的汇率浮动,发挥汇率的价格信号作用;二是根据经常项目(主要是贸易平衡状况)动态调节汇率浮动幅度,发挥"有管理"的优势;三是参考"一篮子货币",即从"一篮子货币"的角度看汇率,不片面地关注人民币与某个单一货币的双边汇率。

项目三　外汇汇率

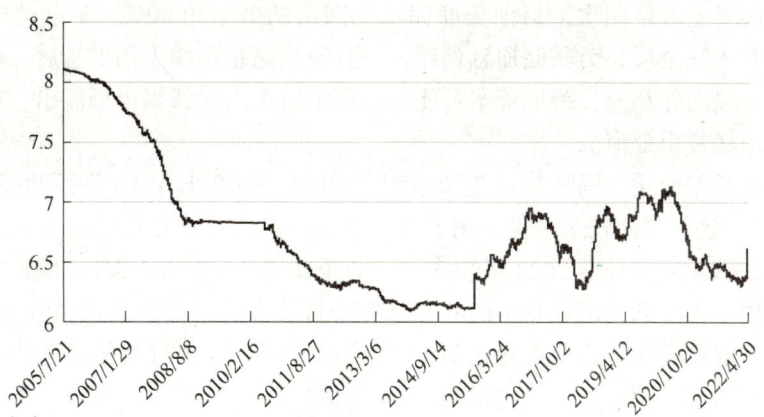

数据来源：中国人民银行

图3-4　2005年7月21日—2022年4月30日人民币对美元汇率中间价（单元：元人民币/美元）

长期来看，一国货币的汇率走势归根结底取决于该国的实体经济发展情况。未来随着我国金融市场的不断开放，人民币国际化程度不断提高，人民币汇率的市场化程度也将越来越高，更好地发挥对国民经济的调节作用。

操作示范

我国的宏观经济状况、贸易收支、跨境资本流动、物价水平、政府的财政货币政策等因素都会对人民币汇率产生影响，此外其他相关国家的经济发展状况、政府政策、国际金融市场的变化也会影响人民币汇率的走势。当汇率发生变化时，可以通过影响进出口商品和服务的相对价格影响进出口，通过影响国内外资产的价格影响资本流动，而进出口和国际资本流动的变化又通过经济传导机制，作用于一国的经济增长、物价水平和就业等各方面。在社会主义市场经济中，人民币汇率弹性增强、双向波动，就能够更好地发挥调节宏观经济和国际收支的作用，发挥自动稳定器的功能。

在以上新闻中提到，2021年我国经济增长较快（比上年增长8.1%）、货物贸易顺差较大（35 736亿元）、市场对人民币汇率看好，这些都是支撑人民币汇率走强的原因。人民币汇率主要由市场供求决定。汇率的影响因素和作用机制比较复杂，外部还存在诸多不确定性，因此预测和判断汇率走势不是一件容易的事。但是长期来看汇率归根结底还是取决于一国的财政经济状况。此外，中央银行官员对汇率的客观点评也会引导投资者保持理性的市场预期。

实训练习

2022年1月6日《金融时报》发表了评论员文章《企业要应对好"四差变化"带来的人民币贬值风险》。以下为文章原文：

2021年，人民币汇率有贬有升，双向波动，全年小幅升值2.3%。2022年，人民币汇率面临"四差变化"带来的贬值压力，企业特别是进口企业、借用外债企业要树立风险中性理念，有效对冲汇率风险，谨防汇率贬值带来的损失。金融机构要积极为企业提供汇率避险服务，降低中小微企业汇率避险成本。

一是本外币利差缩小。市场预期美联储2022年将加息三次，近期美国联邦基金利率期货市场价格显示美联储3月加息25个基点的概率接近60%。如果3月份美联储加息，则全

59

年加息次数可能将上升至四次，目前美联储加息四次的概率约40%。目前全球金融市场定价和风险偏好并未完全反映美联储加息预期，一旦美联储超预期大幅加息后，势必将推升美债收益率，缩小境内外利差，跨境资本可能从包括中国在内的新兴市场流出，推动包括人民币在内的新兴市场货币贬值。

二是经济增长差变化。国际货币基金组织（IMF）于2021年10月预测美国2022年经济将增长5.2%，这一预测较7月份上调了0.3个百分点，较4月份更是上调了1.7个百分点。相比之下，欧元区和日本2022年经济增速的预期为4.3%和2.2%，IMF对美国经济增速的上调幅度也要大于欧元区和日本的0和0.2个百分点。同时，美国国会通过基建法案，债务上限也暂时取得进展，这些都将在2022年推动美国经济相对其他经济体走强。受此影响，四季度美元指数连续上涨，并越过96个关口，创2020年7月以来最高值，带动其他发达经济体货币和新兴市场货币对美元贬值。

三是对外贸易差缩小。近期全球疫情在奥密克戎（Omicron）变种影响下有所反弹，但南非、英国、美国数据显示，该变种大部分为轻症，住院率和致死率均不高。美国民众对疫苗接种的接受率上升，以色列已开始接种第四针加强针以应对最新疫情，此前也有新闻报道针对新冠肺炎的药物临床试验数据较好。整体来看，全球疫情在2022年可能逐步好转，亚洲等全球主要的制造业基地、南美和中东等主要的原材料产地生产将继续恢复，中国出口订单可能被分流，出口增速回到常态。

四是风险预期差逆转。美国三大股指2021年均报大涨，道指、标普500、纳斯达克年涨幅达到19%、27%和21%，并数十次创下历史新高。部分大宗商品价格2021年涨幅惊人，布伦特原油价格涨幅达到50%。美国房地产价格也出现大涨，全美新建住房销售价中位数史上首次突破40万美元，同比上涨约20%。一旦全球金融市场因美联储加息或估值回调出现波动，投资者预期转向，可能增大外部不确定性，部分风险还可能通过新兴经济体资本流动等渠道外溢至我国，也可能增加人民币汇率走势的不确定性。

资料来源：本报评论员.企业要应对好"四差变化"带来的人民币贬值风险［N］.金融时报，2022-01-06（001）.

任务：分小组解读以上文章，分析其中提到的影响人民币汇率的主要因素和作用机制。

拓展任务

2021年5月27日，人民币对美元汇率继续上涨，离岸、在岸人民币分别升破6.37和6.38，均创下3年内新高。但是以国际大宗商品价格不断上涨为背景，作为全球重要的原材料进口国，同时也是全球最大货物出口国的中国，人民币升值带来更为复杂的局面。当天，全国外汇市场自律会议强调，企业和金融机构都应积极适应汇率双向波动的状态，不要赌人民币汇率升值或贬值。

事实上，人民币对美元汇率上涨已历时整整一年。2020年5月29日银行间外汇市场人民币汇率中间价为：1美元对人民币7.131 6元，之后一路上涨。人民币升值的同时，国际大宗商品价格因为一系列因素也一路走高，让作为全球最重要原材料进口国的中国面临着输入性通胀的巨大压力。采访中，一些东部省份的家电制造企业告诉《环球时报》，由于钢材、铜、铝甚至是ABS塑料等价格不断上涨，企业生产成本也在大幅增长，它们面临在消费端上调价格，甚至在成本倒挂压力下不得不停止接单的难题。在国际大宗商品价格高涨背景下，通过人民币升值以帮助对抗输入性通胀的呼声渐高。央行上海总部调查研究部主任吕进中日前撰文表示，中国作为全球重要的大宗商品消费国，国际市场价格的输入性影响不可避免。作为应对，他建议人民币适当升值，抵御输入性效应。平安证券分析师钟正生认为，在美元走弱的情况下，国际大宗商品价格上涨与人民币汇率升值同时发生，本身存在内在的减轻输入性通胀压力的机制。他认为，人民币汇率升值起到较为显著地抑制通胀的作用。

不过从另一角度看，人民币升值令出口企业承受巨大压力。接受《环球时报》采访时，中国外汇投资研究院院长谭雅玲并不赞同用汇率变动来对冲大宗商品涨价的输入性通胀的观点。她表示，疫情以来中国经济恢复良好，其中出口扮演了非常关键的作用。但去年以来，出口企业面临着人民币升值、运费上涨以及原材料涨价多重压力，企业利润受到严重挤压。

兰格钢铁经济研究中心首席分析师陈克新也向《环球时报》表示，大宗商品价格上涨过快有一部分原因是资本炒作。因此只靠人民币升值来对冲是不够的，需要宏观政策上多管齐下。

5月23日，人民币不断上涨之际，央行副行长刘国强公开表态称，中国外汇市场自主平衡，人民币汇率由市场决定，汇率预期平稳。未来人民币汇率的走势将继续取决于市场供求和国际金融市场变化，双向波动成为常态。

彭博社分析认为，这显示中国官方并不乐见市场升值预期急剧升温。彭博社认为，如果人民币短期升值幅度很大，对冲大宗商品涨价可能杯水车薪，却反而会伤及出口行业。升值预期陡增，还可能诱发企业恐慌性结汇和游资流入，给央行的宏观调节造成额外扰动。路透社也认为，中国监管层可能不乐见人民币升值预期继续强化，相较于大宗商品的涨幅，人民币升值缓解作用很有限，反而容易对出口造成影响。

资料来源：环球网《环球时报》记者倪浩．创三年新高，人民币升值影响多大．[EB/OL]．(2021.05.28)[2022.04.30]．https://baijiahao.baidu.com/s?id=1700960781463673891&wfr=spider&for=pc

任务：分小组解读以上文章，分析其中提到人民币汇率波动对我国经济的影响和作用机制。

任务三　进出口报价折算

子任务一　进口报价折算

任务导入

工作情境一：即期进口报价折算

2021年3月，山东宏达机械有限公司亟须从德国进口某零部件，由该公司外贸部王伟负责，结算方式初步定为电汇预付全部货款。对方报 CIF 单价为137美元或124欧元，该公司目前自有资金主要为人民币。开户银行即期外汇牌价如表3-7所示。

表3-7　开户银行即期外汇牌价

单位：元人民币/100外币

货币名称	现汇买入价	现钞买入价	现汇卖出价	现钞卖出价
美元	634.5	629.34	637.19	637.19
欧元	688.55	667.16	693.63	695.86

任务：代表王伟根据外汇牌价核算进口成本，在两种报价中进行比较并选择较有利的报价或进行还盘。

_____
_____

工作情境二：远期进口报价折算

2021年3月，山东宏达机械有限公司需从德国进口某零部件，由该公司外贸部王伟负责。为减少资金占压，公司希望争取延期付款方式结算，对方只同意采用远期信用证方式结算，付款时间约为3个月以后，报 CIF 单价为137美元或124欧元，该公司的自有资金主要为人民币。开户银行3个月远期外汇牌价如表3-8所示。

表3-8　开户银行3个月远期外汇牌价

单位：元人民币/100外币

货币名称	买入价	卖出价
美元	636.84	640.16
欧元	703.98	712.67

任务：代表王伟根据外汇牌价核算进口成本，在两种报价中进行比较并选择较有利的报价或进行还盘。

_____
_____

知识准备

在进口业务中,如果自有资金与交易结算币种不同,买方就需要先进行货币的兑换,才能支付货款,此时进口成本的核算就需要用到汇率。由于在这个过程中是进口商需要做购汇交易,因此折算的汇率就应该采用银行的现汇卖出价。如果进行核算的时间与货款支付时间相差不大,可以采用即期汇率进行折算。但如果到支付货款还需要一段时间,考虑到未来汇率变化的因素,用即期汇率就不合适了。此时通常有两种选择,一是预估未来结算货币与自有资金货币的汇率变化幅度,在此基础上对进口成本进行调整,但是由于未来的即期汇率是不确定的,这种方法只能做大致的估算;二是假设进口商做一笔远期购汇业务,那就用远期汇率作为核算进口成本的依据。

如果卖方用两种货币分别进行了报价,那么进口商应如何选择呢?在其他条件都相同的情况下,进口商一般选择较便宜的报价,但是由于报价币种不同,直接比较是无法比较出哪种报价更便宜的,这时也需要先用汇率进行折算。对进口商来说不论选择了哪种外币报价,在支付货款时都需要用本币购买外汇再对外支付,问题就转化成购买一定量的外币,哪一种支付的本币成本低,就选择哪种货币结算。同样地,在折算比较的过程中,要考虑未来汇率的变化,现在看起来便宜的货币报价,将来不一定是便宜的。

 **操作示范**

工作情境一:即期进口报价折算

由于该公司自有资金为人民币,问题转化成即期买入137美元和124欧元分别需要支付多少人民币,哪种情况更便宜?公司购汇对银行来说是售汇业务,因此用卖出价。因为需近期购汇,因此用即期汇率折算。

若选择美元报价,购汇的人民币成本为:
$$137 \times 637.19 \div 100 \approx 872.95 \text{(元)}$$

若选择欧元报价,购汇的人民币成本为:
$$124 \times 693.63 \div 100 \approx 860.10 \text{(元)}$$

可见折算为人民币后,欧元的报价相对便宜。

工作情境二:远期进口报价折算

由于支付货款的时间为3个月以后,因此采用远期汇率进行折算。

若选择美元报价,购汇的人民币成本为:
$$137 \times 640.16 \div 100 \approx 877.02 \text{(元)}$$

若选择欧元报价,购汇的人民币成本为:
$$124 \times 712.67 \div 100 \approx 883.71 \text{(元)}$$

可见远期美元的报价相对便宜,应选择美元报价。

实训练习

我国某公司准备进口一批机械设备,进口CIF总价预算要控制在215万元人民币之内。国外卖家报价为33万美元,结算方式为电汇预付30%货款,6个月以后支付剩余70%货款。开户银行美元对人民币即期和远期外汇牌价如表3-9所示。

表3-9 开户银行美元对人民币即期和远期外汇牌价

单位：元人民币/100美元

时间	买入价	卖出价
即期	634.5	637.19
6个月	659.6	665.94

任务：不考虑其他因素，我方是否能接受对方的报价？

子任务二　出口报价折算

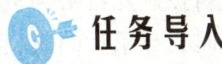

工作情境一：即期出口报价折算

某日浙江温州某进出口公司业务员小李接到巴基斯坦老客户关于 DC-12 电机的询价，由于该电机为公司紧俏产品，小李提出成交后需电汇预付全部货款的条件，客户同意了支付方式。小李综合成本、国内费用、预期利润后计算的人民币 FOB 单价为 1 308 元。开户银行某时即期外汇牌价如表 3-10 所示。

表 3-10　开户银行某时即期外汇牌价

单位：元人民币/100 美元

货币名称	现汇买入价	现钞买入价	现汇卖出价	现钞卖出价
美元	634.5	629.34	637.19	637.19

任务：代表小李计算美元的 FOB 报价。

工作情境二：远期出口报价折算

某日浙江温州某进出口公司业务员小李接到巴基斯坦老客户关于 AT1-3 变频器的询价，根据双方交易惯例大约在 3 个月后支付货款。小李综合成本、国内费用、预期利润后计算的人民币 FOB 报价为 310 元。开户银行外汇牌价如表 3-11 所示。

表 3-11　开户银行外汇牌价

单位：元人民币/100 美元

时间	买入价	卖出价
即期	634.5	637.19
3 个月	631.707 5	635.047 5

任务：代表小李计算美元的 FOB 报价。

 知识准备

在出口价格核算中，通常有一个环节就是要将核算好的本币价格折算成外币进行对外报价，这时就要用到本外币之间的汇率。但是由于银行的外汇牌价采用的是双向报价法，即有一个现汇买入价和一个现汇卖出价，两者之间有一定的价差，那么当由本币价格折算成外币价格时，应该用买入价还是卖出价折算呢？

由于出口商以外币向进口商发盘，如果进口商接受了此报价，就会支付按照此价格和货币计算的货款，届时出口商将收到的货款向银行申请做结汇交易换成本币时，与银行的成交价用的就是现汇买入价，而相应兑换到的本币收入应该与原本币报价的收入相等，因此出口商将本币价格折算成外币价格时应该按照买入价折算。

例如，某商品人民币单价为100元，美元对人民币的汇率为USD1＝CNY 6.449 6/6.475 4，改报成美元价格就应该用买入价折算为100÷6.449 6≈15.51（美元）。如果用卖出价折算为100÷6.475 4≈15.45（美元），那么当出口商收到15.45美元结汇时仍采用买入价，只能换回15.45×6.449 6＝99.65（元人民币），就会使出口收入减少。

从收取货款的时间来看，如果出口商是马上就收取货款，近期就可以结汇，汇率波动不大，则采用即期汇率进行折算即可。但如果是延期收款，考虑到未来汇率变化的因素，如果用即期汇率折算就不一定合适了，因为未来收到外币货款结汇时的汇率一般会与现在的即期汇率有差别。在实践中通常有两种做法，一是预估未来结算货币与本币的汇率变化幅度，在此基础上对出口价格进行调整，但是由于未来的即期汇率是不确定的，这种方法只能做大致的估算；二是如果出口商准备做远期结汇业务锁定出口收入，那么可以用远期汇率作为远期报价的依据。

利用远期汇率又分为两种情况：一种情况是外币贴水、本币升水。例如：某商品人民币单价为100元，三个月后收款。美元对人民币的即期汇率为USD1＝CNY 6.449 6/6.475 4；3个月远期汇率为USD1＝CNY6.415 8/6.469 2。此时应使用远期汇率中的买入价折算，即100÷6.415 8≈15.59（美元）。如果仍按照即期汇率折算报100÷6.449 6≈15.51（美元），则三个月后远期结汇业务交割只能换回15.51×6.415 8＝99.51（元人民币），使出口收入减少了。另一种情况则是外币升水、本币贴水，此时如果按照远期汇率折算，尽管仍能够保证本币收入不变，但出口商无法获得外币升水的好处。因此，如果进口商没有降价要求，则出口商仍可以采用即期汇率折算，从而增加收入。例如：某商品人民币单价为100元，3个月后收款。美元对人民币的即期汇率为USD1＝CNY6.449 6/6.475 4；三个月远期汇率为USD1＝CNY6.487 9/6.549 3。此时采用远期汇率中的买入价折算报100÷6.487 98≈15.42（美元），虽然远期结汇仍然能换回100人民币，但是如果采用即期汇率买入价折算报100÷6.449 6≈15.51（美元），则远期结汇可以换回15.51×6.487 9＝100.63（元人民币），收入更多，对出口商更有利。

当然在实际业务中，影响最终成交价格的因素还有很多，如果只是为了避免外币汇率上升的风险就提高外币报价，可能会遭到客户的反对。因此一方面应适当采用一些方法规避汇率风险，另一方面要与客户积极沟通，表明价格调整的原因，取得客户的理解。

操作示范

工作情境一：

公司收到美元货款，每件结汇后的人民币收入应为1 308元，因此应该用即期买入价折算：

FOB 价为：1 308÷(634.5÷100)≈206.15（美元）

工作情境二：

因为是 3 个月后收款，美元又是贴水，因此用 3 个月期远期汇率中的买入价折算：
FOB 价为：310÷(631.707 5÷100) ≈ 49.08（美元）

实训练习

我国某公司出口商品，综合费用利润计算得即期收款人民币售价应为 180 元/件，若 3 个月后收款，人民币售价应为 190 元/件，现外商要求以美元和日元分别报价，开户银行外汇牌价如表 3-12 所示。

表 3-12　美元、日元外汇牌价

单位：元人民币/100 外币

币种	即期价格 买入价	即期价格 卖出价	3 个月的价格 买入价	3 个月的价格 卖出价
美元	636.76	639.31	633.84	638.02
日元	8.264 8	8.331 2	8.222 2	8.294 9

任务 1： 计算即期收款分别至少应报多少美元和日元。

任务 2： 计算延期收款分别至少应报多少美元和日元。

拓展任务

2022 年 4 月山东鲁泰国际贸易有限公司业务员魏双接到了国外老客户对某款五金件组合的询价，按照惯例与该客户的结算方式为签约后 3 个月装运，凭提单传真件电汇支付全部货款。魏双综合该产品的费用、利润计算的目标利润率为 10% 时 FOB 销售单价应为人民币 240 元。开户银行外汇牌价如表 3-13 所示。

表 3-13　开户银行外汇牌价

单位：元人民币/100 美元

时间	买入价	卖出价
即期	635.7	638.4
3 个月	638.082 55	641.402 55

任务 1： 代表魏双计算美元 FOB 报价，思考应该如何向客户报价。

任务 2： 如果客户接受报价并成交，分析未来收到货款之后，结汇的人民币金额和实际利润率有几种可能。

 **思政专栏**

汇率与经济

汇率是一国货币对外的价格，一个国家经济发展的各个方面都可能会对汇率产生影响，同时汇率的变动又会使个人、企业、政府的涉外收入与支出发生变化，并对一国宏观经济的各方面产生一系列反作用。

从宏观上看，我国人民币汇率和汇率制度，随着我国经济的不断发展变化，不断改革完善，从而适应并促进了我国经济的平稳健康发展。汇率作为资本市场上重要的价格指标，在调节市场供求、资源配置等方面起着重要的作用。人民币汇率制度的改革路径整体是朝着市场化方向进行的，从单一的固定汇率制度到参考"一篮子货币"、有管理的浮动汇率制度，汇率在逐步拓宽的波动区间内实现双向浮动。在人民币汇率的形成过程中，政府逐步退出常态化的干预，转为让市场发挥更大的作用。深化汇率制度的市场化改革，增强了汇率形成过程中市场的决定作用，有利于市场形成合理的预期，减少因预期变化而对市场造成的冲击；此外，提高汇率双向波动的弹性，有助于货币的升值或贬值压力通过汇率变动被及时自发消化，平滑市场波动，使汇率发挥自动稳定器的作用。深化汇率市场化改革将是长期的路径选择，最终实现人民币汇率的自由浮动，政府仅在特殊情况下加以适度调节。我国金融开放程度正在日益加深，需要更为市场化的汇率制度与之相匹配，未来需要进一步深化汇率制度的市场化改革。当然，改革是一个循序渐进的过程，需要做的是从当前汇率制度存在的问题出发，由浅入深，逐步扩大汇率波动弹性，增强汇率形成过程中市场的决定性作用，最终实现汇率的自由浮动。

从微观上看，在国际经济交往中，只要涉及不同货币的兑换就需要用汇率，但是个人或企业要注意，由于银行的外汇牌价分为现汇买入价、现钞买入价、现汇卖出价和现钞卖出价四种价格，因此在买卖外汇，进行成本、利润、收入、支出的核算时，就要注意选择正确的成交价，并且要认真细致，计算准确。尤其是在进出口报价折算的基础上与客户进行交易磋商时，要做到有理、有利、有节。所谓有理，就是正确运用汇率的买入价和卖出价，并且要计算准确，注意小数点的位置，遇到客户还盘超出自己设置的幅度时，要与客户摆事实讲道理，充分说明报价的理由；所谓有利，就是要根据汇率的走势变化，适当运用远期汇率对价格进行调整，不能使企业蒙受损失；所谓有节，就是要考虑对方的利益，不能漫天要价，结合汇率波动合理调整报价，尽可能做到互利共赢。

项目习题

一、判断题

1. 直接标价法是以一定单位的本国货币为基准折合为若干单位的外国货币。（   ）
2. 在间接标价法下，汇率数字越大，外币的汇率越低。（   ）
3. 在我国，结汇业务是指客户将其外汇出售给银行，银行按一定汇率付给客户等值人民币的业务。（   ）
4. 一国货币升值通常不利于出口有利于进口。（   ）
5. 一般来说，一国货币适当贬值对经济增长和就业有促进作用。（   ）
6. 其他条件不变的情况下，一国如果提高利率水平，通常会引起外汇汇率下降、本币汇率上升。（   ）
7. 我国某企业将 10 万美元的汇票在银行办理结汇，银行应当按照现钞买入价进行折算，兑换成一定的人民币。（   ）
8. 现在我国实行的是以市场供求为基础、参考"一篮子货币"进行调节、有管理的浮动汇率制度。（   ）
9. 一般情况下，一国的通货膨胀率较高，其货币的对外汇率会上升。（   ）
10. 目前，只有英国和美国等少数国家采用直接标价法，而世界上绝大多数国家和地区都采用间接标价法。（   ）
11. 在直接标价法下，一定外币单位折算的本国货币增加，说明外币汇价上涨或本币汇价下跌，即外币币值上升，或本币币值下降。（   ）
12. 如果本币对外币的汇价偏高时，中央银行可以通过买进外汇卖出本币对外汇市场进行干预，维持一定的汇率水平。（   ）
13. 一国的市场化程度越高、国际货币地位越高、微观主体抵御外来风险的能力越强，越适合采用固定汇率制。（   ）
14. 外汇买入价是指客户向银行买入外汇时所使用的汇价，外汇卖出价是指客户向银行卖出外汇时所使用的汇价。（   ）
15. 通常一国货币汇率下跌，短期内会造成国际资本的流出。（   ）
16. 将出口商品价格由本币改报成外币时，应按"卖出价"折算。（   ）
17. 直接标价法下，升水表示远期外汇比即期外汇贵，间接标价法下，贴水表示远期外汇比即期外汇贵。（   ）

二、单项选择题

1. 银行买入外汇现钞的价格（   ）买入外汇现汇的价格。
   A. 高于   B. 低于   C. 等于   D. 不能确定
2. 在直接标价法下一定单位的外币折合的本国货币数量减少，则说明（   ）。
   A. 外币汇率上升   B. 外币汇率下降   C. 本币汇率下降
3. 在间接标价法下，当外汇汇率上升时（   ）。
   A. 本国货币数额变小   B. 外国货币数额变大

C. 外国货币数额变小

4. 我国银行结售汇挂牌汇价采用的是（　　）。

　　A. 直接标价法　　B. 间接标价法　　C. 复汇率　　D. 美元标价法

5. 一国货币汇率下降，一般会（　　）。

　　A. 有利于出口　　B. 有利于进口　　C. 不利于出口

6. 若某日国际外汇市场即期汇率为 USD1＝CHF1.076 2/1.076 4，3个月后即期汇率为 USD1＝CHF1.081 2/1.081 4，则美元对瑞士法郎（　　）。

　　A. 升值　　　　　B. 贬值　　　　　C. 升水　　　　　D. 贴水

7. 若某日国际外汇市场的即期汇率为 USD1＝CHF0.976 2/0.976 5，3个月远期汇率为 USD1＝CHF1.001 2/1.001 9，则美元对瑞士法郎（　　）。

　　A. 升值　　　　　B. 贬值　　　　　C. 升水　　　　　D. 贴水

8. 某日某银行汇率报价为 EUR1＝USD1.087 6/1.089 4，下列说法正确的是（　　）。

　　A. EUR1＝USD1.087 6 为报价银行买入美元的价格

　　B. EUR1＝USD1.087 6 为报价银行卖出欧元的价格

　　C. EUR1＝USD1.089 4 为客户买入美元的价格

　　D. EUR1＝USD1.089 4 为客户卖出美元的价格

9. 当一国国际收支持续逆差时，通常在外汇市场上会出现（　　）。

　　A. 外汇供过于求，外汇汇率下跌　　　B. 外汇供不应求，外汇汇率上升

　　C. 外汇供过于求，外汇汇率上升　　　D. 外汇供不应求，外汇汇率下跌

10. 根据国际外汇市场报价习惯，当表示美元与下列哪种货币的汇率时，美元是作为基准货币出现在斜线左边（　　）。

　　A. 日元　　　　　B. 澳元　　　　　C. 欧元　　　　　D. 英镑

11. 在国际外汇市场上，能够从总体上反映美元汇率变动和强弱的常用指标是（　　）。

　　A. 美元对欧元的汇率　　　　　B. 美元对特别提款权的汇率

　　C. 黄金的美元价格　　　　　　D. 美元指数

12. 下列因素中通常会使一国货币汇率上升的是（　　）。

　　A. 宏观经济形势恶化　　　　　B. 利率上升

　　C. 物价上涨　　　　　　　　　D. 国际收支持续逆差

13. 下列属于固定汇率制优点的是（　　）。

　　A. 可以发挥汇率对经济的调节作用　　B. 实行本国经济政策更自由

　　C. 汇率风险小　　　　　　　　　　　D. 可以节省外汇储备

三、多项选择题

1. 按汇率的计算方法来划分，汇率可分为（　　）。

　　A. 现钞汇率　　B. 基本汇率　　C. 官方汇率

　　D. 市场汇率　　E. 套算汇率

2. 本币升值一般会导致（　　）。

　　A. 短期资本流入　　B. 促进出口　　C. 促进进口

D. 抑制经济增长　　E. 促进就业

3. 按外汇买卖的交割期限划分，汇率可分为（　　）。

A. 开盘汇率　　　B. 现钞汇率　　　C. 远期汇率

D. 即期汇率　　　E. 收盘汇率

4. 汇价的标价方法有（　　）。

A. 单一标价法　　B. 双重标价法　　C. 直接标价法

D. 间接标价法　　E. 美元标价法

5. 下列属于浮动汇率制优点的是（　　）。

A. 可以发挥汇率对经济的调节作用　　B. 实行本国经济政策更自由

C. 汇率风险小　　　　　　　　　　　D. 可以节省外汇储备

总结评价

项目内容结构图

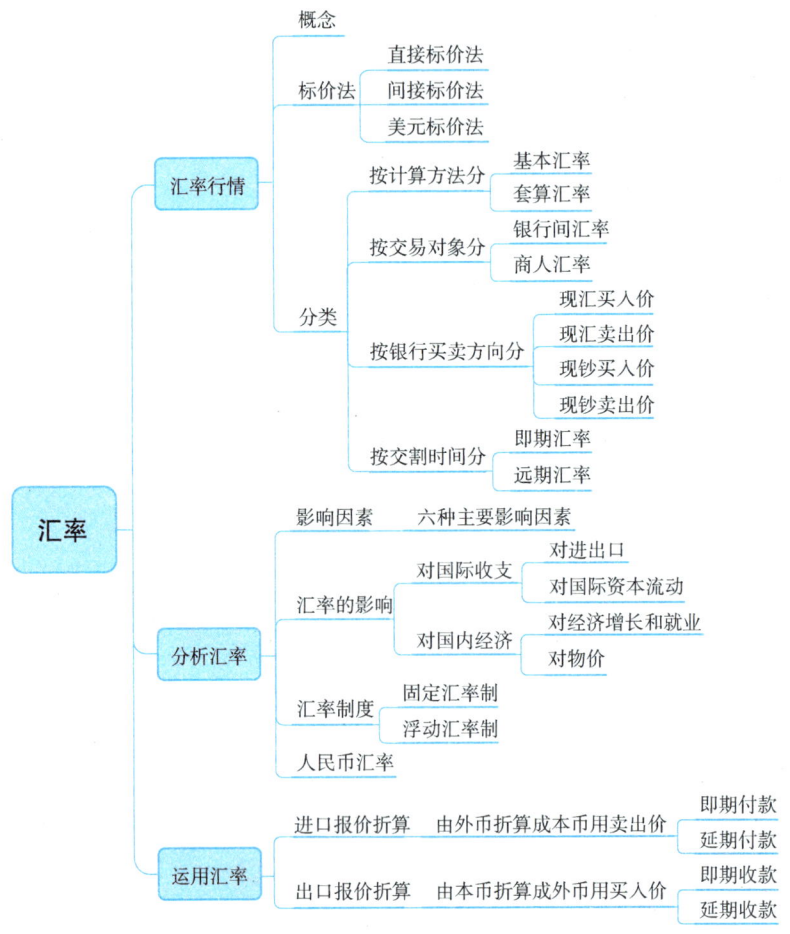

项目学习评价表

班级：   姓名：

评价类别	评价项目	评价等级
自我评价	学习兴趣	☆☆☆☆☆
	掌握程度	☆☆☆☆☆
	学习收获	☆☆☆☆☆
小组互评	沟通协调能力	☆☆☆☆☆
	参与策划讨论情况	☆☆☆☆☆
	承担任务实施情况	☆☆☆☆☆
教师评价	学习态度	☆☆☆☆☆
	课堂表现	☆☆☆☆☆
	项目完成情况	☆☆☆☆☆
综合评价		☆☆☆☆☆

项目四　外汇交易

学习目标

素质目标：
- 培养严谨细致的工作作风
- 具备一定的风险防范意识

知识目标：
- 掌握即期外汇交易的含义、特点、作用和交易规则
- 掌握远期外汇交易的含义、特点、作用和交易规则
- 熟悉外汇掉期交易的含义、特点、作用和交易规则
- 了解外汇期货交易的含义、特点、功能和运作模式
- 熟悉外汇期权交易的含义、特点、功能和运作模式

能力目标：
- 能够合理运用即期外汇交易
- 能够合理运用远期外汇交易
- 能够合理运用外汇掉期交易
- 能够合理运用外汇期权业务

重点难点

重点：
- 即期外汇交易的特点和应用
- 远期外汇交易的特点和应用
- 外汇期权交易的特点和应用

难点：
- 外汇掉期交易的特点和应用
- 外汇期货交易的特点和应用
- 外汇期权交易的特点和应用

任务一　即期外汇交易操作

任务导入

2022年4月11日，山东正峰进出口有限公司需要将美元账户上的50万美元兑换成人民币。当天，与山东鲁泰国际贸易有限公司签订贸易合同的英国公司要求其支付合同款项30万英镑。查询当天各家银行美元和英镑某时的即期外汇牌价，如表4-1所示。

表4-1　各家银行美元和英镑某时的即期外汇牌价

日期：2022年4月11日

银行名称	交易单位	现汇买入价/美元	现汇卖出价/美元	现汇买入价/英镑	现汇卖出价/英镑
中国银行	100	635.45	638.15	826.52	832.61
中国农业银行	100	635.53	638.07	826.21	832.02
中国工商银行	100	635.56	637.98	826.84	832.40
中国建设银行	100	635.52	638.13	826.48	832.70
招商银行	100	635.46	638.32	825.96	832.60

思考：什么是即期外汇交易？通常什么情况下会做即期外汇交易？山东正峰进出口有限公司将50万美元兑换为人民币属于什么交易？山东鲁泰国际贸易有限公司用人民币兑换30万英镑又属于什么交易？分别用什么价格成交？

任务：根据查询到的各家银行外汇牌价，选择美元和英镑的最优惠报价，并计算成交金额。

知识准备

一、即期外汇交易的含义

即期外汇交易（Spot Exchange Transaction）又称为即期外汇买卖，简称现汇交易。是指外汇买卖双方按照当天的即期汇率成交后，原则上在两个营业日内办理交割的一种外汇业务。在我国银行外汇业务中，交割日称为起息日（图4-1）。

即期外汇交易是外汇市场上其他外汇交易的基础，也是最常见、最普通的交易形式。即期外汇交易量占外汇市场整个交易量的60%~70%，远远大于其他交易方式的交易量。一般

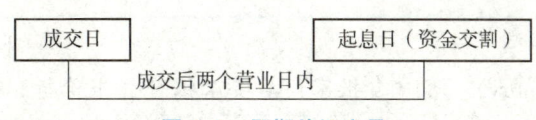

图 4-1 即期外汇交易

而言，在国际外汇市场上进行外汇交易时，除非特别指定日期，一般都视为即期交易。即期外汇交易的汇率为即期汇率，又称为现汇汇率，它构成整个外汇市场汇率的基础。

即期外汇交易的交割时间有三种情况：

（1）第二个工作日交割（Value Spot 或 VAL SP），是指在成交后第二个营业日进行交割。按惯例，这是标准的即期外汇买卖。因为在这个营业日内，买卖双方留有充足的时间确认交易、安排清算以及银行账户借记和贷记工作。目前，大部分即期外汇交易都采用这种方式。

（2）翌日交割（Value Tomorrow 或 VAL TOM），是指在成交后第一个营业日进行交割。

（3）当日交割（Value Today 或 VAL TOD），是指在成交当日进行交割。

营业日（Business Day）也称工作日，是指两个清算国银行全都开门营业的时间，即将法定节假日除外的工作日。在外汇市场上，由于涉及两种不同的货币，交割日必须是两种货币发行国共同的营业日，至少应该是付款地市场的营业日，否则就无法将货币交付对方。由于大多数国家实行每周五天工作制，因此两种货币交割时，如果遇到交易双方其中任何一方的收款行处在星期六、星期日或国家的公共假日，则即期交割日按照"下一营业日"准则进行调整，也就是交割日顺延至下一营业日。

二、即期外汇交易的作用

即期外汇交易主要有三个功能：一是支付结算功能，如通过即期外汇交易可以马上获得支付国际贸易等外汇款项或归还外汇贷款的资金；二是可以帮助客户调整手中的外汇币种结构，从而达到保值与避险功能；三是进行外汇投机，通过低买高卖赚取汇差。

三、即期外汇交易的类型

在我国银行同业间的即期外汇交易主要包括人民币外汇即期交易和外币对即期交易。前者指人民币与各种不同外汇币种之间的买卖，后者则是不同外币之间的兑换。

银行对非金融机构的企业或个人等普通客户提供的即期外汇交易则包括即期结售汇和即期外汇买卖业务。正如我们在"项目三"的"任务一"中提到的，即期结售汇又分为即期结汇和即期售汇两种。

 **相关链接**

国际外汇市场交易的程序及规则

目前，全世界运用最广泛的外汇交易工具有路透交易系统、美联社终端和德励财经咨询系统，广泛采集有关政治、经济、金融、贸易等各种信息，并通过电话、电传、信息终端机等先进的通信工具，为外汇交易者提供即时信息传递、汇率行情公布、市场趋势分析、技术图表分析等全方位的金融服务。

交易程序：

1. 客户询价（Inquiry）：客户自报家门后要求银行（报价行）报价。询价内容包括交易币种、外汇种类、金额、交割日期等，询价方无须表明自身是以买方还是卖方身份询价，身份的选择将取决于对方的报价。

2. 银行报价（Quotation）：报价行根据客户的询问立即回答，报价具有法律约束力。报价一般采用简单形式，只报出最后两位小数，但在确认成交汇价时须将大数表明。

3. 双方成交（Done）：客户表示买卖金额，银行表示承诺。一般当报价方报出询价方所需汇价后，询价方应迅速做出反应，或成交或放弃，而不应与报价方讨价还价。

4. 银行确认（Confirmation）：报价行表示"OK，Done"，即交易结束。然后证实买卖货币、金额、汇率、起息日和收付账户五项内容，缺一不可。

5. 双方交割（Delivery）：交易当事人将卖出货币汇入对方指定银行的存款账户中。

交易规则：

1. 使用国际标准符号。

2. 以美元为中心的双向报价法。除了有特别的说明之外，所有报出的货币汇率均采用以某种货币针对美元的形式。

3. 使用统一的标价方法。除了美元对英镑、澳大利亚元、新西兰元和欧元的汇率采用非美元标价法，美元对其他货币都是美元标价法。

4. 交易单位通常是100万美元，以million表示，或者缩写为MIO或者M。通常说的一手（One Dollar）即100万美元，交易额为100万美元的整数倍，交易金额一般在100万~500万美元。

5. 使用规范化的语言。在外汇交易的磋商过程中经常出现一些简略语。

外汇交易中的常用语：BID/BUY/TAKE 买进；OFFER/SELL/GIVE 卖出；MINE/YOURS 我方买进/我方卖出；ASK PRICE/ASK RATE 卖方开价/讨价；ASKED PRICE 卖方报价；QUOTE PRICE 报价；DEALING PRICE 交易汇价；INDICATION RATE 参考汇价；OUT/OFF 取消汇价；CEILING RATE 最高价；OUTRIGHT FORWARD 直接远期；DISCOUNT/PREMIUM 贴水/升水；OVER BOUGHT（LONG）多头；OVER SOLD（SHORT）空头；POSITION 头寸；SQUARE 平仓；GO NORTH 上升；GO SOUTH 下降；MP（MOMENT PERIOD）稍候；VALUE DATE 起息日。

操作示范

即期外汇交易又称为"现汇交易"，是指外汇买卖成交后，交易双方于两个交易日内办理交割手续的一种交易行为。企业有临时性的付款需求时可以买入即期外汇，有外汇收款事项时可以卖出即期外汇。即期外汇也可以帮助买卖双方调整外汇头寸的货币比例，避免外汇汇率风险。外汇投资者可在风险自担前提下实现外汇币种的转换、通过外汇买卖获取汇差收益，也可将一种利率较低的外汇转换成另外一种利率较高的外汇，获取利差收益。山东正峰进出口有限公司将50万美元兑换为人民币是结汇交易，用美元现汇买入价成交；山东鲁泰国际贸易有限公司用人民币兑换 30 万英镑是购汇交易，但对银行来说是售汇业务，用英镑现汇卖出价成交。

根据查询牌价，中国工商银行美元的现汇买入价最高，山东正峰进出口有限公司可以选择中国工商银行进行结汇，货款换回的人民币金额为：50×635.56÷100＝317.78（万）。

根据查询牌价，中国农业银行英镑的现汇卖出价最便宜，山东鲁泰国际贸易有限公司可以选择中国农业银行进行购汇，需要支付的人民币金额为：30×832.02÷100＝249.606（万）。

当然在实际业务中，在各大银行即期汇率报价相差不大、涉及金额不多的情况下，企业首选还是通过自己的开户银行结售汇比较便利。但是在有些情况下，银行会针对大客户进行个性化报价，此时企业也需要进行一定的比价。

实训练习

2022 年某日，山东鲁泰国际贸易有限公司需要对外支付 10 万欧元的预付款，外汇账户上还有约 100 万美元的资金。查询当天开户银行中国银行欧元对美元的即期外汇牌价为 EUR1＝USD1.045 8/1.051 2。美元和欧元对人民币的即期外汇牌价如表 4-2 所示。

表 4-2　美元和欧元对人民币的即期外汇牌价

单位：元人民币/100 外币

币种	现汇买入价	现汇卖出价
美元	658.06	660.85
欧元	692.16	697.27

任务：根据查询到的外汇牌价，分析该公司做即期外汇交易还是即期结售汇业务比较合算，并计算相应的成交金额。

拓展任务

2020 年 1 月 27 日，国家外汇管理局发布通知，在疫情防控期间建立外汇政策绿色通道，支持新型冠状病毒感染的肺炎疫情防控工作。

根据通知，各外汇分支机构要启动应急处置机制，对于有关部门和地方政府所需的疫情防控物资进口，按照特事特办原则，指导辖内银行简化进口购付汇业务流程与材料，切实提高办理效率。对于境内外因支援此次疫情汇入的外汇捐赠资金，银行可直接通过受赠单位已有的经常项目外汇结算账户，便捷办理资金入账和结汇手续。暂停实施需开立捐赠外汇账户的要求。

通知提出，企业办理与疫情防控相关的资本项目收入结汇支付时，无须事前、逐笔提交单证材料，由银行加强对企业资金使用真实性的事后抽查。疫情防控确有需要的，企业借用外债限额等可取消,并可通过外汇局网上办理系统线上申请外债登记,便利企业开展跨境融资。银行应当密切关注个人用汇需求,鼓励通过手机银行等线上渠道办理个人外汇业务。与疫情防控有关的其他特殊外汇业务,银行可先行办理,并向所在地外汇局报备。

资料来源:刘开雄. 外汇局建立外汇政策绿色通道支持疫情防控工作[EB/OL].(2020.01.28)[2022.04.23].http://www.xinhuanet.com/politics/2020-01/28/c_1125507701.htm

思考:网上银行、手机银行外汇交易与柜面银行外汇交易有什么不同?网上银行、手机银行交易外汇有哪些特点?

任务:以小组为单位,在手机银行中查找如何进行购汇和结汇操作,拍摄操作小视频。

任务二　远期外汇交易操作

任务导入

山东正峰进出口有限公司与美国史密斯公司签订了一笔出口合同，签约时现汇买入价约为1美元=6.476 7元人民币，FOB合同金额为80万美元，货物装运后约3个月付款，本笔交易的成本约485万元人民币。2021年4月28日，公司安排货物出运。由于近年来人民币汇率双向波动态势明显，若收到货款时人民币升值美元贬值，结汇的人民币收入会减少，如果暂不结汇，等一个较好的汇率再结，又会面临资金紧张。公司考虑利用远期外汇交易锁定出口收入。查询当天开户银行7月底前后到期的美元远期汇率买入价约为1美元=6.662 6元人民币。

思考：什么是远期外汇交易？企业为什么进行远期外汇交易？远期外汇业务交易对进出口业务分别有什么影响？

任务：代表正峰公司确定这笔远期外汇交易的主要交易条件，填写远期结售汇交易委托书（表4-3）。核算这笔交易锁定的人民币收入和利润率。假如3个月后收到货款时，市场即期汇率买入价变为1美元=6.350 0元人民币，计算通过远期外汇交易避免了多少损失。假如市场即期汇率变为1美元=6.700 0元人民币呢？

表4-3　远期结售汇交易委托书（样表）

委托日期：　　年　　月　　日　　编号：

××银行＿＿＿＿＿＿：

　　为执行＿＿＿＿＿＿项下对外付汇/收汇，根据我公司与你行签署的第＿＿＿＿＿＿号《远期结售汇总协议书》，现向你行申请：

　　□ 出售远期外汇（远期结汇）　　□ 购买远期外汇（远期售汇）

　　1. 外汇币种＿＿＿＿＿＿

　　2. 外汇总金额＿＿＿＿＿＿（小写）＿＿＿＿＿＿（大写）。

　　3. 汇率：＿＿＿＿＿＿

　　4. 起息日　□ 固定期限：　　年　　月　　日

　　　　　　　□ 择期期限：　　年　　月　　日至　　年　　月　　日

　　5. 为担保上述交易的履行，我公司同意按交易金额的1.5%向贵行缴纳保证金，保证金形式为

　　□ 货币资金

　　□ 授信额度

　　□ 其他保证

　　6. 我公司知悉上述委托汇率为参考汇率，我公司同意最终的成交汇率以《远期结售汇交易证实书》为准。

　　7. 我公司联系人姓名＿＿＿＿＿＿电话＿＿＿＿＿＿

　　本委托书　□ 有　□ 无　多笔委托附件清单。

　　本委托书有效期限　□ 当日　□ 截至　　年　　月　　日。

委托人：

年　　月　　日

知识准备

一、远期外汇交易的含义

远期外汇业务（Forward Exchange Transaction）也称为远期外汇买卖，简称为期汇交易。是指外汇买卖双方事先签订合同，规定买卖外汇的币种、金额、汇率和将来交割的时间，到规定的交割日期，再按合同规定，由卖方交汇，买方付款的一种外汇业务。在我国远期外汇交易又可以分为远期结售汇业务、远期外汇买卖业务等多种类型（图4-2）。

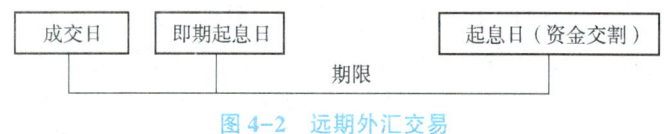

图4-2 远期外汇交易

二、远期汇率的表示方法

远期外汇交易所依据的就是远期汇率。在我国，银行对客户直接报出远期外汇牌价，企业客户可以通过网上银行、手机银行等终端查询远期汇率报价，也可以通过电话或在线下柜台向银行询价，如表4-4所示。

表4-4 2022年4月21日中国银行部分远期结售汇牌价[①]

单位：元人民币/100外币

货币名称	交易期限	买入价	卖出价
美元	1个月	643.661	646.931
美元	2个月	644.600 5	647.870 5
美元	3个月	645.195	648.515
欧元	1个月	699.429 1	708.047 3
欧元	2个月	701.547 7	710.158 3
欧元	3个月	703.365 6	712.059 5
日元	1个月	5.016 429	5.081 398
日元	2个月	5.029 455	5.094 477
日元	3个月	5.041 449	5.106 878
英镑	1个月	837.345 048	846.518 448
英镑	2个月	838.441 086	847.663 286
英镑	3个月	839.304 08	848.580 28

如果客户做远期结汇，采用的是相应期限的远期买入价；而如果客户做远期购汇，采用的就是相应期限的远期卖出价。以表4-4为例，如果一个客户做1个月期远期美元结汇，到

---

① 数据来源：中国银行官方网站 www.boc.cn。此人民币牌价系中国银行当日市场开盘价，仅作参考。交易报价随市场波动而变化，实际成交价以中国银行实时报价为准。

起息日每100美元能兑换643.661元人民币,如果另一个客户做3个月期远期欧元购汇,到起息日每购买100欧元需要支付712.059 5元人民币。

银行间外汇市场的远期汇率报价通常采用点数报价法(表4-5),即在报出即期汇率的基础上,报出远期的升(贴)水数字,又称为远期点(Forward Point),1点(Basis Point,BP)除个别货币外一般为0.000 1。由此推算远期汇率:

远期汇率全价(Forward All-in Rate)=即期汇率+远期点

表4-5 2022年4月21日某时中国外汇交易中心人民币外汇远期汇率报价

货币对	即期	1周	1月	3月	6月
EUR/CNY	7.002 6/7.004 6	66.25/67.13	177.67/177.82	576.00/577.19	1 186.06/1 187.20
CNY/SEK	1.467 9/1.468 0	-12.37/-11.84	-30.85/-29.92	-95.76/-93.63	-191.98/-188.09

根据公式就可以推算出远期汇率,如表4-6所示。

表4-6 推算出的远期汇率

货币对	1周	1月	3月	6月
EUR/CNY	7.009 2/7.011 3	7.020 4/7.022 4	7.060 2/7.062 3	7.121 2/7.123 3
CNY/SEK	1.466 7/1.466 8	1.464 8/1.465 0	1.458 3/1.458 6	1.448 8/1.449 2

知识窗

远期汇率与利率的关系

一、远期汇率的升(贴)水受两种货币利息率水平的制约

在其他条件不变的情况下,利率低的货币,其远期汇率一般为升水;利率高的货币,其远期汇率一般为贴水。这是因为,银行在经营外汇业务时必须遵循买卖平衡的原则。假如某银行卖出远期港元较多,买进远期港元外汇较少,两者不能平衡,则该银行必须拿出一定的美元,购买相当于上述差额的港元外汇,以备已卖出的港元远期外汇到期时办理交割。如果港元的利率低于美元利率,则该银行就会有利息的损失,它不可能自己来承担利息的损失,而是会把损失转嫁给远期外汇的购买者,即客户买进远期港元外汇的汇率高于即期港元的汇率,从而利息率低的货币——港元发生升水。

二、远期汇率升(贴)水数字受两种货币利差大小和期限的影响

根据利率平价理论,在资本完全自由流动的情况下,升(贴)水数字计算的公式为:

升(贴)水数字=即期汇率×两地利息差×月数/12

三、远期汇率升(贴)水年率

在实际中,远期汇率的升(贴)水数字除了受两种货币的利率影响外,可能还会受到市场变化、心理预期、资本管制等其他因素的影响,因此银行报出的实际升(贴)水数字可能与运用利率平价公式计算的升(贴)水数字存在一定的差异。用即期汇率与升(贴)水的实际数字可以推导计算出远期汇率升(贴)水年率。计算的公式为:

$$升（贴）水折年率 = \frac{升（贴）水实际数字 \times 12}{即期汇率 \times 月数}$$

升（贴）水折年率可以反映利用远期交易避险的成本，又称为掉期率。掉期率与两种货币的利差趋向于一致，因为如果两者存在的差异超过了套利的成本，就会引发套利活动，而套利活动会使这种差异逐渐消失。

三、远期外汇交易的类型

远期外汇业务按照交割日期是否固定，可以分为固定交割日的远期业务和选择交割日的远期业务。

（一）固定交割日期的远期业务（Fixed Forward Transaction）

固定交割日期的远期业务是指按照交易双方商定的日期进行外汇交割的远期外汇业务。

（二）选择交割日期的远期业务（Optional Forward Transaction）

选择交割日期的远期业务又称为择期交易，是指客户可以在约定的将来某一段时间内的任何一个工作日，按规定的汇率与报价银行办理交割的外汇买卖业务。

它是 20 世纪 70 年代以后才发展起来的一种银行外汇业务，其产生是为了满足某些买卖远期外汇时交割日难以确定的特殊需要。因为进出口商常常不能肯定进口商品何时到达，什么时候支付货款，或者出口货款何时能够收回。如果作固定的远期外汇交易，很可能到期的应收货款未收到或应付款时因故款项不能付出，造成远期合约难以执行。选择交割日期的远期业务正好弥补了这个缺点，对客户来讲，具有较大的灵活性，能够保证在进出口业务中及时付款或收汇。

择期交割的选择权在询价方，报价方为了补偿资金调度和价格变动风险，要报出对自己有利的汇率。即择期期限越长，买入价越低，而卖出价越高，买卖价差越大。询价方得到选择交割日的权利是以放弃价格上的好处为代价的，所以询价方应根据业务需要确定合理的交割日期，应尽可能缩短择期的天数，以减少择期成本。

相关链接

无本金交割远期外汇交易

无本金交割远期外汇交易（Non-deliverable Forwards，NDF）主要用于实行外汇管制国家的货币。人民币无本金交割远期常用于衡量海外市场对人民币升值或贬值的预期。NDF 由银行充当中介机构，供求双方基于对汇率看法（或目的）的不同，签订非交割远期交易合约，该合约确定远期汇率，合约到期时只需将该汇率与实际汇率的差额进行交割清算，结算的货币是自由兑换货币（一般为美元），无须对 NDF 的本金（受限制货币）进行交割。NDF 的期限一般在数月至数年之间，主要交易品种是一年期和一年以下的品种，超过一年的合约一般交易不够活跃。

无本金交割远期合约在离岸场外市场（Offshore OTC Market）交易，所以又常被称为海外无本金交割远期。NDF 市场起源于 20 世纪 90 年代，它为中国、印度、越南等新兴市场国家的货币提供了套期保值功能，几乎所有的 NDF 合约都以美元结算。人民币、越南盾、韩元、印度卢比、菲律宾比索等亚洲新兴市场国家货币都存在 NDF 市场，与这些国家存在贸易往来或设有分支机构的公司可以通过 NDF 交易进行套期保值，以此规避汇率风险。

人民币 NDF 市场是存在于中国境外的银行与客户间的远期市场，主要的目的是帮助未来有人民币支出或人民币收入的客户对冲汇率风险，到期时只计算差价，不真正交割，结算货币是美元。NDF 市场可以用于外贸和跨国企业规避人民币汇率风险，也体现了海外市场对人民币汇率的预期。

四、远期外汇交易的作用

由于远期外汇交易自身的特点，即先成交，一段时间以后再办理交割，但交割时所依据的各种条件都是在成交时就已经约定好的，因此对于未来有货币兑换需要，但又担心由于未来即期汇率发生变动风险的交易者来说，就可以通过远期外汇交易进行避险和保值。具体的原则是：未来有外汇支出，需要在将来买入外汇，为避免汇率上升的风险，则买入远期外汇避险；未来有外汇收入，需要在将来卖出外汇，为避免汇率下跌的风险，则卖出远期外汇避险。

在外汇市场上，购买远期外汇的有：远期进行外汇支出的进口商、负有短期外币债务的债务人及对远期汇率看涨的投机商等。卖出远期外汇的有：远期有外汇收入的出口商、持有短期到期的外币债权人及对远期汇率看跌的投机商等。参加远期外汇业务，不管市场汇率如何变化，都能保证其按确定的汇率进行外汇买卖，可以避免汇率变动造成的外汇风险。对进出口商来讲，能够可靠地锁定将要到期的债权债务，有益于其进行成本和收益的比较，从而排除了汇率变动所带来的不确定性。

五、远期外汇交易的操作流程

以银行对客户的远期结售汇业务为例，其操作流程一般涉及以下几个步骤：

（1）申请办理远期结售汇业务的客户应在银行开立相关账户。

（2）签订远期结汇/售汇总协议书。办理远期结售汇业务的客户需与银行签订《远期结汇/售汇总协议书》，一式两份，客户与银行各执一份。

（3）委托审核。客户申请办理远期结售汇业务时，需填写《远期结汇/售汇委托书》，同时向银行提交按照结汇、售汇及付汇管理规定所需的有效凭证；银行对照委托书和相关凭证进行审核。客户委托的远期结汇或售汇金额不得超过预计收付汇金额，交易期限也应该符合实际收付汇期限。

（4）交易成交。银行确认客户委托有效后，客户缴纳相应的保证金或扣减相应授信额度；交易成交后，由中国银行向客户出具"远期结汇/售汇交易证实书"。

（5）到期日审核和交割。到期日银行根据结汇、售汇及收付汇管理的有关规定，审核客户提交的有效凭证及/或商业单据，与客户办理交割。

（6）展期。客户因合理原因无法按时交割的可申请展期。

（7）违约。客户未能完全履约的，银行有权于最后交割日后对未履约交易部分主动进行违约平仓。

需要说明的是，由于远期交易成交和交割不同时进行，成交时不需要真正拿出资金，因此为了防止到期日客户违约给银行带来损失，因此银行会要求客户事先缴纳一定比例的保证金或者占用客户在银行的授信额度。

操作示范

远期外汇交易一般由买卖双方先订立外汇买卖合约（规定外汇买卖的数量、期限和汇率等），到约定日期按合约规定的远期汇率进行交割。远期交易的交割期限通常取决于企业的付款或收款账期，一般为1个月、3个月、6个月，也可以将未来的某个具体日期作为交割日。远期交易的目的，在于避险保值，降低汇率波动对企业出口收益和进口成本的影响。外贸企业对外贸易结算、到国外投资都会涉及外汇保值的问题。通过外汇远期交易，未来有外汇收入的企业可以事先锁定远期外汇收入折合的本币收入金额，而对于未来有外汇支付的企业可以将所需支付的本币金额固定一下，以防范汇率风险。

该笔合同成本为485万元，按签约日即期汇率80万美元可兑换518.136万元（80万×6.476 7＝518.136万），合同存在利润空间。但是由于美元的收入是在7月底，汇率市场瞬息万变，其间如果美元贬值公司收入会减少，因此选择卖出远期外汇锁定出口收入。在交货的同时卖出3个月远期80万美元，3个月后交割，80万美元可兑换533.008万元人民币（80万×6.662 6＝533.008万）。利润率为（533.008万－485万）÷485万≈9.9%。由于收款日期约在7月底，无法确定准确日期，因此采用择期交易。

假设3个月后市场即期汇率买入价变为1美元＝6.350 0人民币，80万美元只能换回508万人民币（80万×6.350 0＝508万），通过远期外汇交易避免了25.008万（533.008万－508万＝25.008万）损失。美元汇率越低，避免的损失越大。

假设3个月后市场即期汇率变为1美元＝6.700 0人民币，则80万美元在即期市场上能换回536万人民币（80万×6.700 0＝536万），尽管远期外汇交易少收入了2.992万（536万－533.008万＝2.992万），但无论到期日即期汇率为多少，企业已提前将结汇汇率锁定在了6.662 6（图4-3）。

如果到期后市场即期汇率优于事先约定的远期汇率，远期合约仍需要交割。虽然看上去不做远期交易比做了远期交易更好，但在此之前，汇率往往是很难预估的。因此，通过远期交易事先锁定有时还是很有必要的。

项目四　外汇交易

委托日期：2021 年 4 月 30 日　　　编号：

```
××银行  青岛分行  ：
    为执行  一般贸易  项下对外付汇/收汇，根据我公司与你行签署的第 1024 号《远期结售汇总协议书》，现向你
行申请：
    ☑ 出售远期外汇（远期结汇）　　□ 购买远期外汇（远期售汇）
    1. 外汇币种      美元
    2. 外汇总金额   800 000.00  （小写）    捌拾万元整   （大写）。
    3. 汇率：  6.662 6
    4. 起息日  □ 固定期限：     年     月     日
              ☑ 择期期限：2021 年 7 月 25 日至 2021 年 8 月 5 日
    5. 为担保上述交易的履行，我公司同意按交易金额的 1.5%向贵行缴纳保证金，保证金形式为
    □ 货币资金
    ☑ 授信额度
    □ 其他保证
    6. 我公司知悉上述委托汇率为参考汇率，我公司同意最终的成交汇率以《远期结售汇交易证实书》为准。
    7. 我公司联系人姓名      王洁      电话  135××××××××
    本委托书　□ 有　☑ 无　多笔委托附件清单。
    本委托书有效期限　☑ 当日　□ 截至     年     月     日。


                                                        委托人：山东正峰进出口有限公司
                                                              2021 年 4 月 30 日
```

图 4-3　远期结售汇交易委托书（示例）

实训练习

卖方：BIGPIE E&T CO.，LTD

买方：青岛金桥贸易有限公司

总值：100 万美元

付款方式：T/T 预付 40%货款，货物装运后 3 个月电汇支付剩余 60%货款

2022 年 4 月 1 日办理即期购汇，支付预付款项，即期汇率 USD100＝CNY634.9/637.59

2022 年 4 月 21 货物装船出运，办理远期业务，3 个月远期汇率 USD100＝CNY645.195/648.515

保证金形式：授信额度

保证金比例：1.5%

任务 1：分析代表青岛金桥在货物装运当天办理远期结售汇业务，填写《远期结售汇交易委托书》，如图 4-4 所示。

任务 2：分别计算 4 月 1 日支付预付款和发货 3 个月后支付剩余货款的人民币成本。

委托日期：　　　年　月　日

××银行＿＿＿＿＿＿＿＿＿＿：

　　为执行＿＿＿＿＿＿＿＿项下对外付汇/收汇，根据我公司与你行签署的第＿＿＿＿号《远期结售汇总协议书》，现向你行申请：

　　□**出售远期外汇（远期结汇）**　　□**购买远期外汇（远期售汇）**

　1. 外汇币种＿＿＿＿＿＿＿＿＿＿

　2. 外汇总金额＿＿＿＿＿＿（小写）＿＿＿＿＿＿（大写）。

　3. 汇率：＿＿＿＿＿＿

　4. 起息日　□固定期限：　　　年　月　日

　　　　　　　□择期期限：　　　年　月　日至　　　年　月　日

　5. 为担保上述交易的履行，我公司同意按交易金额的＿＿＿＿＿＿%向贵行缴纳保证金，保证金形式为

　　□货币资金

　　□授信额度

　　□其他保证

　6. 我公司知悉上述委托汇率为参考汇率，我公司同意最终的成交汇率以《远期结售汇交易证实书》为准。

　7. 我公司联系人姓名＿＿＿＿＿＿＿＿＿＿电话＿＿＿＿＿＿＿＿＿＿

本委托书 □有　□无　多笔委托附件清单。

本委托书有效期限　□当日　□截至　　　年　月　日。

委托人：

（预留印鉴）
　　　年　月　日

图 4-4　远期结售汇交易委托书

拓展任务

2021 年下半年以来，随着美国通胀压力加大、美联储加息预期的上升，美元指数持续走强，截至 2022 年 3 月 28 日已接近 100 关口，较去年 5 月低点 89.5 上涨超过 10%。与此同时，3 月 17 日美联储公布新一期 FOMC 会议决议，正式宣布提升联邦基金利率 25BP。美联储加息周期已正式开启，但市场对美元走势的判断却依然存在分歧。基于利率平价关系，以及地缘冲突导致避险情绪抬升的影响，"强美元"预期是主流。但历史经验表明，加息之外，各国经济基本面的差异、投资者风险偏好等综合作用，可能推动美元呈现不同走势。

2022年4月底，山东鲁泰进出口有限公司业务部业务经理王鹏确定将在7月有一笔出口货款约50万欧元到账，当月还有一笔美元的进口原材料款需要支付，王鹏与公司财务负责人商议想用这笔欧元货款来兑换美元，以支付应付账款，即期参考汇率EUR1=USD1.084 0/1.086 5，远期参考汇率为EUR1=USD1.088 5/1.092 0。

资料来源：沈建光．美联储加息周期下的美元走势［EB/OL］．（2022.03.31）［2022.04.30］．http://www.50forum.org.cn/home/article/detail/id/8950.html

任务：以小组为单位为公司制定远期外汇交易方案，锁定交易汇率，规避汇率风险，并对到期后方案执行可能出现的结果进行分析。

任务三 掉期交易操作

任务导入

某进出口企业，年出口收汇5 000万美元，该企业部分外汇收入办理了远期结汇，日常保持约1 000万美元现汇资金，以应付对外支付需要，但其境内采购需要使用人民币资金支付。现在公司需要一笔3 000万人民币的资金，使用期限约3个月。

选择一：为填补资金缺口，该企业可办理外币质押人民币贷款业务，3个月期限贷款年化成本约为4%。

选择二：企业办理"近结远购"人民币外汇掉期业务，期限3个月。

经查询当天开户银行的参考汇率报价为：

   即期汇率： USD1＝CNY 6.451 0/6.477 3

   3个月远期汇率：USD1＝CNY6.463 8/6.495 0

思考：什么是人民币外汇掉期？外汇掉期交易有哪些类型？企业为什么会选择掉期业务？

任务：代表公司选择适合的资金安排和外汇交易方案。

_____
_____
_____
_____
_____
_____

知识准备

一、外汇掉期交易的含义

外汇掉期交易（FX Swap Transaction）是指同时买入和卖出金额相等但交割期限不同的同种外汇。可见掉期业务包含两笔外汇交易，这两笔交易所涉及的金额和币种是相同的，但是交割期限不同，并且买卖的方向相反。

外汇掉期业务的汇率包括近端汇率（Near-leg Exchange Rate）和远端汇率（Far-leg Exchange Rate）两种。近端汇率是指双方约定的第一次交割货币所适用的汇率，如果近端是即期外汇交易，近端汇率就是即期汇率。远端汇率是指双方约定的第二次交割货币所适用的汇率。

相关链接

人民币外汇掉期业务

2005年8月以前,根据《银行外汇业务管理规定》,我国允许的外汇掉期业务指的是可自由兑换货币之间的掉期买卖,不包括人民币和外汇之间的买卖。2005年8月2日中国人民银行发布《关于扩大外汇指定银行对客户远期结售汇业务和开办人民币与外币掉期业务有关问题的通知》,允许各外汇指定银行对客户开办人民币与外币掉期业务。2006年4月25日中国外汇交易中心日前公布了《全国银行间外汇市场人民币外汇掉期交易规则》(以下简称《规则》)。《规则》称,银行间人民币外汇掉期交易是指交易双方约定一前一后两个不同的交割日、方向相反的两次本外币交换,在前一次货币交换中,一方用外汇按照约定汇率从另一方换入人民币,在后一次货币交换中,该方再用人民币按照另一约定汇率从另一方换回币种相同的等额外汇;反之亦可。其中,交割日在前的交易称为交易近端,交割日在后的交易称为交易远端。

二、外汇掉期交易的类型

掉期业务按照交易方式的不同,可以分为三种类型:即期对远期的掉期业务、隔夜掉期业务和远期对远期的掉期业务。

(一)即期对远期的掉期业务

它是指在买进或卖出某种即期外汇的同时,卖出或买进同种货币的远期外汇。这是掉期业务中最常见的形式。在短期资本投资或短期资金调拨活动中,如果要将一种货币调换成另一种货币,通常用此掉期交易,以避免由于汇率波动可能造成的损失。

(二)隔夜掉期业务

它是指在买进或卖出某种即期外汇的同时,卖出或买进同种货币的另一笔即期外汇,但两笔即期外汇的交割日不同。这类交易主要用于大银行之间的交易,目的在于避免同业拆借过程中存在的汇率波动风险。

(三)远期对远期的掉期业务

它是指在买进或卖出某种较短期限的远期外汇的同时,卖出或买进同种货币的较长期限的远期外汇,即将两笔同种货币、相同金额但交割期限不同的远期外汇业务相结合进行。

三、掉期交易的作用

掉期交易适合于两个不同时间点上,有两笔金额相等、方向相反的资金反方向流动的情况。通常适用于以下场景:

(1)提高本外币流动资金的使用效率。通过本外币资金的互换,不仅能解决本币或外币流动性资金短缺的问题,而且能达到固定换汇成本和规避汇率风险的目的。

(2)合理利用两种市场、两种价格,降低融资成本,锁定未来收入或支出。

（3）丰富投资品种，提高投资收益，规避汇率风险。随着我国资本与金融账户的逐步放开，越来越多的资金寻求海外投资的机会。通过人民币对外币掉期，客户可以投资于全球更多金融市场和金融产品，分散了投资风险，提高投资回报。

（4）运用人民币掉期交易调节远期结售汇交易到期日，使之展期或提前交割。

四、掉期交易的操作流程

掉期交易一般要经过以下操作步骤，具体应以银行规定为准。

1. 业务前的准备

（1）企业资格评估：企业在申请办理前，一般需要由银行对企业进行衍生产品交易评估，对于符合准入条件且经评估具备人民币外汇掉期风险承受能力的客户才能进行该交易。

（2）签署总协议：企业通过适合度评估后，与银行签订《结售汇业务总协议》。

2. 业务处理

（1）交易申请：企业须逐笔填写《人民币外汇掉期交易业务委托书》，在缴纳足额保证金或落实其他担保措施后，方可进行交易。

（2）交易成交、修改及撤销：交易成交后，银行向企业出具《人民币外汇掉期交易证实书》。在交易委托有效期内，企业可以申请修改或取消交易委托。如申请时委托交易已成交，则该申请自动失效。

3. 业务交割

到交割日，企业凭提交的有效凭证及/或商业单据办理交割。如果由于特殊原因，企业无法正常交割，可申请进行展期、提前交割、到期前展期等特殊交割处理，但是需要符合银行的规定。

需要注意的是，由于掉期交易属于金融衍生产品，风险比较大，因此叙做该类业务需要符合国家外汇管理的相关规定。

 操作示范

人民币外汇掉期是指银行与企业同时约定两笔金额相同、方向相反、交割日期不同的人民币对同一外币的买卖交易，并在两笔交易交割日分别按照约定币种、金额和汇率办理结汇或者售汇业务。按照交割方向不同，分为近端结汇/远端购汇外汇掉期和近端购汇/远端结汇外汇掉期业务。外汇掉期结构灵活，流动性好，可用于对冲各类期限的汇率风险，既可以满足进口企业外币付款锁汇需求，还可以帮助出口企业持有外币资产通过外汇掉期盘活外币资产补充人民币流动性。

选择二融资成本：(3 000÷6.451 0×6.495 0－3 000)÷3 000÷3×12×100%＝2.7%

公司选择第二种"近结远购"人民币外汇掉期业务具体操作为锁定近端结汇汇率6.451 0将其自有美元资金兑换成人民币对外支付，同时签订远期外汇合同锁定远端购汇汇率6.495 0，到期使用其自有人民币资金以该约定汇率换回美元。掉期折算年化成本为2.7%，低于选择一外币质押人民币贷款业务4%的成本。显然，掉期方式可以以更低的成本获得资金，公司选择第二种方案。"近结远购"外汇掉期交易一方面给企业更多空间和时间对美元收汇进行汇率管理，另一方面，在满足企业人民币资金周转需求的同时，有效降低人民币融资成本。

实训练习

我国某公司借入 100 万美元 6 个月在国内使用，6 个月后需偿还美元本金和利息。即期汇率为 USD1 = CNY6.340 0/6.365 4，6 个月远期汇率为 USD1 = CNY6.356 7/6.388 4。假设美元 6 个月贷款年利率为 0.5%，该公司投资人民币资金年收益率为 5%。

任务：代表公司做掉期交易并计算掉期成本、利息支出和最终盈亏。

_____
_____
_____
_____

拓展任务

2022 年 4 月 30 日，山东正峰进出口有限公司业务经理张伟，为防范汇率风险，按远期汇率水平 6.6626 同银行叙做了一笔远期外汇交易，卖出 80 万远期美元，交割日为 7 月 30 日。但到了 7 月中旬，公司得知进口商将推迟付款，在 8 月底才能收到这笔货款。

任务：以小组为单位讨论公司应该如何应对，并为公司提出解决方案。

_____
_____
_____
_____

任务四　外汇期货交易操作

任务导入

中国香港运豪贸易集团经营中国大陆与美洲的转口贸易，对大陆主要采用人民币结算，对美洲货款主要以美元结算。公司最近获悉3个月后将有一笔100万美元的应付账款。目前市场即期汇率为1美元＝6.796 9人民币，公司担心3个月后美元升值，希望能够通过中国香港交易所的美元对人民币期货合约进行套期保值，规避汇率风险。已知期货市场3个月期货合约汇率约为1美元＝6.812 0元人民币。假设3个月后市场即期汇率为1美元＝6.856 7元人民币，当月期货合约汇率为1美元＝6.860 4元人民币。

思考：人民币兑换美元期货产品最早由哪个交易所推出？外汇期货交易与远期外汇交易相比有什么优势？

任务：该公司应该如何通过外汇期货交易进行套期保值？3个月后的套保结果如何？

_____
_____
_____
_____
_____

知识准备

一、外汇期货交易的含义

外汇期货（Foreign Exchange Futures）又称为货币期货，是在期货交易所内，交易双方通过公开竞价的方式买卖在规定的交割日期、地点、价格、数量外汇的标准化合约。

外汇期货的产生与发展

布雷顿森林体系崩溃以后，浮动汇率制下的各国货币间汇率直接体现了各国经济发展的不平衡状况，反映在国际金融市场上，则表现为各种货币之间汇率的频繁、剧烈波动，外汇风险较之固定汇率制下急速增大。各类金融商品的持有者面临着日益严重的外汇风险的威胁，规避风险的要求日趋强烈，市场迫切需要一种便利有效的防范外汇风险的工具。在这一背景下，外汇期货应运而生。

1972年5月，美国的芝加哥商业交易所（CME）设立国际货币市场分部（IMM），推出了外汇期货交易。当时推出的外汇期货合约均以美元报价，其货币标的共有7种，分别是英镑、加拿大元、西德马克、日元、瑞士法郎、墨西哥比索和意大利里拉。后来，交易所根据市场的需求对合约做了调整，先后停止了意大利里拉和墨西哥比索的交易，增加了荷兰盾、法国法郎和澳大利亚元的期货合约。继 CME 推出外汇期货交易之后，美国和其他国家的交易所竞相仿效，纷纷推出各自的外汇期货合约，大大丰富了外汇期货的交易品种。

二、外汇期货交易的特点

（一）合约的标准性

外汇期货交易买卖的对象是外汇期货合约，国际性的外汇期货交易所均规定每个期货合约品种的合约规格，包括交易币种、交易金额、合约期限、交割时间、最小变动价位等。以芝加哥商业交易所的 IMM 为例，一份日元期货合约为 12 500 000 日元，一份欧元期货合约为 125 000 欧元，合约交割日一般为合约到期月份的第三个星期三，最后交易日为合约月份第三个周三之前的第二个营业日规定时间点。

外汇期货有望破题

（二）交易的公开性

外汇期货交易是在有组织的有形市场期货交易所里以公开竞价的方式进行的，价格和信息的公开性是其重要特点。

（三）交易的流动性

外汇期货交易大部分在合约最后交易日之前通过做一笔反向交易即对冲或平仓来免除到期实际交割的义务，既先买入期货合约后期再卖出，或先卖出合约后期买入，这就大大提高了外汇期货市场的流动性。

（四）交易的投机性

外汇期货交易通过保证金制度，即缴纳合约价值一定比例的保证金就可以买卖外汇期货，从而可以以较低的保证金撬动数倍金额的期货合约，因此具有高的投机性和风险性。外汇期货交易与远期外汇交易的区别如表 4-7 所示。

表 4-7 外汇期货交易与远期外汇交易的区别

区别	外汇期货交易	远期外汇交易
交易场所不同	场内集中交易，期货合约采取公开竞价的交易方式进行	无具体市场，通过银行的柜台业务进行，电传、电话为实现交易的主要方式
买卖双方的合同责任关系不同	买方或卖方各与期货市场的清算所，买方或卖方与清算所具有合同责任关系，双方无直接合同责任关系	买卖双方签有远期外汇合约，双方具有直接合同责任关系
合约格式不同	外汇期货合约的成交金额、价格、交割期限均有统一的标准化的规定	远期外汇合约的成交金额、价格、交割期限均无统一规定，买卖双方可自由议定

续表

区别	外汇期货交易	远期外汇交易
手续费不同	每一标准合同，清算所收一定的手续费	银行一般不收手续费，银行通过买卖差价获得利润
价格决定方式不同	交易所公开喊价或电子交易系统达成	批发市场的自营商（一般为银行）考量即期汇率与利率差异而后决定报价
交易方式不同	通过经纪人，收取佣金	一般不通过经纪人，不收取佣金
到期日不同	外汇期货合约有标准化的到期月、日的规定	随顾客需要而量身定做，通常是在一年以内
交割方式不同	一般不最后交割，而"以卖冲买"或"以买冲卖"，进行对冲	大多数最后交割，少数差额清算

三、外汇期货交易的作用和操作

（一）外汇期货套期保值

外汇期货套期保值是指在现汇市场和期货市场上做币种相同、数量相等、方向相反的交易，通过在即期外汇市场和外汇期货市场上建立盈亏冲抵机制，实现保值。在正常情况下，由于现货价格和期货价格受相同因素的影响，其变动方向是一致的，那么两个市场的盈亏就可以相互抵消，从而达到套期保值的目的。

知识窗

套期保值

套期保值（Hedging），俗称"海琴"，是指交易人在买进（或卖出）实际货物的同时，在期货交易所卖出（或买进）同等数量的期货交易合同作为保值。它是一种为避免或减少价格发生不利变动的损失，而以期货交易临时替代实物交易的行为。套期保值也可以泛指利用金融衍生品交易规避价格变动风险的做法。

1. 外汇期货空头套期保值

外汇期货空头套期保值，是指在现汇市场上处于多头地位的人，为防止汇率下跌的风险，在外汇期货市场上卖出期货合约。

适用情形：持有外汇资产者，担心未来货币贬值；出口商和从事国际业务的机构预计未来某一时间将会得到一笔外汇，为了避免外汇汇率下跌造成的损失。

例如，美国某出口公司8月2日收到9月1日到期的250万英镑远期汇票，该公司担心汇票到期时英镑对美元汇价下跌，带来损失，于8月2日在外汇期货市场进行空头套期保值（表4-8）。

表 4-8 外汇期货空头套期保值

现汇市场	期货市场
8月2日收入汇票250万英镑 GBP1＝USD1.434 6	8月2日卖出40份英镑期货合约，共计250万英镑 GBP1＝USD1.431 2
9月1日收入英镑现汇折成美元 1GBP＝USD1.424 2	9月1日买进40份英镑期货合约 1GBP＝USD1.420 1
亏损250万美元×(1.434 6−1.424 2)＝2.6万美元	盈利250万美元×(1.431 2−1.420 1)＝2.775万美元

公司8月2日收到英镑远期汇票到9月1日才能完成货款收付，而短短几十天间由于英镑下跌在即期外汇市场产生亏损2.6万美元。利用外汇期货套期保值，通过8月2日卖出40份英镑期货合约，9月1日买进40份英镑期货合约，由于英镑下跌期货合约盈利2.775万美元，抵消了现货市场的外汇亏损且有盈利。由此可见，外汇期货市场套期保值的操作实质上是为现货外汇资产"锁定汇价"，减少或消除其受汇价上下波动的影响。

2. 外汇期货多头套期保值

外汇期货多头套期保值是指在现汇市场处于空头地位的人，为防止汇率上升带来的风险，在期货市场上买进外汇期货合约。

适用情形：外汇短期负债者担心未来货币升值；国际贸易中的进口商担心付汇时外汇汇率上升造成损失。

例如，美国某进口公司12月10日预计来年3月10日需要支付500万欧元的进口货款，担心欧元升值导致届时需要支出更多的美元，于12月10日在外汇期货市场进行多头套期保值（表4-9）。

表 4-9 外汇期货多头套期保值

现汇市场	期货市场
12月10日预计来年3月10日支付500万欧元 EUR1＝USD1.213 8	12月10日买进40份欧元期货合约，共计500万欧元，EUR1＝USD1.214 0
来年3月10日用美元买入500万欧元 EUR1＝USD1.223 0	来年3月10日卖出40份欧元期货合约 EUR1＝USD1.221 8
亏损500万美元×(1.223 0−1.213 8)＝4.6万美元	盈利500万美元×(1.221 8−1.214 0)＝3.9万美元

12月10日时现货市场EUR1＝USD1.213 8，而来年3月10日用美元买入500万欧元时现货市场欧元升值，导致公司多支付4.6万美元，产生外汇兑换亏损。利用多头外汇期货套期保值，12月10日买进40份欧元期货合约，来年3月10日卖出40份欧元期货合约，由于欧元升值期货合约买卖盈利3.9万美元，抵消了部分现货市场的外汇亏损。显然，利用多头期货套期保值减少了公司因为欧元升值带来的损失。

（二）外汇期货投机交易

外汇期货投机交易是指通过买卖外汇期货合约，从外汇期货价格的变动中获利并同时承担风险的交易行为。投机者根据对外汇期货价格走势的预测，购买或出售一定数量的某一交割月份的外汇期货合约，有意识地使自己处于外汇风险暴露之中。如果外汇期货价格的走势与自己的预测一致，则出售或购买以上合约进行对冲，可从中赚取买卖差价。但是如果外汇期货价格的走势与自己的预测相反，投机者则要承担相应的风险损失。

期货交易中的"投机"

1. 空头投机交易

空头投机交易，是指投机者预测外汇期货价格将要下跌，从而先卖后买，希望高价卖出、低价买入对冲的交易行为。

2. 多头投机交易

多头投机交易，是指投机者预测外汇期货价格将要上升，从而先买后卖，希望低价买入、高价卖出对冲的交易行为。

操作示范

最早的人民币兑换美元期货源于香港交易所，其于2012年9月17日开始交易人民币期货，兑换货币为美元。这是全球第一个涉及人民币兑换美元的期货合约。外汇期货与远期外汇交易相比有以下几个优势。首先，由于外汇期货是匿名的标准化合约，因此对中小企业没有规模歧视，而外汇远期则要求企业有较高的信用度，并且交易金额的大小直接影响企业的交易成本和所接受的服务质量。其次，外汇期货的价格由市场决定，具有公开性、连续性和权威性等特点，可以为外汇远期的定价提供重要参考依据，降低企业套保成本。最后，外汇期货市场属于场内市场，信息透明度较高，便于监管，可以较好地防范系统性金融风险。

中国香港运豪贸易集团为防止3个月后美元升值给自己带来损失，应该先在期货市场上买入10份3个月期的美元对人民币（香港）期货合约（每份合约10万美元），做多头套期保值，在合约到期前，再在外汇期货市场上进行卖出美元期货合约的操作，完成对冲平仓（表4-10）。

如果3个月后美元升值，那么其在外汇期货市场上是盈利的，所得盈利正好弥补其在现货市场上由于美元升值带来的损失。当然，如果美元贬值，那么其在外汇期货市场上是亏损的，但是现货市场上美元贬值则会为该公司节省购买美元的人民币支出，两厢平衡后，理论上也不会有太多损失。这也体现了外汇期货交易所起到的"套期保值"的作用。

表4-10 套期保值举例

现汇市场	期货市场
预计未来支付100万美元 USD1=￥6.7969	买进10份美元人民币期货合约100万美元 USD1=￥6.8120
3个月后用人民币买入100万美元 USD1=￥6.8567	3个月后卖出10份美元人民币期货合约 USD1=￥6.8604
亏损100万美元×(6.8567-6.7969)=5.98万美元	盈利100万美元×(6.8604-6.8120)=4.84万美元

实训练习

（1）美国某跨国公司在英国设立的分支机构急需250万英镑现汇支付当期费用，此时美国的跨国公司正好有一笔闲置资金，于是在 3 月 12 日向其分支机构汇去了 250 万英镑，其分支机构 3 个月后偿还。

假设 3 月 12 日，当日的即期汇率为 GBP1＝USD1.051 3，6 月份到期的英镑期货合约价格为 GBP1＝USD1.051 0。6 月 12 日，即期汇率为 GBP1＝USD1.045 0，6 月份到期的英镑期货合约价格为 GBP1＝USD1.043 3。

任务：为避免将来收回 250 万英镑款项时因英镑汇率下跌带来风险损失，该美国跨国公司该如何在外汇期货市场上进行期货套期保值操作？最后的净盈亏情况如何？（每份英镑期货合约金额为 62 500 英镑）

（2）某美国商人某年 3 月 1 日与德国汽车出口商签订合同，从德国进口汽车，约定 3 个月后支付 250 万欧元。该美国商人预测 3 个月后欧元将升值，为避免欧元升值带来的损失，该美国商人决定通过欧元期货交易进行套期保值。

假设 3 月 1 日，欧元对美元即期汇率 EUR1＝USD1.319 1，3 个月期欧元期货合约价格为 EUR1＝USD1.320 1；6 月 1 日，欧元对美元即期汇率 EUR1＝USD1.401 0，3 个月期欧元期货合约价格为 EUR1＝USD1.435 8。

任务：美国商人该如何通过欧元期货合约进行套期保值操作？最后的净盈亏情况如何？（每份欧元期货合约金额为 125 000 欧元）

拓展任务

香港交易所小型美元对人民币（香港）期货合约自推出以来交易活跃，累计合约成交量已逾 100 000 张。5 月 13 日单日成交更达 11 360 张合约（名义价值约 2.27 亿美元），创新纪录。

小型美元对人民币（香港）期货合约金额为 20 000 美元，规模是香港交易所现有可交收美元对人民币（香港）期货的五分之一，让市场参与者进行更精准的风险管理。截至 5 月 13 日，小型人民币期货基本按金和维持按金分别为每张人民币 2 247 元和每张人民币 1 197 元（按金要求不时更新）。

香港交易所为全球唯一一家拥有全方位的美元对离岸人民币货币产品的交易所，包括美元对人民币（香港）期货及期权合约、人民币（香港）对美元期货合约、欧元对人民币（香港）期货等产品。小型美元对人民币（香港）期货合约又被称为香港交易所热门产品——美元对人民币（香港）期货合约的迷你版，该新产品的推出进一步丰富了香港交易所货币衍生产品的种类，能够更好地满足全球投资者的风险管理需求。

资料来源：香港交易所脉搏．小型美元对人民币（香港）期货合约总成交量突破十万张［EB/OL］．(2021.07.24)［2022.04.30］. https://xueqiu.com/5069145645/179882964

任务：以小组为单位登录香港交易所官方网站 www.hkex.com.hk，查询小型美元对人民币（香港）期货合约的合约要素和交易规则，撰写调研报告。

任务五　外汇期权交易操作

任务导入

山东正峰进出口有限公司向美国出口一批货物，3个月后收入100万美元，假定即期汇率买入价为USD1＝CNY6.55，为了防止美元贬值造成损失，公司决定通过开户银行买入一份3个月期100万美元的看跌期权避险，协定价为USD1＝CNY6.55，期权费USD1＝CNY0.05，共计5万元人民币。3个月后，假如美元的即期汇率买入价为：①USD1＝CNY6.65；②USD1＝CNY6.55；③USD1＝CNY6.45。

思考：什么是人民币外汇期权？公司为什么要进行人民币外汇期权交易？人民币外汇期权交易有哪些币种？

任务：分析不同情况下正峰公司是否执行合约，并计算相应100万美元结汇的人民币收入。

知识准备

一、外汇期权交易的概念

外汇期权（Foreign Exchange Option）又称为货币期权或外币期权，它是指远期外汇的买方（或卖方）与对方签订购买（或出卖）远期外汇合约，并支付一定金额的保险费（Premium）后，在合约的有效期限内或在规定的合约到期日，有权按照合约规定的协定汇价（Striking Price or Exercise Price）执行合约或放弃执行合约的一种外汇业务。

外汇期权业务的产生与发展

人们使用各种各样的期权已有几百年的历史，但是金融期权在20世纪70年代才出现，并在20世纪80年代得到广泛应用。最早的外汇期权产生于美国，1982年，费城股票交易所引进了第一批英镑期权和西德马克期权合同。1984年芝加哥商业交易所推出了外汇期货合同的期权交易。20世纪80年代后半期，国际外汇市场上的大银行开始向顾客出售外币现汇期权，从此外汇期权逐渐成为外汇银行的一项主要业务。目前，外汇期权交易无论是交易品种还是交易金额都大大超过外汇期货交易。

二、外汇期权交易的特点

(一) 期权业务下的保险费一旦交出，不管客户是否执行合约都不能收回

期权费相当于保险费，期权的买方必须向卖方一次性支付这笔费用，从而获得按约定条件行权的资格。无论期权的买方是否执行期权，期权费都概不退回。期权费的水平由现行汇率、执行价格、期权的有效期、利率的波动、期权的供求关系等决定。

(二) 期权业务的保险费费率不固定

期权费主要受以下因素影响：

1. 期权的执行价格与市场即期汇率

看涨期权，执行价格越高，买方的盈利可能性越小，期权价格越低。看跌期权，执行价格越高，买方的盈利可能性越大，期权价格越高。即期汇率上升，看涨期权的内在价值上升，期权费越高；而看跌期权的内在价值下跌，期权费下降。

2. 到期时间（距到期日之间的天数）

到期时间的增加将同时增大外汇期权的时间价值，因此期权的价格也随之增加。

3. 预期汇率波动率大小

汇率的波动性越大，期权持有人获利的可能性越大，期权出售者承担的风险就越大，期权价格越高；反之，汇率的波动性越小，期权价格越低。

4. 国内外利率水平

外汇期权合约中规定的卖出货币，其利率越高，期权持有者在执行期权合约前因持有该货币可获得更多的利息收入，期权价格也就越高。外汇期权合约中规定的买入货币，其利率越高，期权持有者在执行期权合约前因放弃该货币较高的利息收入，期权价格也就越低。

(三) 外汇期权交易的买卖双方权利和义务是不对等的

即期权的买方拥有选择的权利，可以行使期权，也可以放弃期权，因此对买方来说非常灵活。但是期权的卖方在收取期权费后，承担被选择的义务，如果买方行使期权，卖方不得拒绝，必须按照事先约定的价格与对方成交。

(四) 外汇期权交易的买卖双方的收益和风险是不对称的

对期权的买方而言，其成本是固定的期权费，而收益是无限的；对期权的卖方而言，其最大收益是期权费，损失却是无限的。

三、外汇期权交易的类型

(一) 按照行使权力的期限或有效日划分，可分为欧式期权和美式期权

1. 欧式期权（European Style Option）

一般情况下，期权的买方只能在期权到期日当天向期权合约的卖方宣布是否执行合约。

2. 美式期权（American Style Option）

一般情况下，期权的买方可以在期权到期日前的任何一个工作日向期权合约的卖方宣布是否执行合约。因此，美式期权比欧式期权更为灵活，故其保险费高于欧式期权的保险费。

（二）按照客户买入或卖出某种货币的角度划分，可分为看涨期权和看跌期权

1. 看涨期权（Call Option）

看涨期权又称为买入期权（Buying Option），是指外汇期权合约的买方，在合同的有效期限内或合同规定的到期日，有权按规定的协定汇价买入一定数量某种货币的权利。因此看涨期权的买方有权按约定条件买入外汇，而看涨期权的卖方在买方行权时必须承担按约定条件卖出外汇的义务。

2. 看跌期权（Put Option）

看跌期权又称为卖出期权（Selling Option），是指外汇期权合约的买方，在合同的有效期限内或合同规定的到期日，有权按规定的协定汇价卖出一定数量某种货币的权利。因此看跌期权的买方有权按约定条件卖出外汇，而看跌期权的卖方在买方行权时必须承担按约定条件买入外汇的义务。

外汇期权业务种类

四、外汇期权交易的原则和作用

1. 外汇期权交易的原则

（1）如果未来有外汇收入，需要结汇，为了避免外汇汇率下跌的风险，或者是对未来汇率看跌的投机者，那么就应该买入看跌期权或卖出看涨期权。

（2）如果未来有外汇支出，需要购汇，为了避免外汇汇率上升的风险，或者是对未来汇率看涨的投机者，那么就应该买入看涨期权或卖出看跌期权。

2. 外汇期权交易的作用

（1）人民币外汇期权是一种有效的风险规避和套期保值风险管控工具，兼具灵活性和确定性，可贴合客户需求进行个性化设计。

（2）买入人民币外汇期权具有风险有限而收益无限的特点，能够帮助客户规避汇率波动风险造成的损失。客户可以通过买入人民币外汇期权进行套期保值，把外汇风险的最大损失额度控制在期权费用之内，还保留了可从有利的汇率波动中获取利益的机会。

（3）客户可以通过卖出人民币外汇期权获取期权费收入，在承担一定程度市场波动的基础上，改善结售汇成本。

五、外汇期权交易的操作

1. 业务准备

（1）风险评估：首先银行对企业进行尽职调查及衍生产品交易适合度评估，在评估企业风险承受能力后，确定是否与企业叙做交易。

（2）签署协议：企业办理人民币外汇期权业务，须与银行签订相关《结售汇业务协议》。

2. 交易申请

企业提交基础商业合同等资料至银行供其审核。审查通过后，企业确认银行报价情况，提交《人民币外汇期权交易业务申请书》。交易完成后，银行向企业出具《人民币外汇期权交易确认书》。

3. 交易平仓

到期日前反向平仓，企业因故需在到期日之前（不含）反向平仓的，需提供证明材料

及承诺书，通过银行审核后方可进行反向平仓交易。

4. 企业行权

（1）行权日：期权到期日，企业可以根据自身情况选择行权可以选择放弃行权。若企业选择行权，提交《人民币外汇期权行权申请》及所需贸易真实性背景材料，银行审核通过后，与企业进行交割。

（2）行权日其他行权方式处理流程：企业如因基础商业合同发生变更而导致外汇收支的现金流部分流失，可在提交变更证明材料及承诺书并经银行审核后办理部分行权。同时，企业也可在到期日前申请宽期限交割。宽限期内交割视同履约。

操作示范

人民币外汇期权业务是指期权买方通过向期权卖方支付一定期权费，获得在未来约定日期以约定的汇率与期权卖方进行约定数额的人民币对外币交易的权利。随着人民币汇率双向波动加大，如何更好地规划结售汇方案、降低汇率波动风险、提高资金使用效率，成为企业关注的要点。人民币外汇期权组合方式的灵活性、多样性，可满足企业合理控制风险敞口、改善综合成本等多种需求。企业可以通过人民币外汇期权业务进行有效的风险规避和套期保值。我国人民币外汇期权交易主要有美元、欧元、英镑、港币等主要币种。

由于正峰公司未来有外汇收入，需要卖出美元结汇成人民币，因此应该买入3个月期100万美元的看跌期权。那么3个月后，无论市场即期汇率如何变化，正峰公司都有权按照协定汇率USD1=CNY6.55，卖出100万美元，执行期权合约可换回人民币655万元人民币（100×6.550 0=655（万元人民币））。3个月后公司应将即期汇率与协定汇率进行对比，选择较优的汇率结汇。三个月后即期汇率买入价：

（1）若为USD1=CNY6.65，即期汇率高于行权价格，公司如果在即期市场结汇可兑换回665万元人民币（100×6.65=665（万元人民币）），大于行权收入655万元人民币，所以公司决定不行权，让其自动失效，按照市场汇率卖出美元，减去5万元人民币期权费，实际收回660万元人民币。

（2）若为USD1=CNY6.55，即期汇率与行权价格相等，这时期权处于两平状况，期权本身没有任何盈亏，选择放弃或者执行都可以。减去期权费，公司实际收回650万元人民币。与不做期权交易相比，公司多付出了5万元人民币期权费。

（3）若为USD1=CNY6.45，即期汇率低于行权价格，公司如果在即期市场结汇可兑换回645万元人民币（100×6.45=645（万元人民币）），小于行权收入655万元人民币，所以公司决定行权，按照合同规定的汇率卖出100万美元，减去5万元人民币的期权费，实际收回650万元人民币，避免了5万元人民币的损失。

实训练习

（1）美国某进口商从法国进口一批货物，3个月后支付50万欧元，假定即期汇率为EUR1=USD1.070 0，为了防止欧元升值造成汇价损失，该进口商决定买入3个月期50万欧元看涨期权，协定价为EUR1=USD1.080 0，期权费为EUR1=USD0.010。假如3个月后的汇率分别为：

①EUR1=USD1.100 0；②EUR1=USD1.060 0；③EUR1=USD1.080 0。

任务：该美国公司在3种情况下应该分别选择执行合约还是放弃合约？分别计算3种情况下购入50万欧元的美元成本。

_____
_____
_____

（2）我国某企业在3个月后会收到100万欧元出口货款，欧元对人民币汇率波动将直接影响该企业的结汇收入。通过向开户银行询价得知，3个月期欧元看跌期权，协定汇率为EUR1=CNY6.9，期权费为EUR1=CNY0.05；3个月期欧元看涨期权，协定汇率为EUR1=CNY7.1，期权费为EUR1=CNY0.05。

任务：代表该企业进行汇率风险分析，设计外汇期权交易方案；基于交易方案，如果3个月后市场即期汇率分别为：①EUR1=CNY6.8；②EUR1=CNY7.0；③EUR1=CNY7.2，企业应该作何选择？分别计算三种情况下最终的人民币收入。

_____
_____
_____

 拓展任务

融资+融智，"浦银避险"以专业强服务

近年来，浦发银行坚持"自营投资交易+浦银避险代客"双轮驱动，加快金融市场业务转型发展。以专业领先的场内交易能力为依托，为客户提供综合化避险服务。2021年，"浦银避险"业务服务实体企业2.3万户。连续4年发布《浦银避险市场展望蓝皮书》，输出研究成果，为客户避险套保提供市场趋势分析。

打造"浦商银""浦银通""LPR利率互换""利率期权"等一系列优势产品，服务实体企业从"融资"迈向"融智"。2021年，浦发银行外汇期权、外汇货币掉期及利率期权交易规模均位列全市场第一；落地要素市场首单及首批业务30余项；荣获各类外部荣誉合计86项，获得市场广泛认可。

资料来源：央广网.《浦发银行：推进金融市场业务转型 担纲上海国际金融中心建设重任》[EB/OL].(2022.04.28)[2022.04.30]. https://baijiahao.baidu.com/s?id=1731345273664889473&wfr=spider &for=pc

任务：外汇期权业务是我国银行外汇衍生产品的重要组成部分，也是企业规避汇率风险的重要手段之一。以小组为单位选择一家银行，调查其提供的外汇期权交易品种和交易条件等信息，撰写调研报告。

_____
_____
_____

人民币跨境结算逐步提高，人民币衍生市场更加开放

一、"一带一路"人民币使用率逐步提高

"一带一路"倡议从提出到落地，取得了丰硕成果，成为我国参与全球开放合作、促进全球共同发展的全球公共产品，也为人民币国际化开启了全新格局，带来了难得的历史机遇。中国银行研究院发布研究报告指出，"一带一路"区域人民币使用率逐步提高，货币合作不断深化，基础设施日趋完善。

二、人民币金融衍生市场更加开放

自 2021 年 11 月 1 日，合格境外投资者新增开放商品期货、商品期权、股指期权三类品种金融衍生品交易，参与股指期权的交易目的限于套期保值交易。伴随着金融系统的高阶产品金融衍生品交易品种，向境外合格投资者的权限开放，中国社会主义市场经济体制的改革进入了试水深水区。世界资本市场对于中国金融体系的结构升级诉求和对外开放程度有了更深一步的要求。

（一）拓宽金融衍生品市场开放的意义

商品期货、商品期权和股指期权等期货市场的金融衍生品交易其实是一种高杠杆高收益高风险的金融投资产品。在逐步推动货币市场的市场定价以及债券市场的南向通和北向通的通道开放的当下，更好地将期货市场有序盘活，通过创新外资准入方式和简化交易手段落实更高层面的资本业务开放。通过期货市场的对外开放深化，将新产品形式展现给合格境外投资人，能够反向推动国内金融衍生品交易市场的规范化常态化新格局建立。同时通过香港市场和在港投资者对 QFII 以及 RQFII 人民币资金募集，可以更好地提振人民币国际化的价值尺度交易，巩固香港世界金融中心的地位。

（二）抓住境外投资机会，建立标准化高层次多维度期货市场

中国目前有四家境内期货交易所，分别是上海期货交易所、郑州商品交易所和大连商品交易所以及后成立的中国金融期货交易所。期货品种不断创新，对外开放加速，战略性大宗商品期货品种如铁矿石期货、原油期货相继上市，豆粕、白糖、铜、天然橡胶、棉花、玉米等商品期权先后上市，目前我国的期货期权上市品种已近 70 个。金融期货发展步伐加快，股指期货品种体系进一步完善，除沪深 300 股指期货外，还增加了上证 50、中证 500 股指期货两个品种。下一步需要继续丰富期货市场交易种类，完善金融期货品类创新。

（三）强化人民币结算机制，推动人民币国际化进程

用人民币计价交易结算的原油期货在上海期货交易所上市交易，是中国期货市场发展历史上的一个标志性事件。以后铁矿石、PTA、20 号橡胶期货也循着原油期货路径对外开放，实现期货交易结算服务。发展以人民币计价的期货交易，对于推动人民币成为国际主要计价货币、大幅提升人民币国际地位有水到渠成的效果，也是维护国家和全球经济安全，参与全球经济治理，推动构建与世界经济新格局相适应、更为公正合理国际新秩序的重要抓手。

从货币市场投资到债券市场投资，再到期货市场等金融衍生品的逐渐开放，依托香港

的人民币离岸交易中心展开中国人民币国际化业务,展开金融衍生品期货交易并用人民币计价交易结算。一步步走来,让更多的人民币计价的期货期权产品上市,助力人民币争取世界期货市场结算货币议价权,推动中国期货市场进入一个扩大开放、创新发展的新时代。

资料来源:

[1] 经济日报."一带一路"沿线人民币使用度逐步提高[EB/OL].(2020.08.02)[2022.04.30]. https://baijiahao.baidu.com/s? id=16739259981 92651911&wfr=spider&for=pc

[2] 司徒正襟.拓宽金融衍生品市场开放,争取人民币期货市场议价权[EB/OL].(2022.04.01)[2022.04.30]. https://www.163.com/dy/article/H3T6M7UA0552Q0GL.html

项目习题

一、判断题

1. 外汇期权业务给予了期权买方或卖方可履行合约也可不履行合约的权利。（   ）
2. 在外汇期货业务中，买卖双方无直接责任关系，而且大多数合同无须实际交割。（   ）
3. 即期外汇交易也称现汇交易，所以其外汇买卖必须在当日办理交割。（   ）
4. 掉期交易可以由一笔即期交易和一笔远期交易构成，但是不可以由两笔期限不同的远期交易构成。（   ）
5. 外汇期货业务一般是通过银行的柜台交易进行的。（   ）
6. 在期货交易中清算所既充当期货合同购买方的卖方，又充当期货合同出售方的买方。（   ）
7. 商业银行在进行外汇买卖时，常遵循买卖平衡的原则，即出现多头时，就卖出；出现空头时，就买入。（   ）
8. 外汇期权业务只有避险保值的功能，而没有投机的功能。（   ）
9. 择期外汇交易中，客户有权选择起息日，银行承担的风险较大，因此要价较高。（   ）
10. 未来有外汇收入，需要远期结汇的主体应买入外汇看跌期权或卖出外汇看涨期权避险。（   ）

二、单项选择题

1. 按照标准化原则进行的外汇交易是（   ）。
   A. 即期外汇交易   B. 远期外汇交易   C. 外汇期货交易   D. 掉期交易
2. 如果 A 银行某日买入 100 万美元，卖出 80 万美元，则下列选项正确的是（   ）。
   A. 美元多头，为避免美元汇率下降应将多头部分的美元抛出
   B. 美元多头，为避免美元汇率上降应将多头部分的美元补进
   C. 美元空头，为避免美元汇率下降应将空头部分的美元抛出
   D. 美元空头，为避免美元汇率上降应将空头部分的美元补进
3. 买方可以不履行外汇买卖合同的是（   ）。
   A. 即期外汇交易   B. 远期外汇交易   C. 外汇期货交易   D. 外汇期权交易
4. 在其他条件不变的情况下，远期汇率与利率的关系是（   ）。
   A. 利率高的货币，远期会升水   B. 利率低的货币，远期会贴水
   C. 利率高的货币，远期会贴水   D. 不能确定
5. 如果某企业与银行签订了买入 3 个月期美元的欧式看涨期权合约，协定汇价为 1 美元 = 6.45 元人民币，如果到期日汇率为 1 英镑 = 6.55 美元，则该企业会选择（   ）。
   A. 执行合约   B. 放弃合约
   C. 可以放弃，也可以执行   D. 无法判断
6. 如果某企业与银行签订了买入 3 个月期英镑的欧式看跌期权合约，协定汇价为 1 英

镑 = 7.25 元人民币，如果到期日汇率为 1 英镑 = 7.15 元人民币，则该企业会选择（　　）。

　　A. 执行合约　　　　　　　　　　B. 放弃合约

　　C. 可以放弃，也可以执行　　　　D. 无法判断

　7. 外汇期权业务下的期权费（　　）。

　　A. 可以收回，期权费率固定　　　B. 可以收回，期权费率不固定

　　C. 不能收回，期权费率不固定　　D. 不能收回，期权费率固定

　8. 一般来说，利率低的货币远期会（　　）。

　　A. 升水　　　B. 贴水　　　C. 不变　　　D. 不确定

　9. 即期外汇交易的标准交割日是（　　）。

　　A. $T+0$　　　B. $T+1$　　　C. $T+2$　　　D. $T+3$

　10. 合同买入者获得了在到期以前按协定价格出售合同规定的某种金融工具的权利，该行为称为（　　）。

　　A. 买入看涨期权　　　　　　　　B. 卖出看涨期权

　　C. 买入看跌期权　　　　　　　　D. 卖出看跌期权

　11. 同时买入和卖出相同数额的同种货币，但是交割期限不同，这种业务称为（　　）。

　　A. 即期外汇交易　　　　　　　　B. 远期外汇交易

　　C. 外汇期货交易　　　　　　　　D. 掉期交易

三、多项选择题

　1. 香港某公司进口一批机器设备，6 个月后以美元付款，该公司为了防范汇率风险，采取的管理方法可以是（　　）。

　　A. 做远期外汇交易买入远期美元　　B. 在期货市场做美元多头套期保值

　　C. 买进一笔美元看跌期权　　　　　D. 做远期外汇交易卖出远期美元

　2. 山东某公司出口一批服装，3 个月后以美元收款，该公司为了防范汇率风险，采取的管理方法可以是（　　）。

　　A. 做远期外汇交易买入远期美元　　B. 在期货市场做美元多头套期保值

　　C. 买进一笔美元看跌期权　　　　　D. 做远期外汇交易卖出远期美元

　3. 在外汇市场上，远期外汇的购买者有（　　）。

　　A. 进口商　　　B. 出口商　　　C. 短期外币债务的债务人

　　D. 远期外汇看涨的投机人　　　　E. 持有即将到期的外币债权人

　4. 即期外汇交易按交易时间不同，可以有（　　）。

　　A. $T+0$　　　B. $T+1$　　　C. $T+2$　　　D. $T+3$

　5. 远期外汇间接标明的方法是指在即期汇率的基础上，用（　　）来表示远期汇率。

　　A. 升水　　　B. 降水　　　C. 贴水　　　D. 平价

项目内容结构图

```
外汇交易
├── 即期外汇交易操作
│   ├── 即期外汇交易的含义
│   ├── 即期外汇交易的作用
│   └── 即期外汇交易的类型
├── 远期外汇交易操作
│   ├── 远期外汇交易的含义
│   ├── 远期汇率的表示方法
│   ├── 远期外汇交易的类型
│   │   ├── 固定交割日期的远期业务
│   │   └── 选择交割日期的远期业务
│   ├── 远期外汇交易的作用
│   └── 远期外汇交易的操作流程
├── 掉期交易操作
│   ├── 掉期交易的含义
│   ├── 掉期交易的类型
│   │   ├── 即期对远期
│   │   ├── 隔夜掉期
│   │   └── 远期对远期
│   ├── 掉期交易的作用
│   └── 掉期交易的操作流程
├── 外汇期货交易操作
│   ├── 外汇期货交易的含义
│   ├── 外汇期货交易的特点
│   └── 外汇期货交易的作用和操作
│       ├── 外汇期货套期保值
│       └── 外汇期货投机交易
└── 外汇期权交易操作
    ├── 外汇期权交易的含义
    ├── 外汇期权交易的特点
    ├── 外汇期权交易的类型
    │   ├── 欧式期权和美式期权
    │   └── 看涨期权和看跌期权
    ├── 外汇期权交易的原则和作用
    └── 外汇期权交易的操作
```

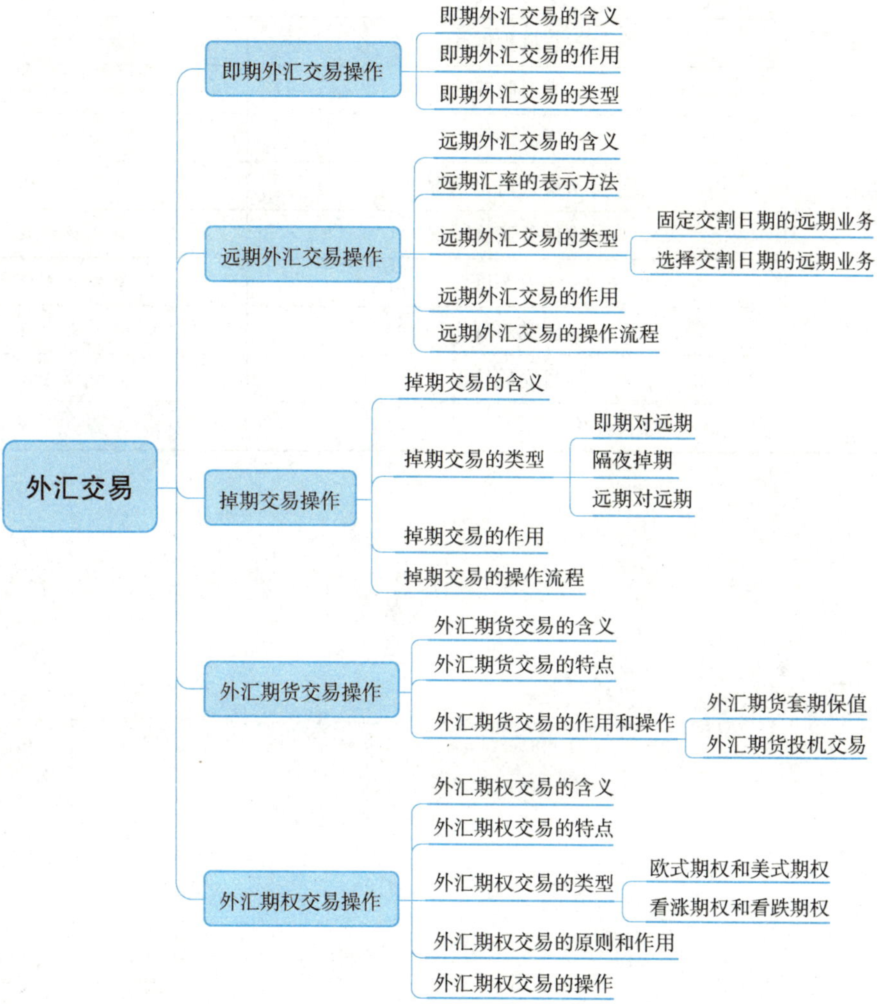

项目学习评价表

班级： 　　　　　　　　　　　　　　　　　　　　　　　　　姓名：

评价类别	评价项目	评价等级
自我评价	学习兴趣	☆☆☆☆☆
	掌握程度	☆☆☆☆☆
	学习收获	☆☆☆☆☆
小组互评	沟通协调能力	☆☆☆☆☆
	参与策划讨论情况	☆☆☆☆☆
	承担任务实施情况	☆☆☆☆☆
教师评价	学习态度	☆☆☆☆☆
	课堂表现	☆☆☆☆☆
	项目完成情况	☆☆☆☆☆
综合评价		☆☆☆☆☆

项目五　外汇风险管理

 学习目标

素质目标：
- 培养严谨细致的工作作风
- 具备一定的风险防范意识

知识目标：
- 了解外汇风险的概念、构成因素和分类
- 掌握外汇风险管理一般方法的特点和适用条件
- 掌握利用各种金融交易进行外汇风险管理的流程、特点和适用条件

能力目标：
- 能够根据实际情况对外汇风险进行识别、衡量和分析
- 能够灵活选择和运用金融交易进行外汇风险管理

 重点难点

重点：
- 外汇风险管理一般方法的特点和适用条件
- 各种金融交易进行外汇风险管理的流程、特点和适用条件

难点：
- 外汇风险管理的识别、衡量和分析
- 外汇风险管理方法的灵活选择和运用

任务一　运用一般方法进行外汇风险管理

任务导入

人民币升值会影响外贸出口企业的发展，使中小外贸出口企业利润大幅度降低，对利润本来就低的企业更是雪上加霜。企业如何应对因人民币升值而带来的影响及损失，一直困扰中小外贸出口企业。根据对中小外贸出口企业的实地调查和了解，各企业主要采取以下几种措施应对人民币升值。

（1）合肥东展工贸有限公司：为了应对人民币升值带来的汇兑损失，公司出口产品价格几乎每月涨价一次，从汇率走势来看，涨价还很有可能继续。弥补汇兑损失的有效手段就是提高产品价格，在报价时将预期可能发生的汇兑损失核算在价格之内，同时缩短报价有效期。东展工贸已经将报价的有效期从之前的30天缩短到7天。

（2）安徽圣安进出口有限公司：公司所在行业对经营产品价格非常敏感，面对人民币升值的问题，目前成交的合同中，价格仍然是当下汇率核算出来的价格。同时在合同中约定，当人民币的汇率波动超过一定幅度时，价格要做相应调整，同时调整的部分在尾款中增加或是扣除。

（3）安徽红石贸易有限公司：由于公司的主要客户分布在东欧和东南亚地区，公司开展了跨境贸易人民币结算，从而规避了汇率变动带来的风险。通过跨境人民币结算，由于不需要考虑汇率变动的风险，报价能够更加精准，可以在一定程度上让利给国外客户，实现双赢。

（4）合肥逸轩家居用品有限公司：面对人民币升值的情况，在与国外客户谈判磋商过程中强调和解释人民币升值可能带来的价格上涨，同时对采用即期付款方式结算的客户给予2%~4%的价格折扣，引导意向较强的客户尽快确认订单，通过加快成交速度以及采用即期付款方式降低人民币持续升值带来的损失。

参考来源：陈昱元，张梦洁．实例分析中小外贸出口企业如何应对人民币升值的不利影响［J］．对外经贸实务，2018（8）：64-66．

任务1：根据材料分析其中的安徽中小外贸出口企业面临的外汇风险。

任务2：根据材料分析其中的安徽中小外贸出口企业在进行外汇风险管理时都采用了哪些方法。

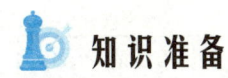

一、外汇风险概述

（一）外汇风险的概念

外汇风险（Foreign Exchange Risk）又称为汇率风险，是指一个经济主体在一定时期内以外币表示的资产与负债、收入与支出等因外汇汇率的变动而引起的价值增加或减少的可能性。这里需要说明两点问题：其一，外汇风险指的是一种可能性，不等同于损失。其二，由于汇率的波动有上升和下跌两种可能，只有汇率发生不利变动时才会造成损失，如果发生了有利的变动还会产生收益，但我们通常所说的外汇风险一般都是指发生不利变动、导致损失的可能性。

（二）外汇风险的构成因素

不同货币的兑换和时间是构成外汇风险的两个基本要素，相应的外汇风险又包括价值风险和时间风险两部分。

1. 价值风险

价值风险又可以称为货币风险，是指在交易中涉及两种及两种以上货币的兑换或折算所引起的风险。它是构成外汇风险的要素之一。换言之，如果在交易中只使用一种货币，或者即使涉及不同的货币但不需要进行货币的兑换，那么汇率的变动对交易者就不会产生影响。

2. 时间风险

外汇风险是由于汇率变动导致损失或收益的可能性，而仅在一个时间点上是不存在汇率变动的，因此只有在一段时间里的两个不同时间点上才会有汇率的比较和变动问题。而且时间间隔越长，汇率变动的可能性和幅度就越大，外汇风险相应地也就越大。

以上所说的价值风险和时间风险是构成外汇风险的两个必要条件，缺一不可。从另一个角度讲，根据外汇风险的构成，也可以为我们提供一个进行外汇风险管理的思路，如果在交易中避免这两个因素同时存在，就可以消除外汇风险。如在交易中尽可能只使用一种货币，避免货币的兑换；或者尽量缩短交易的时间，则可以避免或减小外汇风险。

（三）外汇风险的种类

根据汇率风险对经济主体、会计主体和经济单位的长期发展产生的不同影响，可以分为不同的种类。

1. 交易风险（Transaction Risk）

交易风险，是指由于外汇汇率波动而引起的应收资产与应付债务价值变化的可能性。

凡是涉及外币计算或收付的任何商业活动或投融资行为都会产生交易风险，主要表现在对外商品进出口与服务贸易、对外货币资本借贷、对外投资与融资、外汇买卖等方面引起的外汇收付。交易风险的主要表现如表5-1所示。

表 5-1　交易风险的主要表现

交易地位		计价货币升值	计价货币贬值
商品进出口和服务贸易	出口应收	收益	损失
	进口应付	损失	收益
国际借贷	债权方	收益	损失
	债务方	损失	收益
外汇买卖	多头	收益	损失
	空头	损失	收益

交易风险产生于经营活动过程中，其造成的损失结果可以用一个明确的数字来表示。交易风险是我们讨论的重点。

2. 会计风险（Accounting Risk）

会计风险，又称折算风险或者转换风险，是指在将各种外币资产、负债转换成记账货币的会计处理业务时，由于汇率变化而引起资产负债表中某些外汇项目金额变动的风险。

企业在编制资产负债表等会计报表时，按照某些会计准则的要求需要将以外币表示的资产、负债、收入以及支出等折算成记账货币。如果汇率发生了变化，即使外币资产或负债的数额没有发生变化，记账货币的数目也会产生增减，可能给企业带来会计账目上的损失。这种账面损失会影响到企业向股东或社会发布的财务报表，可能导致企业股票价格的变动，对企业经营管理、绩效评估、税收等也会产生影响。

3. 经济风险（Economic Risk）

经济风险，是指由于外汇汇率变动而引起企业未来收益变化的一种潜在的风险。

汇率的变动通过对生产成本、销售价格以及产销数量的影响，使企业最终收益发生变化。例如人民币升值后，为保证一定的利润率或收回成本，部分出口企业选择调高产品价格，这就可能削弱其在国际市场的竞争力，进而导致该企业经营收入和市场份额的减少，这就属于经济风险。经济风险是对经营收益的预期风险，涉及企业资金、营销、采购、生产等各个层面，收益变化的幅度主要取决于汇率变动对该企业的产品数量、价格与成本可能产生影响的程度。经济风险对企业的影响是长期的、整体的，比较难以具体量化。交易风险和折算风险只存在于从事国际经济活动的企业，而经济风险则几乎存在于所有的企业。

（四）外汇风险管理

外汇风险管理，是指利用各种可能的信息，对汇率风险进行识别、衡量和分析，并在此基础上有效地控制与处理外汇风险，用最低的成本来实现最大安全保障的措施和方法。由于外汇风险的受险主体可能是公司企业，也可能是银行等金融机构，还有可能是个人甚至国家，而不同的主体由于从事国际经济交易的目的和特点的不同，在进行外汇风险管理时所遵循的原则和方法也有很大区别，在本项目中我们将重点讨论企业对外汇风险的管理。

由于汇率波动通常难以预测，有时还可能给当事人带来收益，因此坚持一定的汇率风险管理原则就显得尤为重要。企业在进行汇率风险管理时一般应遵循以下三个原则：

1. 树立风险中性的财务理念

近年来人民币汇率双向波动特征明显，企业面临的汇率风险加大。在此背景下，企业应树立风险中性的财务理念，专注于实体经营，聚焦于主营业务，不要将精力用在判断或投机汇率趋势上。叙做外汇衍生交易应以锁定外汇成本、降低生产经营的不确定性、实现主营业务盈利为目的，而不应以外汇衍生品交易本身的盈利为目的。

风险中性

2. 制定符合自身实际的避险策略

企业应全面梳理自身的业务情况，包括进出口情况、收付款习惯、会计核算方法、风险管理目标、风险偏好、对衍生交易的内部决策机制以及对相关产品的熟悉程度等。具体操作上，应根据实际情况，首先考虑通过经营、融资的合理安排来进行自然对冲，压降外汇净敞口，也就是减少面临汇率风险的外汇金额，然后再根据外汇敞口金额、期限分布等，选择符合自身实际的避险方法。

3. 选择合适的金融产品

现在银行等金融机构可以为企业提供远期交易、择期交易、掉期交易、期权业务等多种金融衍生产品，有些产品比较复杂。因此企业一方面应提高财务管理水平，深入了解相关产品；另一方面要积极与金融机构进行沟通，选择合适的金融产品来进行避险操作。同时企业在执行过程中要坚持汇率避险的一贯制，不能因汇率短期的升跌而随意改变套期保值策略。只有这样，才能确保利润水平的平衡。

五、外汇风险管理的一般方法

外汇风险管理的方法有很多种，贯穿于国际经济交易从签约、履约到结算的各个环节。其中有些方法可以减少外汇风险，有些则可以消除外汇风险。在必要的时候还需要将多种方法进行组合，相互配合，从而达到最佳的管理目标。

汇率风险的含义和管理原则

（一）灵活选择计价货币

1. 本币计价法

以国际贸易为例，计价货币一般有三种选择：以出口国货币计价；以进口国货币计价；以该商品的贸易传统货币计价。如果在交易中能使用本币计价，则可以避免本币与外币的兑换，不会受到汇率波动的影响。

本币计价法简单易行，效果明显，但是也有一定的局限性：其一，受本国货币的国际地位和贸易双方交易习惯的制约，本国货币必须是自由兑换货币，并且被别国接受；其二，由于国际经济交易的双方分属不同国家，使用其中一方的本币，对另一方来说仍是外币，依然会面临外汇风险，因此该种方法往往需要与商品的市场需求、商品质量等因素结合起来，或者使用本币的一方可能需要在其他条件上做出一定让步。

跨境贸易人民币结算

2008年12月，国务院决定对广东和长三角地区与港澳地区、广西和云南与东盟的货物贸易进行人民币结算试点，上海市和广东省广州、深圳、珠海、东莞4个城市成为首批落实试点城市。2009年7月6日，我国跨境贸易人民币结算试点业务在中行上海市分行成功完成首笔交易。2010年6月17日，试点增加到山东省等18个省，境外地域扩展到所有国家和地区。2011年8月23日，跨境贸易人民币结算境内地域范围扩大至全国。目前，理论上说国内任何企业与国外任何国家的任何企业在国际贸易中都可以采用人民币结算。

根据中国人民银行统计数据显示，2021年上半年，尽管全球经济都受到新冠疫情的影响，跨境贸易人民币结算业务总额仍达到3.6万亿元。以我国经济健康、稳定发展为基础，随着人民币国际化战略的推进，人民币结算的范围和规模必将不断扩大，这将为我国涉外企业避免汇率风险提供一条有力的渠道。

2. 选择有利的货币计价

涉外贸易企业在经营过程中一般遵循"收硬付软"的基本原则。出口商在合同签订时尽可能选择硬币作为计价结算的货币，硬币币值上升，则出口商未来贸易结算时可以兑换数额更多的本币；进口商在合同签订时尽可能选择软币作为计价结算的货币，软币币值下降，则进口商未来贸易结算时可以支付数额更小的本币。但是，并非遵循了该原则就可以完全避免外汇风险，因为货币的"软""硬"并非绝对，时常因为经济、政治等原因出现逆转，所以选择该方法仍然有面临外汇风险的可能性。

硬币（Hard Currency）和软币（Soft Currency）

在国际外汇市场上，由于多方面的原因，各种货币的汇率总是经常变动的，因此根据汇率走势可以将各种货币归类为硬币和软币，或叫强势货币和弱势货币。硬币是指币值坚挺，购买能力较强，汇价呈上涨趋势的自由兑换货币。软币则是指汇率走势疲软，呈下跌趋势的货币。由于各国国内外经济、政治情况千变万化，各种货币所处硬币、软币的状态也不是一成不变的，软币和硬币也可以相互转化。

这种方法需要交易者准确掌握外币的浮动趋势。此外，由于使用了对交易其中一方有利的货币计价，对另一方就是不利的，因此同样要视商品市场的具体情况而定。例如，若出口商品是畅销货，国际市场价格趋涨，用硬币报价，对方就容易接受；如果出口商品是滞销货，国际市场价格趋跌，用硬币报价，对方就不易被接受，此时出口商可能不得不接受软币计价。进口中使用软币，如果商品市场为买方市场，则较容易争取，如果为卖方市场则不易实现。

3. 多种货币组合法

如果交易双方势均力敌、涉及金额较大或外汇汇率剧烈变化难以预测等情况下，可以使用两种以上货币计价。当其中一种货币汇率发生变动时，其他货币价值稳定，则不会带来很大的损失。或者其中的硬币升值，软币贬值，各种计价货币汇率变动的影响相互抵消，可以减少或分散外汇风险。

（二）平衡法（Matching）

平衡法是指在同一时期内，创造一笔与存在风险相同货币、相同金额、相同期限的资金反方向流动。例如，某企业3个月后有一笔10万美元的应收账款，为防止美元对人民币汇率下跌造成收入减少，该企业可以设法进口10万美元的原材料，同样在3个月后支付，这样未来的外汇收入和支出相互抵消，从而消除了外汇风险（图5-1）。

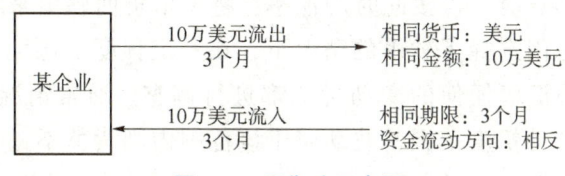

图5-1　平衡法示意图

但是在一般情况下，要达到每笔交易的应收应付货币"完全平衡"（Perfect Matching）是不太现实的，受到许多客观条件的制约，并需要采购、销售、财务部门的密切配合，对于中小企业较难适用。

（三）保值法

1. 调整价格法

调整价格法是指承担外汇风险的进出口商通过在贸易谈判中调整商品价格，以减少使用外币结算给自己带来损失的外汇风险管理方法。在国际贸易中，出口收硬币、进口付软币是一种理想的选择，但在实践当中有时会受到客观条件的制约，使得出口不得不收取软币，而进口必须支付硬币，此时就要考虑调整商品价格，以减少损失。调整价格法又分为加价保值和压价保值两种方法。

（1）加价保值。加价保值主要指签订合约时，出口商将使用软币计价结算所带来的预期外汇损失计入出口商品价格，以转嫁外汇风险。由于软币汇率变动带来的损失为预期损失，所以商品加价数额与其预期损失相关。加价保值的计算公式为：

$$加价后的商品价格 = 原商品价格 \times (1 + 预测软币贬值率)$$

（2）压价保值。压价保值主要指签订合约时，进口商将使用硬币计价结算所带来的预期外汇损失从进口商品价格中剔除，以转嫁外汇风险。由于硬币汇率变动带来的损失为预期损失，所以商品压价数额与预期损失相关，该方法主要由进口商选用。压价保值的计算公式如下：

$$压价后的商品价格 = 原商品价格 \times (1 - 预测硬币升值率)$$

调整价格法是国际贸易实务中最常用的规避汇率风险的方法，但是需要指出的是，运用调整价格法的避险效果关键是价格调整的幅度是否能恰好抵消汇率不利变动带来的损失，即对汇率波动的预测与实际结果是否相符。但是能做到完全准确的预测是比较困难的，因此调整价格法也只能减少外汇风险，而不能完全消除外汇风险。并且对价格的调整幅度也需要控制在交易对手可以接受的范围之内，否则交易将难以达成。

2. 在合同中加列保值条款

保值条款是指经交易双方协商同意，在贸易合同中规定交易金额以某种比较稳定的货币或综合货币单位保值，结算时按支付货币对保值货币的当时汇率加以调整，从而分摊未来汇率风险的货币收付条件。保值条款又可以分为硬币保值条款、"一篮子货币"保值条款、滑动价格保值条款等。

（1）硬币保值条款。硬币保值条款即指在贸易合同中，规定某种软币为计价结算货币，某种硬币为保值货币。签订合同时，按当时软币与硬币的汇率，将货款折算成一定数量的硬币，到货款结算时，再按此时的汇率，将硬币折回软币来结算。此种方法可以帮助出口商由于种种原因选择了软币的情况下，在一定程度上避免外汇风险。但此种方法下，并非软币与硬币汇率任何的变动货款都进行调整。通常情况下，在合同签订时，贸易双方约定一定的波动幅度范围，波动属于该范围内则货款不进行调整，波动超出该范围则货款进行相应调整。

例如，合同规定人民币同美元之间的基准汇率为 USD1＝CNY6.60，波动幅度为 3%，则汇率在 USD1＝CNY6.402 和 USD1＝CNY6.798 之间变动时，进口商依照实际汇率进行货款支付，否则，进口商将按照保值条款所规定的汇率做相应调整后再支付。由此看出，货币保值条款相对较为灵活，贸易双方均承担了部分风险，平等的贸易关系也将促进双方长期的发展。

（2）"一篮子货币"保值条款。"一篮子货币"保值条款，即指在贸易合同中，规定某种货币为计价结算货币，并以"一篮子货币"为保值货币。该方法与硬币保值条款类似，签订合同时，按当时的汇率将货款分别折算成各保值货币，货款支付日，再按此时的汇率将各保值货币折回计价结算货币来结算。

例如，某笔货款为 500 万美元，贸易合同中规定用美元、日元、英镑组成"一篮子货币"来对货款进行保值。其中：美元占 30%，日元占 30%，英镑占 40%。假设签订合同时的汇率为 USD1＝JPY120，USD1＝GBP0.666 7，则 500 万美元折成保值货币为：

500×30%＝150（万美元）

500×30%×120＝18 000（万日元）

500×40%×0.666 7＝133.34（万英镑）

若货款支付日的汇率为 USD1＝JPY130，USD1＝GBP0.700 0，则各保值货币折算成美元应为：

500×30%＝150（万美元）

180 000÷130＝138.46（万美元）

133.34÷0.700 0＝190.49（万美元）

合计：

150+138.64+190.49＝478.95（万美元）

所以，到货款支付日时，进口商应向出口商支付478.95万美元的货款。

由于"一篮子货币"当中，各种货币的汇率有升有降，此消彼长，且汇率仅以所占比例进行变动，在一定程度分散了外汇风险。所以，当前许多贸易合同，特别是金额较大、时间较长的合同倾向于选择该方法。

保值法要求交易双方在锁定汇率和平摊收益的方法上协商一致，但有时由于双方对汇率预测和风险偏好的不同，较难达成一致，因此这种方法也具有一定的局限性。

（四）提前或延期收付汇

在国际经济交往中，可以在合同里加列提前或延期了结外币债权债务的条款，或者选择恰当的结算方式，当事人利用对汇率变化的预测，通过提前或延期收付汇更改外汇资金的收付日期，来抵补或转嫁外汇风险。以国际贸易为例，其具体做法是：

（1）在出口贸易中。如果预期结算货币汇率将下浮，则出口企业应与外商尽早签订出口合同，或尽可能提前收汇。相反，预计结算货币汇率将上升，则可设法拖延出口商品，延长出口汇票期限或鼓励进口商延期付款。

（2）在进口交易中。如果预测结算货币汇率将上浮，则进口企业应设法提前购买所需进口商品，采取预付货款方式或尽可能提前支付货款。相反，若预测计价结算货币汇率将下浮，则可推迟向国外购货，或要求延期付款。

如表5-2所示。

表5-2　提前或延期收付汇

企业行为	预测外汇汇率上升、本币贬值	预测外汇汇率下跌、本币升值
出口商或债权人（收进外币）	推迟收汇	提前收汇
进口商或债务人（支付外币）	提前付汇	推迟付汇

有关提前或延期收付汇的方法还需要说明以下几点：

第一，利用提前或延期收付汇法能够减少外汇风险的前提是必须对未来汇率走势的预测是正确的，否则不仅不能避险，反而会增加损失。

第二，除考虑汇率走势外，还应考虑商品的储存和利息等因素。因为提前付汇或延期收汇，会影响到自身的资金周转，相当于对方占用了自己的资金，损失了利息，但通常这部分对方会在货价中做出一定的出让。而提前收汇或延期付汇，相当于自己占用了对方的资金，加速了资金周转，但通常在货价上也要给予对方一定的折扣。因此，提前或延期收付汇实际是双方达成一个附加的信贷契约，所涉及的利息采用货款扣除的形式，扣除比例要双方商定，扣除的金额相当于进行外汇风险管理和融资的成本。

第三，从严格意义上来说，提前收付汇缩短了交易的时间，是为了规避外汇风险，减少损失的发生，而延期收付汇是利用对汇率走势的判断，获得更多收益，实际上属于外汇投机。

操作示范

任务1：

中小外贸企业一般会面临如下外汇风险。

交易风险：出口企业如果采用美元或其他国际结算货币计价，从签订出口合同到出口发货，再到最终收款结汇，通常需要一段时间。对出口企业来说，未来有外汇收入，人民币升值，会导致出口收入折算成的人民币减少，从而造成损失。

经济风险：人民币升值，出口企业可以选择调高产品价格的方法，来减少汇兑损失，但是这可能会使国外客户因为价格上涨而放弃合作，或是转投其他供应商。这就可能削弱其在国际市场的竞争力，进而导致该企业经营收入和市场份额的减少。或者选择降低企业利润，来换取一部分的国际市场。

任务2： 案例中的出口企业在面临人民币升值时，使用了一系列外汇风险管理方法来应对外汇风险。

（1）合肥东展工贸有限公司提高产品价格，在报价时将预期可能发生的汇兑损失核算在价格之内，同时缩短报价有效期，属于典型的调整价格法。

（2）安徽圣安进出口有限公司在合同中约定，当人民币的汇率波动超过一定幅度时，价格要做相应调整，同时调整的部分在尾款中增加或是扣除，属于订立保值条款，通过在合同中就汇率波动问题订立价格调整条款对买卖双方都相对公平。

（3）安徽红石贸易有限公司直接用人民币进行结算，节省用美元结算的汇兑成本，有效地应对汇率变动，进而降低贸易成本，属于本币计价法的运用。

（4）合肥逸轩家居用品有限公司对于采用即期付款结算方式的客户给予优惠，并督促尽快达成交易，是缩短了收汇周期，改变风险的时间结构，属于提前收付的运用。

实训练习

人民币一改之前频频升值的节奏，进入今年2月开始"掉头向下"。从1月14日的6.0400开始，人民币对美元即期汇率一路贬值，3月21日甚至创下了6.2370的低位，年内人民币贬值1 970个基点，已将去年全年升幅完全抵消。在此背景下，一直在人民币升值中受益良多的进口商也感受到了压力，纷纷和出口企业一样选择避险工具。

"才尝了个甜头，人民币就开始下跌了。"天津宝瑞恒通有限公司负责人李征对《华夏时报》记者表示。据他介绍，他们公司去年下半年刚刚开辟了进口业务，没想到今年就遭遇到了贬值。

和李征一样，许多进口商都对今年的进口生意有着美好的憧憬。因为在年初，业内对于汇率的预判还是有可能会"破6"，谁曾想贬值来势汹汹，一转眼，去年的升值幅度全都被抵消了。

"近几年人民币持续升值，许多出口企业建立起自己的汇率风险防范体系，应对汇率风险比较有经验，但我们却被打了个措手不及。"李征告诉记者，最近他正在积极地向做出口生意的朋友"取经"，希望可以将他们应对汇率风险的经验照搬到自己的企业。李征说，由于近两个月的人民币贬值，今年以来的利润比去年同期下降了近30%。

"以前人民币都是升值，所以进口商品越来越便宜，进口食品在市场上的竞争力也越来越强。现在这种优势消失了，汇率的风险加大了，为此我们刚刚在银行办理了远期购汇业务。"另一家进口食品企业负责人也对记者如此表示。

"我们会和客户签远期合同锁定汇率，付款方式使用即期信用证，有时候交货的期限比较长，就会用锁定汇率来避免汇率变动风险。和银行签订《远期结售汇总协议书》，到合约到期日携款项并附贸易合同、商业发票等单据与银行办理资金交割。"北京信美达科技发展有限公司副总经理岳利强说。

资料来源：华夏时报. 代购也涨钱人民币贬值进口商措手不及.［EB/OL］.（2014.03.29）［2022.04.30］. http://finance.people.com.cn/n/2014/0329/c1004-24770289.html

任务1：根据材料分析进口企业面临的外汇风险。

任务2：根据材料分析上述进口企业在进行外汇风险管理时都采用了哪些方法。

拓展任务

根据中国外汇交易中心的最新数据显示，2022年一季度以来，汇率波动受多重因素影响，人民币对美元汇率整体呈现"先升后贬、双向波动"的态势。在前期人民币升值之后，人民币汇率开始以双向波动成为常态的情况下，外贸新业态之跨境电商如何应对？

"汇率波动影响利润率。""今年一季度汇率涨跌都有，但过去较长时间来看，人民币还是升值了，导致实际利润下滑，产生了财务损失。"一家跨境电商业务外贸企业的财务负责人说道。

"汇率波动对于跨境电商的影响更像是一把双刃剑，既间接推升了美元汇率利好出口，也实质性影响了跨境电商行业的供应链和运营。以消费电子行业为例，跨境电商的毛利水平相对高于传统外贸企业，在受到物流延迟、淡旺季等市场因素影响下，从订货生产到回款周期往往长达3~6个月。而去年四季度至今，人民币对美元汇率波动超过2%，意味着企业在定价和现金流管控中被动地接受汇率波动可能导致净利润的损失。"跨境支付机构Airwallex空中云汇大中华区CEO吴恺向表示。

吴恺还表示："我们所合作的跨境电商企业中，不少采取了更积极的汇率风险管控措施，一方面，更多的企业开始精细化预判多币种资金的流入和流出，减少币种和账期错配带来的汇率风险敞口；另一方面，我们也看到许多客户利用收单加锁汇、多币种定价、多币种结算等收单产品功能，消解币种错配、账期错配的问题，将汇率风险敞口从源头解除。无论未来汇率如何波动，电商卖家都已经提前锁定利润。"

在应对此轮汇率双向波动中，上述跨境电商企业财务负责人提到，"面对汇率波动，一般我们会采取锁汇主动进行风险对冲，就是与银行合作商定一个双方接受的汇率，一般锁定几个月。但锁汇对业务影响的后果也是不确定的"。

中国人民银行副行长刘国强也表示，影响汇率的因素较多，汇率测不准是必然，双向波动是常态，企业和金融机构要树立"风险中性"理念，金融机构要积极为中小微企业提供汇率风险管理服务，降低中小微企业汇率避险成本。

对于金融机构如何赋能企业汇率管理，专家建议："金融机构应积极服务外贸企业，做好代客外汇业务，帮助企业规避汇兑风险。对外贸出口企业来说，由于主要以结汇需求为主，可以根据自身风险偏好、未来结汇现金流分布等实际情况，与金融机构充分沟通，一方面在人民币贬值时期可适度把握即期结汇时机，另一方面也可通过远期结汇锁定未来风险，并选取一些外汇期权产品组合，以改善远期结汇价格或锁定尾部风险。"

资料来源：21世纪经济报道．汇率双向波动常态化，跨境电商如何稳住利润．[EB/OL]．(2014.03.29)[2022.04.30]．https：//baijiahao.baidu.com/s？id＝1730066746843746336&wfr＝spider&for＝pc

任务1：分析跨境电商企业与传统一般贸易企业面临的外汇风险的特点有何不同。

任务2：根据材料分析上述跨境电商企业在进行外汇风险管理时都采用了哪些方法。

任务二 运用金融交易进行外汇风险管理

任务导入

工作情境一：

2021年3月，我国A公司预计在半年后收到一笔100万美元的出口货款，即期汇率买入价为USD1=CNY6.5643。半年后美元对人民币的汇率发生变动，将直接影响该公司出口收入兑换的人民币金额。半年后即期汇率买入价变为USD1=CNY6.4486。

任务1-1：对A公司面临的外汇风险进行识别、衡量和分析；

任务1-2：代表A公司运用借款法进行外汇风险管理；

任务1-3：代表A公司运用BSI法进行外汇风险管理；

任务1-4：代表A公司运用LSI法进行外汇风险管理；

任务1-5：分析避险成本和效果。

工作情境二：

2021年2月，我国B公司预计在3个月后有一笔10万欧元的应付账款，而该公司的收入主要是美元，即期汇率卖出价为EUR1=USD1.2074。3个月后美元对欧元的汇率发生变动，将直接影响该公司欧元应付账款的美元成本。3个月后即期汇率卖出价变为EUR1=USD1.2229。

任务2-1：对B公司面临的外汇风险进行识别、衡量和分析；

任务2-2：代表B公司运用投资法进行外汇风险管理；

任务2-3：代表B公司运用BSI法进行外汇风险管理；

任务2-4：代表B公司运用LSI法进行外汇风险管理；

任务2-5：分析避险成本和效果。

知识准备

一、利用外汇交易进行外汇风险管理

即期外汇交易、远期外汇交易、掉期交易等外汇业务由于其自身的交易特点，可以起到锁定交易价格、避免汇率风险的作用。

（一）即期合同法（Spot Contract）

即期合同法是指通过与银行进行即期外汇交易，来消除外汇风险的管理方法。即期外汇交易的作用主要是消除价值风险，因为现在时间点上的即期汇率是已知，通过即期合同法实现当下货币的兑换，收入或支出都是确定的数字，今后汇率的变化就不会对当事人产生影响。例如，我国某出口企业收到一笔 10 万美元的货款，当日与开户银行签订即期外汇合同，结汇成人民币，这笔出口货款折算成人民币的收入就确定下来了。如果该企业没有办理即期结汇，仍以美元形式保留在外币账户里，那么它仍将承担未来美元贬值导致兑换的人民币收入减少的风险。

（二）远期合同法（Forward Contract）

远期合同法是指面临外汇风险的经济实体，通过与银行签订远期外汇交易的合同，以消除外汇风险的管理方法。

具体做法是：未来有外汇支出的主体，按远期汇率预先买入与未来支出相同金额、相同期限、相同币种的外汇，在到期时按事先合同中约定的汇率与银行办理交割，支付本币、收取外汇，用以支付应付账款。未来有外汇收入的主体，按远期汇率预先卖出与未来收入相同金额、相同期限、相同币种的外汇，在收到外汇时再按事先合同中约定的汇率与银行办理交割，支付外汇、收进本币。

利用远期合同避险就是通过签订抵消性质的远期合同来防范由于汇率变动而可能蒙受的损失，以达到保值的目的。企业确定在未来一定日期会收到或支付一笔外币款项时，卖出或买进该种货币的远期外汇，将汇率予以固定，则不管未来时间内即期汇率如何变动，企业都可以确定将来能够收到或支出的本币金额，在规定的时间内实现两种货币的冲销，同时消除时间风险和价值风险。远期合同法比较灵活，还可以通过做一笔掉期交易或做一笔反向冲抵的交易将合同展期或平仓。这种方法签订合同时不要求有实际的资金收付，只需支付一定手续费和风险保证金；在约定期限内预约交易不记入资产负债表，因此不会影响企业的财务状况。但是由于远期合同是不可撤销的，即签订之后到期必须办理交割，所以在避免了汇率不利变动的同时，也放弃了汇率发生有利变动能够带来的收益，因此这种方法被归为保守型避险策略。

此外，择期交易也可以发挥避险作用，由于择期交易本质上是可选择交割日的远期外汇业务，在此也将其归入远期合同法。择期交易与固定交割日的远期外汇交易的区别在于，择期交易适于无法确定未来外汇收支发生的具体日期的情况，由于交割日不能确定，采用择期交易避险，客户可以根据实际情况选择交割的日期，更加灵活。但是由于择期交易赋予了客户更大的灵活性，相应的手续费即择期远期汇率买卖价差也就比较高。

（三）掉期合同法

掉期合同法是运用掉期交易，同时买入和卖出相同金额但是交割期限不同的同种货币。掉期合同法实际是一笔即期合同和一笔远期合同法或两笔远期合同的组合运用。它适用于既有外币支出又有外币收入，而两笔收支的日期又不相吻合的交易主体。

例如：一家日本贸易公司向美国出口产品，收到货款 200 万美元。该公司需将货款兑换为日元用于国内支出。同时公司需在 3 个月后支付一笔 200 万美元的进口材料款。为避免 3 个月内美元对日元升值的风险，公司可以采取以下措施：做一笔 3 个月期美元对日元的掉期外汇买卖：即期卖出 200 万美元，买入相应的日元，3 个月远期买入 200 万美元，卖出相应的日元。通过上述交易，公司可以轧平资金缺口，并达到规避汇率风险的目的。

除此以外，利用外汇期货交易、外汇期权交易等也可以起到套期保值、规避汇率风险的目的，我们已在项目四详细介绍，在此不做赘述。

二、利用借贷投资业务进行外汇风险管理

利用金融交易进行
外汇风险管理

（一）借款法（Borrowing）

借款法是指未来有外汇收入的经济实体，通过向银行借入一笔与将来的收入相同币种、相同金额和相同期限的贷款，来达到融通资金和防范外汇风险的方法。

借款法的特点在于能够改变外汇风险的时间结构。拥有外币债权的主体，通过向银行借款，将未来的收入转移到了现在，从而消除了时间风险。但借款法必须与即期合同法相结合，才能消除全部外汇风险。即在借入外币后，通过一笔即期外汇交易卖出外汇换成本币，将计划在未来的外汇交易提前进行，锁定本币收入，消除价值风险。到期后用收到的应收账款偿还借款即可，不涉及货币的兑换，汇率变动也就没有影响。而由借款产生的利息支出就是运用借款法避险的成本。

例如，我国某公司向美国出口一批价值 100 万美元的货物，3 个月后收回货款，如果该公司担心美元贬值，可以在签订贸易合同后，首先向银行申请一笔贸易融资，借入 100 万美元贷款，然后在现汇市场将 100 万美元即期卖出换回本币，3 个月后，该公司收到 100 万美元货款，用这笔货款偿还银行借款即可，3 个月后美元的流入和流出相互抵消，不需要进行货币兑换，汇率的变化对公司也就没有影响。

（二）投资法（Investing）

投资法是指未来有外汇支出的经济实体，通过投资一笔与将来支出相同金额、相同期限、相同币种的外汇，到期后用收回的投资支付应付外汇账款，来防范外汇风险的办法。一般投资的市场是短期货币市场，投资的对象为规定到期日的银行定期存款、存单、银行承兑汇票、国库券、商业票据等。

投资法同样是通过改变外汇风险的时间结构来避险的，但也要和即期合同法相结合才能消除全部风险。拥有外币债务的主体，通过进行即期外汇交易买入外汇，将计划的未来外汇交易提前进行，以现行的已知即期汇率交割，锁定了本币支出，消除了价值风险；通过将外币进行投资，将未来的支出转移到了现在，从而消除了时间风险。届时外汇投资收回，正好

用于支付应付账款。

例如，我国某公司从国外进口价值 50 万英镑的货物，半年后货到付款，如果该公司担心英镑升值，可以在签订贸易合同后，先在现汇市场购进 50 万英镑，然后在国际货币市场将 50 万英镑做半年期投资。半年后收回英镑投资本息，然后以收回的投资支付货款。

三、外汇风险的综合管理方法

（一）BSI 法

BSI 是 Borrowing-Spot-Investing 的缩写，即借款—即期合同—投资法，是指未来有外汇收入或外汇支出的经济实体，通过借款、即期外汇交易和投资的程序，消除外汇风险的管理方法。

1. 有应收账款的操作

未来有外汇收入的主体，先借入与应收外汇等值的外币，以此消除时间风险；同时通过即期外汇交易把外币兑换成本币，以此消除价值风险；然后将本币存入银行或进行投资。应收外汇到期时，以收入的外汇账款归还银行贷款，同时将本币投资收回。

如果不考虑利息因素，对于该经济实体来说，未来外汇流入和流出相互抵消，只有一笔本币的净流入，且本币收入的金额实际上是由应收外币金额与现在的即期汇率决定的，由于两者均为已知，因此未来本币收入的金额就能事先锁定，不会受到未来汇率变化的影响，从而消除了汇率风险。不难看出，BSI 法在未来有外汇收入情况下的运用，实际是在借款法的基础上加了一笔本币的投资。

2. 有应付账款的操作

有远期外汇支出的主体，先借入与应付外汇等值的本币；同时通过即期外汇交易把本币兑换成外币，以此消除价值风险；然后将外币存入银行或进行短期投资，以此消除时间风险。应付外汇到期时，以收回的外币投资支付应付账款，同时归还本币借款。

如果不考虑利息因素，未来外汇资金流入和流出相互抵消，只有一笔本币的净流出，且未来本币支出的金额实际是由应付外币金额与现在的即期汇率决定的，由于两者均为已知，因此未来本币支出的金额就能事先锁定，不会受到未来汇率变化的影响，消除了汇率风险。实际上，BSI 法在未来有外汇支出情况下的运用，是在投资法的前面加了一笔本币的借款。

上述消除应收账款和应付账款外汇风险的操作程序，虽然都经过借款、即期外汇交易和投资三个步骤，但币种操作顺序不同。前者是借款借外币，即期外汇交易外币兑换本币，投资投本币；后者是借款借本币，即期外汇交易本币兑换外币，投资投外币。

我们前面都做了不考虑利息因素的假设，但在实践操作中，利息因素是不能被忽略的。归还借款时除了本金还要支付利息，而通常投资收回时也会有一定的投资收益，因此借款利息与投资收益的净差额就是利用 BSI 法避险的成本。

（二）LSI 法

LSI 法是 Lead-Spot-Investing 的缩写，即提前收付—即期合同—投资法，是指未来有外汇收入或外汇支出的经济实体，在征得债务方或债权方的同意后，通过提前收付账款、即期外汇交易和投资的程序，消除外汇风险的管理方法。

1. 有应收账款的操作

具有应收外汇账款的公司，在征得债务方同意后，以一定折扣为条件提前收回货款，以此消除时间风险;并通过即期外汇交易将收回的外汇兑换成本币,以此消除价值风险;然后,将换回的本币进行投资,到期后只需要收回本币投资即可。这样,经济实体的债权提前收回,未来只有一笔本币资金的流入。

显然,LSI 法在未来有外汇收入情况下的运用,实际是将 BSI 法中的借款(Borrowing)换成了提前收汇(Lead),由于提前收回债权通常需要给予对方一定的折扣优惠,因此折扣支出与本币投资收益的差额就是运用 LSI 法进行避险的成本。

2. 有应付账款的操作

具有应付外汇账款的公司,在征得债权方同意后,先向银行借入与应付外汇等值的本币;并通过即期外汇交易将借入的本币兑换成外币,以此消除价值风险;再以一定折扣为条件,提前支付应付货款,以此消除时间风险。到期后只需要归还本币借款即可。这样,经济实体的债务提前履行,未来只有一笔本币资金的流出。从这个程序看,应该是 Borrowing-Spot-Lead,即借款—即期外汇交易—提前付款,但习惯上人们仍把其称为 LSI 法,而不叫作 BSL 法。

LSI 法在未来有外汇支出情况下的运用,实际是将 BSI 法中的投资(Investing)换成了提前付汇(Lead),相应地,向银行借款要支付利息,而提前支付债务通常可以获得对方一定的折扣优惠,因此借款利息与折扣收益的差额就是运用 LSI 法进行避险的成本。

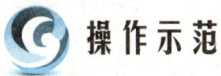 **操作示范**

为便于分析各要素之间的相互关系,简化文字解释,在此借助符号与图示来说明资金的流动情况。其中,方块表示受险主体;Tn 表示资金流动的时间;箭头表示资金流动,箭头指向方块表示资金流入,箭头背向方块表示资金流出;箭头上方表明资金流动的金额和币种;箭头左侧表明资金流动的原因。以下分析中均不考虑利息、折扣等因素。

工作情境一:

2021 年 3 月,我国 A 公司预计在半年后收到一笔 100 万美元的出口货款,即期汇率为 USD1 = CNY6.564 3。半年后美元对人民币的汇率发生变动,将直接影响该公司出口收入兑换的人民币金额。半年后即期汇率变为 USD1 = CNY6.448 6。

任务 1-1:A 公司未来有一笔外汇应收账款,若半年后美元汇率下跌,即人民币升值,100 万美元兑换的人民币收入减少,公司将遭受损失;反之收入增加,公司获利。

任务 1-2:借款法。

向银行借入为期半年的 100 万美元(如办理出口押汇业务),并通过即期外汇交易结汇获得 656.43 万元人民币。半年后用收到的 100 万美元货款偿还银行借款。通过借款法,将未来的收入转移到了现在,本币收入锁定为 656.43 万,未来时点上外币的收入和支出相互抵消,无须进行货币兑换,不仅避免了汇率风险还获得了资金融通。各时点上的资金流情况如图 5-2 所示。

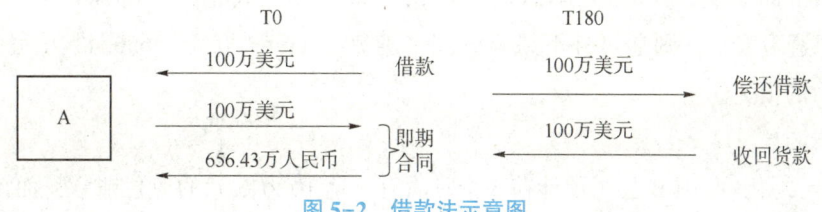

图 5-2 借款法示意图

任务 1-3：BSI 法。

向银行借入为期半年的 100 万美元（如办理出口押汇业务），并通过即期外汇交易结汇获得 656.43 万元人民币，将本币收入进行半年的投资。半年后用收到的 100 万美元货款偿还借款，同时收回人民币投资。通过 BSI 法，未来时点上外币的收入和支出相互抵消，只有一笔本币的流入，无须进行货币兑换，避免了汇率风险。并且本币收入金额实际由现在的即期汇率固定下来。显然，BSI 法在未来有外汇收入情况下的运用，是在借款法的基础上加了一笔本币的投资。各时点上的资金流情况如图 5-3 所示。

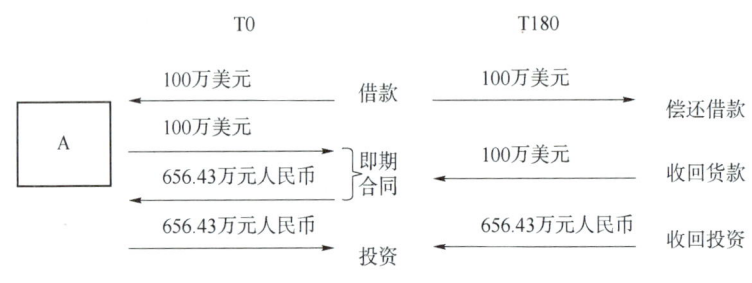

图 5-3　BSI 法示意图

任务 1-4：LSI 法。

与对方协商，提前收回货款，通过即期外汇交易卖出 100 万美元，收回 656.43 万元人民币，并进行为期半年的投资。半年后收回本币投资即可，不再涉及外币的流动，也无须进行货币兑换，起到了避险的作用。显然，LSI 法是将 BSI 法中的借款换成了提前收取货款。各时点上的资金流情况如图 5-4 所示。

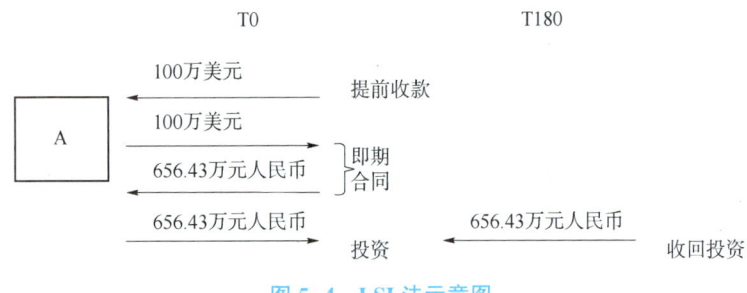

图 5-4　LSI 法示意图

任务 1-5：在以上的三种方法中，借款需要支付利息，提前收款一般要给对方一定的折扣，而投资则可以带来一部分投资收益，费用和收益相互抵消就构成了避险成本。半年后美元对人民币的即期汇率为 USD1＝CNY6.448 6，100 万美元只能兑换到 644.86 万元人民币，如果不考虑避险成本，则通过外汇风险管理，避免了 11.57 万元（656.43 万元－644.86 万元）人民币的损失。

工作情境二：

2021 年 2 月，我国 B 公司预计在 3 个月后有一笔 10 万欧元的应付账款，而该公司的收入主要是美元，即期汇率为 EUR1＝USD1.207 4。3 个月后美元对欧元的汇率发生变动，将直接影响该公司欧元应付账款的美元成本。3个月后即期汇率变为EUR1=USD1.222 9。

任务2-1：B公司有一笔远期外汇支出，若3个月后欧元汇率上涨，公司支付应付账款所需的美元成本将增加，从而遭受损失；反之支出减少。

任务2-2：投资法。

根据即期汇率，支付120 740美元买入10万欧元现汇，并进行3个月的投资（如购买银行的外汇理财产品）。3个月后用收回的欧元投资支付应付账款。通过投资法，将未来的支出转移到了现在，美元支出锁定为120 740美元，未来时点上欧元的收入和支出相互抵消，无须进行货币兑换，避免了汇率风险。各时点上的资金流情况如图5-5所示。

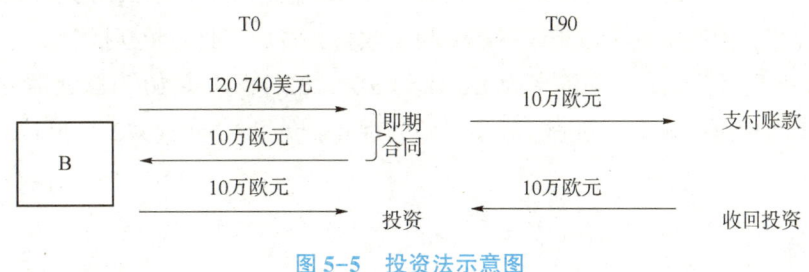

图5-5　投资法示意图

任务2-3：BSI法。

向银行借入120 740美元（如办理进口押汇业务），通过即期外汇交易买入10万欧元，并进行3个月的投资。3个月后用收回的投资支付应付账款，同时归还120 740美元的借款。通过BSI法，未来时点上欧元的收入和支出相互抵消，只有一笔美元的流出，无须进行货币兑换，避免了汇率风险。并且美元支出金额实际由现在的即期汇率固定下来。显然，BSI法在未来有外汇支出情况下的运用，是在投资法的之前加了一笔借款。各时点上的资金流情况如图5-6所示。

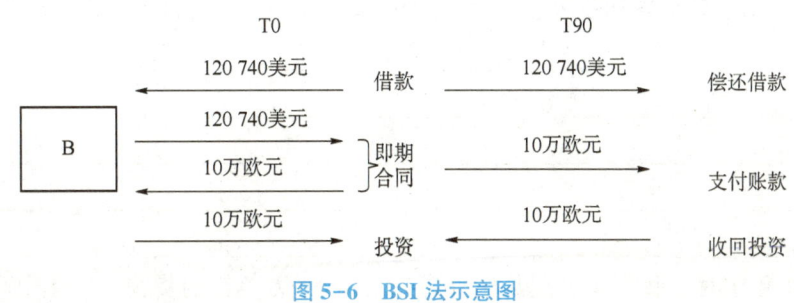

图5-6　BSI法示意图

任务2-4：LSI法。

与对方协商，提前支付应付账款。向银行借入120 740美元，通过即期外汇交易买入10万欧元，提前付款。3个月后只需要归还美元借款即可，不再涉及欧元的流动，也无须进行货币兑换，起到了避险的作用。显然，LSI法在有应付账款中的运用实际是BSL法，是将BSI法中的投资换成了提前支付账款，而提前支付账款一般可以获得对方一定的折扣优惠。各时点上的资金流情况如图5-7所示。

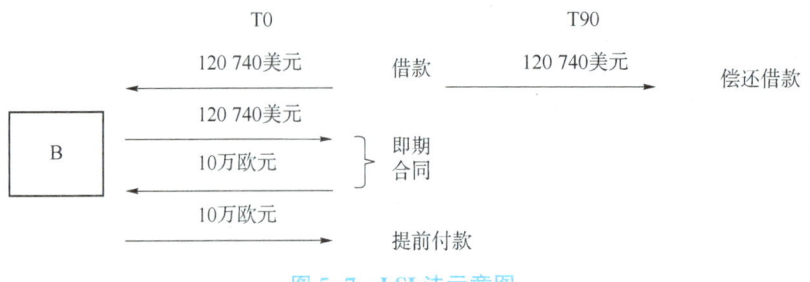

图 5-7 LSI 法示意图

任务 2-5：在以上的三种方法中，借款需要支付利息，提前付款虽然占用了资金但也会获得一定的优惠，而投资则可以带来一部分投资收益，费用和收益相互抵消就构成了避险成本。3 个月后欧元对美元的即期汇率为 EUR1＝USD1.222 9，购买 10 万欧元需支付 122 290 美元，如果不考虑避险成本，则通过外汇风险管理，避免了 1 550（122 290－120 740）美元的损失。

实训练习

（1）2021 年 2 月，我国某公司出口价值为 50 万美元的商品，客户 6 个月后付款。签订合同当日汇率买入价为 USD1＝CNY6.482 8。6 个月后进口商付款时，即期汇率买入价为 USD1＝CNY6.454 5。

任务 1：对公司面临的外汇风险进行识别、衡量和分析；

任务 2：代表公司运用借款法进行外汇风险管理；

任务 3：代表公司运用 BSI 法进行外汇风险管理；

任务 4：代表公司运用 LSI 法进行外汇风险管理；

任务 5：分析避险成本和效果。

_____
_____
_____
_____
_____

（2）2021 年 1 月，我国某公司从国外进口价值 30 万英镑的货物，3 个月后货到付款。签订合同当日卖出价为 GBP1＝CNY8.876 8。3 个月后进口商付款时，即期汇率卖出价为 GBP1＝CNY9.020 1。

任务 1：对公司面临的外汇风险进行识别、衡量和分析；

任务 2：代表公司运用借款法进行外汇风险管理；

任务 3：代表公司运用 BSI 法进行外汇风险管理；

任务 4：代表公司运用 LSI 法进行外汇风险管理；

任务 5：分析避险成本和效果。

_____
_____
_____
_____

拓展任务

以小组为单位设计调查问卷，走访一家校企合作企业，调研企业面临的外汇风险和采取的管理措施。撰写调研报告，并针对企业的实际情况，提出外汇风险管理的建议。

_____
_____
_____
_____
_____

 思政专栏

汇率风险中性为企业发展保驾护航

"赌汇率，不灵了。"这是福建一家小微企业的财务负责人对《金融时报》记者的感慨。"我们公司一直运用持币观望、逢高结汇策略，但近期汇率双向波动加剧，这招变得不灵了，即期结汇汇率经常低于订单的换汇成本，汇兑损失不少。"该负责人表示。这是一家主营竹、木、藤、瓷器、玻璃等工艺品加工销售的公司，其产品主要出口欧美地区，月均收汇约200万美元，平均收汇账期3~6个月。然而，由于缺乏汇率风险管理机制和专业管理人员，企业出口收汇在近年来人民币汇率双向波动中经常承受较大汇兑损失。

怎样才能减少损失，规避汇率风险？这是所有涉汇企业的共同挑战。国家外汇管理局国际收支司司长贾宁在接受《金融时报》记者采访时强调，当前人民币汇率双向波动逐步增强，汇率风险管理成为涉外企业必须面对的一个重要课题。提升实体经济防范汇率风险的意识和能力，是做好"六稳""六保"特别是稳外贸、保市场主体的实际行动，是进一步夯实汇率市场化形成机制的重要举措和基础性工作。

福建万家鑫轻工发展有限公司是一家民营企业，主营业务是制鞋业。"我们公司与欧美国家、韩国、越南、中国香港地区等贸易往来较为频繁，大都采用美元结算，每年结汇额2 000万美元左右。"该公司财务总监林悦武对《金融时报》记者介绍。

2015年，当时人民币汇率持续下行，该企业一度采取持币观望择机结汇的策略。然而，2016年、2017年人民币汇率双向宽幅波动，该企业对2016年、2017年换汇成本核算分析后发现，部分订单的外汇收入即期结汇汇率低于其换汇成本，产生了一定损失，为了更好地控制风险，该公司开始采用远期结售汇来规避汇率风险。

不少受访企业也承认，它们也了解过类似远期结售汇这样的汇率避险工具。但是，也有企业表示："如果汇率变动不利于我们，提前锁定可以避免风险。但汇率也可能朝着对我们有利的方向变动，这样提前锁定不就有损失吗？"出于类似的考量，一些企业管理层对于使用汇率避险工具仍存顾虑。对于这种心态，贾宁对《金融时报》记者表示："企业是否套保，关键在老板。避险工具不是稳赚不赔的买卖，但是可以将风险控制在合理范围。"

为了让老板们了解到汇率避险工具的重要性，牢牢树立风险中性理念，外汇局做了多方努力。外汇局副局长、新闻发言人王春英多次通过季度发布会强调企业要坚持汇率风险中性，做好汇率风险管理。此外，还通过在国家外汇管理局官方微信公众号上开设"企业汇率风险管理"专栏，启动"企业汇率风险管理"宣传活动等多重方式加强引导企业树立风险中性意识。而多地外汇局精准对接服务企业，加大走访企业力度，开展"一企一策"上门调研宣传。通过多次与企业老板面对面沟通、探讨，部分企业老板转变了对赌市场的汇率风险非中性理念。

记者了解到，在外汇局、金融机构的大力宣传和引导下，已有不少企业更好地理解了汇率风险中性。据王春英 2022 年 1 月 21 日在国新办举行的 2021 年外汇收支数据新闻发布会上披露的数据统计，2021 年，企业利用远期、期权等外汇衍生产品管理汇率风险的规模同比增长 59%，高于同期银行结售汇增速 36 个百分点，推动企业套保比率同比上升 4.6 个百分点至 21.7%，显示企业汇率避险意识增强，风险中性经营理念提升。

"下一步，外汇局将突出靶向宣传、精准施策原则，以中小微企业为重点，引导更多企业更好应对汇率风险。继续加强企业风险教育，普及汇率风险中性理念，指导企业更加稳健经营。"贾宁表示。此外，他强调，外汇局将持续扩展市场深度和广度，丰富外汇衍生产品，为市场主体外汇风险管理提供更为便利的政策环境。

资料来源：马梅若. 汇率风险中性为企业发展保驾护航［N］. 金融时报，2022-03-10（002）.

项目习题

一、判断题

1. 我国某企业出口一批商品以美元计价,预计美元对人民币汇率将持续走低,该企业应尽可能提前收回货款,以减少汇率风险的影响。( )
2. 借款法适用于未来有外汇支出的企业。( )
3. 出口商应尽可能使用硬币计价结算,进口商应尽可能使用软币计价结算。( )
4. BSI 法即是借款—远期合同法—投资法。( )
5. 只要交易中涉及本币和外币就一定存在汇率风险。( )
6. 获得汇率变动的收益是外汇风险管理的首要原则。( )
7. 外汇保值条款是以软币保值,以硬币计价支付。( )
8. 套期保值的目的是获得汇率有利变动的好处。( )
9. 加价保值适合于出口用硬币结算时。( )
10. 在进口交易中,如果预测结算货币汇率将上浮,则进口企业应设法提前购买所需进口商品,采取预付货款方式或尽可能提前支付货款。( )

二、单项选择题

1. 在同一时期内,创造一笔与存在风险相同货币、相同金额、相同期限的资金反方向流动的方法是( )。
   A. 保值法   B. 平衡法   C. 即期合同法   D. 掉期合同法
2. 当在两个不同时间点,存在两笔金额相同但方向相反的外汇资金流动时,采用同时买入和卖出相同金额但是交割期限不同的同种货币规避汇率风险的方法称为( )。
   A. 保值法   B. 平衡法   C. 即期合同法   D. 掉期合同法
3. 在将子公司财务报表与母公司财务报表合并时,产生的外汇风险是( )。
   A. 会计风险   B. 交易风险   C. 经济风险   D. 商业风险
4. 由于外汇汇率波动而引起的应收资产或应付债务价值变化的可能性,称为( )。
   A. 会计风险   B. 交易风险   C. 经济风险   D. 商业风险
5. ( )和时间风险是构成外汇风险的要素。
   A. 价值风险   B. 交易风险   C. 经济风险   D. 商业风险
6. ( )就是具有外汇债权或债务的公司与银行签订出卖或购买远期外汇的合同以消除外汇风险的方法。
   A. 期权合同法   B. 掉期合同法   C. 即期合同法   D. 远期合同法
7. 下列方法中,能独立消除外汇风险和价值风险的是( )。
   A. 借款法   B. 远期合同法   C. 提前收付法   D. 延期收付法
8. LSI 法中的 L 是指( )。
   A. 提前收付   B. 借款   C. 即期合同   D. 投资

9. 如果预测某种货币将要贬值，则下列情况中，可以获得收益的是（　　）。

A. 以该货币计值的出口方　　　　B. 买入该货币的多头

C. 借入该种货币的债务人　　　　D. 收回该种货币投资的投资者

10. 进口商与银行订立远期外汇合同，一般是为了（　　）。

A. 防止因外汇汇率上涨而造成的损失　　B. 防止因外汇汇率下跌而造成的损失

C. 获得因外汇汇率上涨而带来的收益　　D. 获得因外汇汇率下跌而带来的收益

三、多项选择题

1. 关于外汇风险、以下说法正确的是（　　）。

A. 是由于汇率变动造成的

B. 如果不发生货币之间的兑换，就不会承受外汇风险

C. 如果采用正确的方法管理外汇风险，外汇风险就能消失

D. 对外交易中，如果用本币计价结算就不会承受外汇风险

2. 外汇风险的种类包括（　　）。

A. 会计风险　　　B. 交易风险　　　C. 经济风险

D. 商业风险　　　E. 利率风险

3. 如果出口商品的计价货币有下跌趋势，为避免损失，出口商可以（　　）。

A. 推迟结汇　　　B. 提前结汇　　　C. 按约定时间结汇

D. 购买相同金额的远期外汇　　　E. 出售相应金额的远期外汇

4. BSI 法由（　　）三种方法组成。

A. 提前收付法　　　B. 即期合同法　　　C. 投资法

D. 平衡法　　　E. 借款法

 总结评价

项目内容结构图

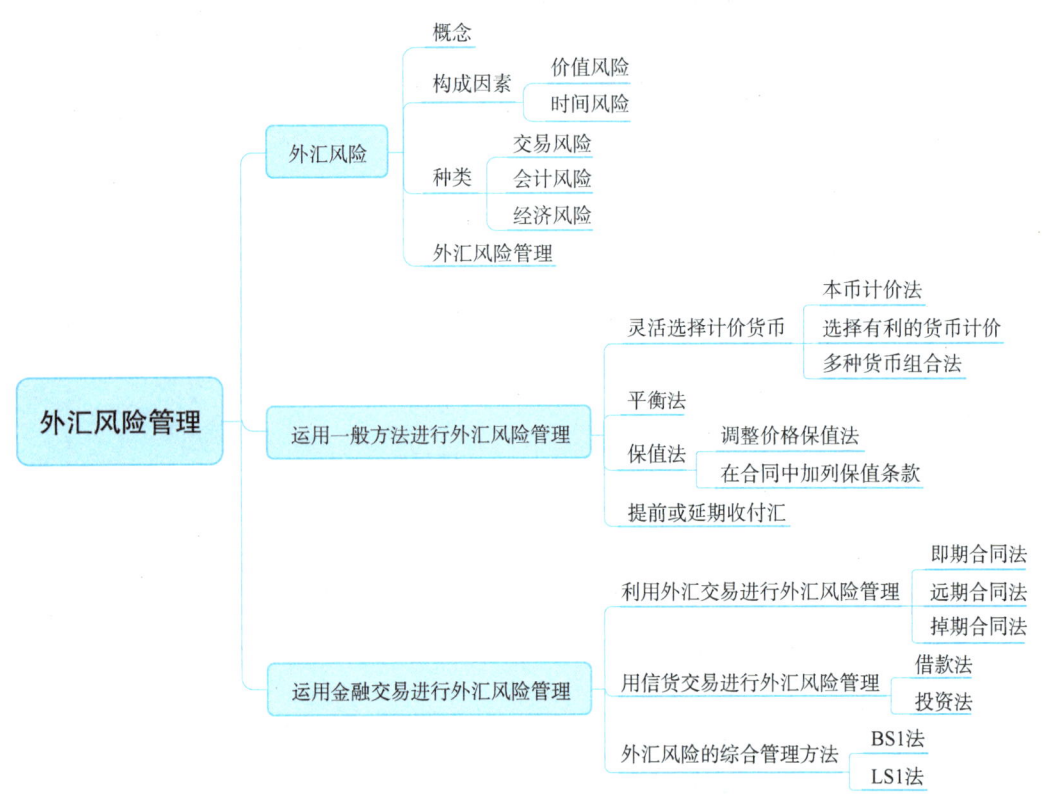

项目学习评价表

班级：　　　　　　　　　　　　　　　　　　　　　　　　　　　　　　　姓名：

评价类别	评价项目	评价等级
自我评价	学习兴趣	☆☆☆☆☆
	掌握程度	☆☆☆☆☆
	学习收获	☆☆☆☆☆
小组互评	沟通协调能力	☆☆☆☆☆
	参与策划讨论情况	☆☆☆☆☆
	承担任务实施情况	☆☆☆☆☆
教师评价	学习态度	☆☆☆☆☆
	课堂表现	☆☆☆☆☆
	项目完成情况	☆☆☆☆☆
综合评价		☆☆☆☆☆

项目六　国际结算操作

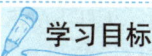
学习目标

素质目标：
- 遵守国际惯例
- 培养认真细致的工作作风
- 具备国际结算风险意识

知识目标：
- 了解境外汇款申请书的主要内容
- 了解托收委托书的主要内容
- 掌握开证申请书的作用和填写依据
- 掌握审证的依据和要点
- 熟悉跨境电商常用的支付结算方式

能力目标：
- 能够以汇款人（进口商）的身份填写境外汇款申请书
- 能够以委托人（出口商）的身份填写托收委托书
- 能够以开证申请人（进口商）的身份办理申请开证手续
- 能够以受益人（出口商）的身份根据合同和有关惯例审核信用证
- 能够运用常见的第三方支付平台进行跨境收款操作

重点难点

重点：
- 汇款申请书的填写规范
- 托收委托书的填写规范
- 开证申请书的填写规范
- 审证的依据和要点
- 跨境电商常用支付结算方式的规则和操作

难点：
- 根据业务需要填写开证申请书
- 根据业务需要审核信用证

任务一　汇付业务操作

任务导入

青岛金桥贸易有限公司（QINGDAO GOLDEN BRIDGE TRADING CO., LTD，地址 JIANGXI ROAD NO.62, QINGDAO P.R.CHINA）与美国史密斯公司（SMITH INT.TRADE CO., LIT.U.S.A.，地址 NO.103 WASHINGTON ROAD N.Y.USA，开户行：美国纽约花旗银行（CITIBANK, N.A. 2 MOTT ST, NEW YORK, USA，账号：0709166228）于2021年3月30日签订一笔进口贸易合同，合同号码为AB051201，合同金额为10万美元，同时规定的结算方式为：合同签订后15天内以电汇方式预付全部货款。2021年4月8日，青岛金桥贸易有限公司外贸业务员李玲指示财务人员张丽填写境外汇款申请书，到开户银行中国银行青岛分行国际业务部办理预付款业务。青岛金桥联系电话为053285627780，组织机构代码为760010922，电汇款从青岛金桥公司的人民币账户中用人民币资金购汇，人民币账号为123400005678，银行费用由汇款人承担。请代表张丽根据上述相关信息填写表6-1境外汇款申请书。

表6-1　境外汇款申请书（样表）
APPLICATION FOR FUNDS TRANSFERS (OVERSEAS)

To:　　　　　　　　　　　　　　　　　　　　　　Date：

□电汇 T/T □票汇 D/D □信汇 M/T	发报等级 Priority	□电汇 Normal □电汇 Urgent
申报号码 BOP Reporting No.	□□□□□□　□□□□　□□　□□□□□□　□□□□	
20　银行业务编号 Bank Transaction Ref. No.	收电行/付款行 Receiver/Drawn on	
32A　汇款币种及金额 Currency&Inter-bank Settlement Amount	金额大写 Amount in Words	
其中	现汇金额 Amount FX		账号 Account No.	
	购汇金额 Amount of Purchase		账号 Account No.	
	其他金额 Amount of Others		账号 Account No.	
50a　汇款人名称及地址 Remitter's Name & Address		
□对公组织机构代码 Unit Code □□□□□□□□□	□对私	□个人身份证号码 Individual ID No. □中国居民个人 Resident Individual □中国非居民个人 Non-Resident Individual
54/56a　收款银行之代理行 名称及地址 Correspondent of Beneficiary's Banker Name & Address		

136

续表

57a Beneficiary's Bank Name & Address	收款人开户银行名称及地址	收款人开户银行在其代理行账号 Beneficiary's Bank Account No.		
59a Beneficiary's Name & Address	收款人名称及地址	收款人账号 Beneficiary's Account No.		
70 Remittance Information	汇款附言	只限 140 个字位 Not Exceeding 140 Characters	71A All Bank's Charges If Any Are to Be Bone By □汇款人 OUR □收款人 BEN□共同 SHA	国内外费用承担
收款人常驻国家（地区）名称及代码 Beneficiary Resident Country/Region Name & Code				□□□
请选择：□预付货款 Advance Payment　□货到付款 Payment against Delivery　□退款 Refund　□其他 Others				
交易编码 BOP Transaction Code	□□□□□□ □□□□□□	相应币种及金额 Currency & Amount		交易附言 Transaction Remark
本笔款项是否为保税货物项下付款		□是□否	合同号	发票号
外汇局批件/备案表号/业务编号				
银行专用栏 For Bank Use Only		申请人签章 Applicant's Signature		银行签章 Bank's Signature
购汇汇率 Rate @		请按照贵行背页所列条款代办以上汇款并进行申报 Please effect the upwards remittance subject to the conditions overleaf 申请人姓名 Name of Applicant 电话 Phone No.		核准人签字 Authorized Person 日期 Date
等值人民币 RMB Equivalent				
手续费 Commission				
电报费 Cable Charges				
合计				
支付费用方式	□现金 by Cash □支票 by Check □账户 from Account			
核印 Sig. Ver		经办 Maker		复核 Checker

 知识准备

一、境外汇款申请书概述

境外汇款申请书是汇款人与汇出行权利和义务的凭证，汇出行必须根据境外汇款申请书的各项指示操作，因此汇款人必须认真填写境外汇款申请书。

境外汇款申请书的联数各个银行不统一，但一般至少有两联：一联为申请书正本，作为支付凭证；另一联为汇款回执或汇款收据，银行受理汇款后，退还汇款人做收条或会计凭证。电汇、信汇和票汇三种汇款方式中，汇款人填写申请书除汇款种类选择不同外，其他内容的填写都一样。需要说明的是，随着网上银行、手机银行等线上操作方式的应用，很多情况下客户不再需要填写纸质的申请表格，而是通过线上方式即可以办理相关业务，但是线上操作所需要录入的内容与纸质表格是差不多的，因此我们在此还是以纸质表格的填写为例，进行介绍。

二、境外汇款申请书的内容及填写规范

（1）致：汇出行的名称，此栏填写接受汇款申请汇出款项的银行。

（2）日期：指汇款人填写此申请书的日期。

汇款的定义和当事人

（3）申报号码：此栏由银行填写。

（4）银行业务编号：此栏由银行填写。

（5）收电行/付款行：此栏由银行填写。

（6）汇款币种及金额：指汇款人申请汇出的实际付款币种及金额，用国际标准组织（ISO）代码表示币种，用阿拉伯数字写出汇款的总金额。

（7）金额大写：此处填上汇款金额的大写。

（8）现汇金额：汇款人申请汇出的实际付款金额中，直接从外汇账户（包括外汇保证金账户）中支付的金额，汇款人将从银行购买的外汇存入外汇账户（包括外汇保证金账户）后对境外支付的金额应作为现汇金额。汇款人以外币现钞方式对境外支付的金额作为现汇金额。

（9）购汇金额：指汇款人申请汇出的实际付款金额中，向银行购买外汇直接对境外支付的金额。

（10）其他金额：指汇款人除购汇和现汇以外对境外支付的金额。包括跨境人民币交易以及记账贸易项下交易等的金额。

（11）账号：指银行对境外付款时扣款的账号，包括人民币账号、现汇账号、现钞账号、保证金账号、银行卡号。如从多个同类账户扣款，填写金额大的扣款账号。

（12）汇款人名称及地址：进口商公司全称和地址，以及汇款人预留银行印鉴或国家质量监督检验检疫总局颁发的组织机构代码证或国家外汇管理局及其分支局（以下简称"外汇局"）签发的特殊机构代码赋码通知书上的名称及地址；对私项下指个人身份证件上的名称及住址。

（13）组织机构代码：按国家质量监督检验检疫总局颁发的组织机构代码证或外汇局签发的特殊机构代码赋码通知书上的单位组织机构代码或特殊机构代码填写。

（14）个人身份证件号码：包括境内居民个人的身份证号、军官证号等以及境外居民个人的护照号等。

（15）中国居民个人/中国非居民个人：根据《国际收支统计申报办法》中对中国居民/中国非居民的定义进行选择。

（16）收款银行之代理行名称及地址：当汇出行和汇入行没有往来账户时，需要通过中转银行划拨头寸，这时需要填中转行的名称，所在国家、城市及其在清算系统中的识别代码。如果需要中转行，在没有特殊要求的情况下也可以留空，让汇出行找。不需要中转行的，可留空。

（17）收款人开户银行名称及地址：为收款人开户银行名称，所在国家、城市及其在清算系统中的识别代码。

（18）收款人开户银行在其代理行的账号：为收款银行在其中转行的账号。

（19）收款人名称及地址：指收款人全称及其所在国家、城市。

（20）汇款附言：由汇款人填写所汇款项的必要说明，可用英文填写且不超过140字符（受SWIFT系统限制）。

（21）国内外费用承担：指由汇款人确定办理对境外汇款时发生的国内外费用由何方承担。分三种支付方式，即汇款人支付、收款人支付、双方共同支付。

（22）收款人常驻国家（地区）名称及代码：指该笔境外汇款的实际收款人常驻的国家或地区。名称用中文填写，代码根据"国家（地区）名称代码表"填写。

（23）交易编码：应根据本笔对境外付款交易性质对应的"国际收支交易编码表（支出）"填写。如果本笔付款为多种交易性质，则在第一行填写最大金额交易的国际收支交易编码，第二行填写次大金额交易的国际收支交易编码；如果本笔付款涉及进口核查项下交易，则核查项下交易视同最大金额交易处理；如果本笔付款为退款，则应填写本笔付款对应原涉外收入的国际收支交易编码。

（24）相应币种及金额：应根据填报的交易编码填写，如果本笔对境外付款为多种交易性质，则在第一行填写最大金额交易相应的币种和金额，第二行填写其余币种及金额。两栏合计数应等于汇款币种及金额；如果本笔付款涉及进口核查项下交易，则核查项下交易视同最大金额交易处理。

（25）交易附言：应对本笔对境外付款交易性质进行详细描述。如果本笔付款为多种交易性质，则应对相应的对境外付款交易性质分别进行详细描述；如果本笔付款为退款，则应填写本笔付款对应原涉外收入的申报号码。

（26）是否为进口核销项下付款：如果是预付货款，要选择是进口核销项下付款。

（27）外汇局批件/备案表号/业务员编号：指外汇局签发的，银行凭以对外付款的各种批件、备案表号、业务编号。如果本笔付款涉及外汇局核准件，则优先填写该核准编号。

（28）银行专用栏：包括购汇汇率、等值人民币、支付费用方式等，留空，由银行填写。

（29）申请人签章：一般需加盖进口商的财务印鉴，并由具体办理业务的公司人员留下签章、电话。

（30）银行签章：此栏留空由银行填写。

汇款的实践应用

操作示范

境外汇款申请书（示例）如表6-2所示。

表6-2 境 外 汇 款 申 请 书（示例）
APPLICATION FOR FUNDS TRANSFERS（OVERSEAS）

TO：BANK OF CHINA QINGDAO BRANCH　　　　　　Date：APR. 8, 2021

☑电汇 T/T □票汇 D/D □信汇 M/T	发报等级 Priority	☑普通 Normal □加急 Urgent
申报号码 BOP Reporting No.	□□□□□ □□□□ □□ □□□□□□ □□□□	

20	银行业务编号 Bank Transaction Ref. No.		收电行/付款行 Receiver/Drawn on	
32A	汇款币种及金额 Currency&Inter-bank Settlement Amount	USD100 000.00	金额大写 Amount in Words	SAY U. S. DOLLARS ONE HUNDRED THOUSAND ONLY
其中	现汇金额 Amount FX		账号 Account No.	
	购汇金额 Amount of Purchase	USD100 000.00	账号 Account No.	123400005678
	其他金额 Amount of Others		账号 Account No.	
50a	汇款人名称及地址 Remitter's Name & Address	QINGDAO GOLDEN BRIDGETRADING CO., LTD JIANGXI ROAD NO. 62, QINGDAO P. R. CHINA		

☑对公组织机构代码 Unit Code 760010922	□对私	□个人身份证号码 Individual ID No. □中国居民个人 Resident Individual □中国非居民个人 Non-Resident Individual

54/56a	收款银行之代理行 名称及地址 Correspondent of Beneficiary's Banker Name & Address	
57a	收款人开户银行名称及地址 Beneficiary's Bank Name & Address	收款人开户银行在其代理行账号 Beneficiary's Bank Account No. CITIBANK, N. A. 2 MOTT ST, NEW YORK, USA
59a	收款人名称及地址 Beneficiary's Name & Address	收款人账号 Beneficiary's Account No. 0709166228 SMITH INT. TRADE CO., LIT. U. S. A., NO. 103 WASHINGTON ROAD N. Y. USA

70	汇款附言 Remittance Information S/C No. AB051201	只限140个字位 Not Exceeding 140 Characters	71A	国内外费用承担 All Bank's Charges If Any Are to Be Bone By ☑汇款人 OUR □收款人 BEN □共同 SHA

收款人常驻国家（地区）名称及代码 Beneficiary Resident Country/Region Name & Code　美国 840

请选择：☑预付货款 Advance Payment　□货到付款 Payment against Delivery　□退款 Refund　□其他 Others

交易编号 BOP Transaction Code	121010	相应币种及金额 Currency & Amount	USD 100 000.00	交易附言 Transaction Remark	一般贸易 进口预付

续表

本笔款项是否为保税货物项下付款	□是 ☑否	合同号	AB051201	发票号	
外汇局批件/备案表号/业务编号					
银行专用栏 For Bank Use Only		申请人签章 Applicant's Signature		银行签章 Bank's Signature	
购汇汇率 Rate @		请按照贵行背页所列条款代办以上汇款并进行申报 Please effect the upwards remittance subject to the conditions overleaf （青岛金桥贸易有限公司财务专用章） 申请人姓名　张丽 Name of Applicant 电话 053285627780 Phone No.		核准人签字 Authorized Person 日期 Date	
等值人民币 RMB Equivalent					
手续费 Commission					
电报费 Cable Charges					
合计					
支付费用方式	□现金 by Cash □支票 by Check □账户 from Account				
核印 Sig. Ver		经办 Maker		复核 Checker	

实训练习

山东鲁泰进出口有限公司（地址：中国山东省青岛市巨峰路 201 号）与美国史密斯公司（地址：美国纽约华盛顿路 103 号，开户行：美国纽约花旗银行，账号：0709166228）签订一笔进口合同，合同号为 AE052101，合同金额为 10 万美元，同时规定采用电汇预付全部货款。公司的授权签名人为王凯，电话 053285686680，组织机构代码为 999999999，用人民币购汇，人民币账号为 123400006789，银行费用由汇款人承担。

任务：根据上述相关信息填写境外汇款申请书（表 6-3）。

表 6-3 境外汇款申请书
APPLICATION FOR FUNDS TRANSFERS (OVERSEAS)

To: Date:

□电汇 T/T □票汇 D/D □信汇 M/T		发报等级 Priority	□电汇 Normal □电汇 Urgent
申报号码 BOP Reporting No.		□□□□□□ □□□□ □□	□□□□□□□ □□□□
20	银行业务编号 Bank Transaction Ref. No.		收电行/付款行 Receiver/Drawn on
32A	汇款币种及金额 Currency&Inter-bank Settlement Amount		金额大写 Amount in Words

续表

其中	现汇金额 Amount FX		账号 Account No.	
	购汇金额 Amount of Purchase		账号 Account No.	
	其他金额 Amount of Others		账号 Account No.	
50a	汇款人名称及地址 Remitter's Name & Address			
	□对公组织机构代码 Unit Code □□□□□□□□		□对私	□个人身份证号码 Individual ID No. □中国居民个人 Resident Individual □中国非居民个人 Non-Resident Individual
54/56a	收款银行之代理行 名称及地址 Correspondent of Beneficiary's Banker Name & Address			
57a	收款人开户银行名称及地址 Beneficiary's Bank Name & Address		收款人开户银行在其代理行账号 Beneficiary's Bank Account No.	
59a	收款人名称及地址 Beneficiary's Name & Address		收款人账号 Beneficiary's Account No.	
70	汇款附言 Remittance Information	只限140个字位 Not Exceeding 140 Characters	71A	国内外费用承担 All Bank's Charges If Any Are to Be Bone By □汇款人 OUR □收款人 BEN □共同 SHA
收款人常驻国家（地区）名称及代码 Beneficiary Resident Country/Region Name & Code				□□□
请选择：□预付货款 Advance Payment □货到付款 Payment against Delivery □退款 Refund □其他 Others				
交易编码 BOP Transaction Code	□□□□□□ □□□□□□	相应币种及金额 Currency & Amount		交易附言 Transaction Remark
本笔款项是否为保税货物项下付款		□是□否	合同号	发票号
外汇局批件/备案表号/业务编号				
银行专用栏 For Bank Use Only		申请人签章 Applicant's Signature		银行签章 Bank's Signature
购汇汇率 Rate @		请按照贵行背页所列条款代办以上汇款并进行申报 Please effect the upwards remittance subject to the conditions overleaf 申请人姓名 Name of Applicant 电话 Phone No.		核准人签字 Authorized Person 日期 Date
等值人民币 RMB Equivalent				
手续费 Commission				
电报费 Cable Charges				
合计				
支付费用方式	□现金 by Cash □支票 by Check □账户 from Account			

拓展任务

登录自己的手机银行，进入跨境汇款界面，查看跨境汇款需要填写的主要信息，并与对公企业跨境汇款申请书进行对比。

任务二　托收业务操作

任务导入

青岛金桥贸易有限公司与日本ABC CORPORATION通过交易磋商，于2021年9月28日签订商品出口贸易合同（表6-4），双方决定采用D/A结算方式，期限为见票后60天付款。12月20日货物顺利装运，青岛金桥贸易有限公司的外贸单证员陈璐在12月23日携带全套单据（发票号码1234567）到中国银行青岛分行（美元账号123456780000），办理托收申请手续，代收行为渣打银行东京分行。

任务：请代表陈璐根据合同和单据填写托收委托书（表6-5）。

表6-4　商品出口贸易合同

QINGDAO GOLDEN BRIDGE TRADING CO.，LTD

JIANGXI ROAD NO. 62，QINGDAO P. R. CHINA

SALES　CONTRACT

THE BUYER：ABC CORPORATION　　　　　　　CONTRACT NO.：SD210928JP

ADDRESS：1-8-3 TSUKONOWA, TOKYO JAPAN　　DATE：SEP. 28TH，2021

TEL：(81) 77-545-8666　　　　　　　　　　　SIGNED PLACE：QINGDAO, CHINA

FAX：(81) 77-545-8668

POST CODE：520-2001

　　THIS CONTRACT IS MADE BY AND AGREED BETWEEN THE BUYER AND SELLER, IN ACCORDANCE WITH THE TERMS AND CONDITIONS STIPULATED BELOW.

MARKS AND NUMBERS	DESCRIPTION OF GOODS/SPECIFICATIONS	QUANTITY	UNIT PRICE	AMOUNT
ABC SD210928JP STYLE NO.：BJ123 TOKYO C/NO.：1-250	BOYS' JACKET SHELL：WOVEN TWILL 100% COTTON LINING：WOVEN 100% POLYESTER AS PER THE CONFIRMED SAMPLE OF JUL. 22，2021 AND ORDER NO. 989898	5 000PCS	CIFC5% TOKYO USD10.70/PC	USD53 500.00
TOTAL：	SAY U. S. DOLLARS FIFTY THREE THOUSAND FIVE HUNDRED ONLY.			

SIZE/COLOR ASSORTMENT:

COLOR	SIZE					
	92	98	104	110	116	TOTAL
WHITE	440	700	700	360	300	2 500
RED	440	700	700	360	300	2 500
TOTAL	880	1 400	1 400	720	600	5 000

PACKING: 20 PIECES OF BOYS' JACKET ARE PACKED IN ONE EXPORT STANDARD CARTON, SOLID COLOR AND SOLID SIZE IN THE SAME CARTON.

MARKS: SHIPPING MARKS INCLUDE ABC, S/C NO., STYLE NO., PORT OF DESTINATION AND CARTON NO. SIDE MARK MUST SHOW THE COLOR, THE SIZE OF CARTON AND PIECES PER CARTON.

TIME OF SHIPMENT: BEFORE THE END OF JAN. 2022

PORT OF LOADING & DESTINATION: FROM QINGDAO, CHINA TO TOKYO, JAPAN. TRANSHIPMENT IS ALLOWED AND PARTIAL SHIPMENT IS PROHIBITED.

INSURANCE: TO BE COVERED BY THE SELLER FOR 110% OF THE INVOICE VALUE COVERING ALL RISKS AND WAR RISKS AS PER CIC OF PICC DATED 01/01/1981.

TERMS OF PAYMENT: THE BUYERS SHALL DULY ACCEPT THE DOCUMENTARY DRAFT DRAWN BY THE SELLERS AT 60 DAYS SIGHT UPON FIRST PRESENTATION AND MAKE PAYMENT ON ITS MATURITY. THE SHIPPING DOCUMENTS ARE TO BE DELIVERED AGAINST ACCEPTANCE.

DOCUMENTS REQUIRED:

+SIGNED COMMERCIAL INVOICE IN TRIPLICATE, ONE ORIGINAL OF WHICH SHOULD BE CERTIFIED BY CHAMBER OF COMMERCE OR CCPIT.

+FULL SET OF CLEAN ON BOARD OCEAN BILLS OF LADING MARKED "FREIGHT PREPAID" MADE OUT TO ORDER BLANK ENDORSED NOTIFYING THE APPLICANT.

+INSURANCE POLICY IN DUPLICATE ENDORSED IN BLANK.

+PACKING LIST IN TRIPLICATE.

+CERTIFICATE OF ORIGIN CERTIFIED BY CHAMBER OF COMMERCE OR CCPIT.

THE SELLER	THE BUYER
QINGDAO GOLDEN BRIDGE TRADING CO., LTD	ABC COPORATION
YING ZHANG	PETER

表 6-5　托收委托书（样表）

COLLECTION ORDER

致：①	日期：②

兹随附下列出口托收单据/票据，请贵行根据国际商会跟单托收统一惯例（URC522）及/或贵行有关票据业务处理条例予以审核并办理寄单/票索汇：

托收行（Remitting Bank）：③ 名称： 地址：	**代收行（Collecting Bank）**：③ 名称： 地址：
委托人（Principal）：③ 名称： 地址： 电话：	**付款人（Drawee）**：③ 名称： 地址： 电话：
付款交单 D/P（　）　承兑交单 D/A（　） 无偿交单 FREE OF PAYMENT（　）④	期限/到期日：⑤
发票号码/票据编号：⑥	⑧国外费用承担人：□付款人□委托人
金额：⑦	⑧国内费用承担人：□付款人□委托人

种类 单据⑨	汇票	发票	提单	空运单	保险单	装箱单	重量单	产地证	FORM A	检验证	公司证明	船证明			
数份															

特别指示：

1. 邮寄方式：　　□快邮　　□普邮　　□指定快邮
2. 托收如遇拒付，是否须代收行作成拒绝证书（PROTEST）：　□是　□否
3. 货物抵港时是否代办存仓保险：□是　　□否
4. 如付款人拒付费用及/或利息，是否可以放弃：□是　　□否
5. ＿＿＿＿＿＿＿＿＿＿＿＿＿＿＿＿＿＿＿＿＿

付款指示：⑩

核销单编号：＿＿＿＿＿＿＿＿

请将收汇款以原币（　）或人民币（　）划入我司下列账户：

开户行：＿＿＿＿＿＿＿＿＿＿　账号：＿＿＿＿＿＿＿＿

公司联系人姓名：＿＿＿＿＿＿＿＿**公司签章**⑪

电话：＿＿＿＿＿＿＿　**传真**：＿＿＿＿＿＿　年　月　日

银行签收人：	签收日期：
改单/退单记录：	

知识准备

一、托收委托书概述

托收委托书（Order of Collection，OC），是委托人与托收行之间的契约，托收行在接受委托人的托收委托后，应根据托收委托书的指示，向代收行发出托收指示，连同汇票及商业单据一并寄交代收行，要求代收行按照指示的规定向付款人代收款项。一般是一式两联，第一联留托收行据以编制托收指示；第二联交委托人作回单。有关内容全部用英文填写。

二、托收委托书的内容及填写规范

（1）致：填写托收行（Remitting Bank）名称。

（2）日期：办理托收业务的日期。

（3）托收业务项下的相关当事人：

①托收行（Remitting Bank）：填写出口行的名称、地址和电话号码。

②代收行（Collecting Bank）：填写进口行的名称和地址。

③委托人（Principal or Drawer）：填写出口商的名称、地址和联系方式。

④付款人（Drawee）：为进口商，填写其名称、地址和联系方式。如果资料不详细，容易增加代收行的难度，使出口商收到款项的时间较长。

（4）托收方式：在对应付款方式的"（　）"内打"√"，付款方式有付款交单、承兑交单、无偿交单。

（5）汇票的时间和期限（Issue Date and Tenor of Draft）：应该与汇票上的日期和期限一致。

（6）发票号码：此处填写商业发票编号。

（7）金额：此处填写托收的合同币别及合同金额，与汇票金额保持一致。

（8）国外/国内费用承担人：根据合同或交易习惯，在相应的"（　）"内打"√"。

（9）单据（Documents）种类：提交给银行的正本和副本的单据名称和数量。

（10）付款指示：包括开户行的名称，合同币别对应的外汇账号。

（11）公司联系人姓名：需与出口商的基本资料一致，包括电话和传真。

托收的定义和当事人

托收的实践应用

操作示范

托收委托书（示例）如表 6-6 所示。

表 6-6　托收委托书（示例）

COLLECTION ORDER

致：BANK OF CHINA QINGDAO BRANCH	日期：DEC. 23，2021

兹随附下列出口托收单据/票据，请贵行根据国际商会跟单托收统一惯例（URC522）及/或贵行有关票据业务处理条例予以审核并办理寄单/票索汇：

托收行（Remitting Bank）：	代收行（Collecting Bank）：
名称：BANK OF CHINA QINGDAO BRANCH 地址：No.123 QINGDAO SOUTH ROAD, QINGDAO, CHINA	名称：STANDARD CHARTERED BANK, TOKYO BRANCH 地址：2 CHOME - 11 - 1 NAGATACHO, CHIYODA CITY, TOKYO
委托人（Principal）：	付款人（Drawee）：
名　称：QINGDAO GOLDEN BRIDGE TRADING CO．，LTD 地址：JIANGXI ROAD NO. 62, QINGDAO P. R. CHINA	名称：ABC CORPORATION 地址：1-8-3 TSUKONOWA, TOKYO JAPAN 电话：(81) 77-545-8666

付款交单 D/P （　） 承兑交单 D/A （√） 无偿交单 FREE OF PAYMENT （　）	期限/到期日： AT 60 DAYS AFTER SIGHT
发票号码/票据编号：1234567	国外费用承担人：☑付款人 ☐委托人
金额：　USD53500.00	国内费用承担人：☐付款人 ☑委托人

种类单据	汇票	发票	提单	空运单	保险单	装箱单	重量单	产地证	FORM A	检验证	公司证明	船证明			
数份	2	3	3/3		2	3		1							

特别指示：
1. 邮寄方式：　☑快邮　　☐普邮　　☐指定快邮
2. 托收如遇拒付，是否须代收行作成拒绝证书（PROTEST）：　☑是　　☐否
3. 货物抵港时是否代办仓保险：☐是　　☑否
4. 如付款人拒付费用及/或利息，是否可以放弃：☐是　　☑否
5. _____
6. _____

付款指示：核销单编号：_____
请将收汇款以原币（√）或人民币（　）划入我司下列账户：
开户行　Bank of China, Qingdao Branch　账号　123456780000
公司联系人姓名：　陈璐　　公司签章（青岛金桥贸易有限公司财务专用章）
电话　053285627780　传真　_____　2021 年 12 月 23 日

银行签收人：	签收日期：

改单/退单记录：

实训练习

青岛金桥贸易有限公司与美国琼斯公司于2021年2月28日签订了一笔出口贸易合同（表6-7），合同号码为AB051208，合同规定的结算方式为即期付款交单。2021年4月8日，在货物装运之后，青岛金桥贸易有限公司外贸单证员陈璐根据合同和全套单据填写跟单托收委托书去银行办理托收业务。

任务：代表陈璐完成跟单托收委托书的填写（表6-8）。

表6-7　SALES CONTRACT

NO.：AB051208　　　　　　　　　　　　　　　　　　　　　　DATE：Feb. 28, 2021
THE SELLER：Qingdao Golden Bridge Trading CO., LTD
　　　　　　　No. 62 Jiangxi road, Qingdao, P. R. China
THE BUYER：America Johns Co.
　　　　　　　No. 207 Washington road N. Y. USA
This Contract is made by and between the buyer and seller, whereby the buyer agrees to buy and the seller agrees to sell the under-mentioned commodity according to the terms and conditions stipulated below：

Commodity & specification	Quantity	Unit price	Amount
CIF New York USA as per INCOTERMS ® 2010			
Ladies Jacket Style no. L357 As per the confirmed sample of Jan. 26, 2021 and Order no. SIK768	2 250pcs	USD12. 00/pc	USD27 000. 00
TOTAL CONTRACT VALUE：SAY U. S. DOLLARS TWENTY SEVEN THOUSAND ONLY.			

PACKING：9 pieces of ladies jackets are packed in one export standard carton, solid color and solid size in the same carton.
TIME OF SHIPMENT：Not later than May 31, 2021.
PORT OF LOADING AND DESTINATION：From Qingdao China to New York USA.
INSURANCE：To be effected by the seller for 110% of invoice value covering All Risks as per CIC of PICC.
PAYMENT：D/P AT SIGHT
DOCUMENTS：
+Signed Commercial Invoice in triplicate.
+Full set of clean on board ocean Bill of Lading marked "freight prepaid" made out to order of shipper blank endorsed notifying the applicant.
+Insurance Policy in duplicate endorsed in blank.
+Packing List in triplicate.
+Certificate of Origin certified by Chamber of Commerce or CCPIT.
Signed by：
　　　　　　THE SELLER：　　　　　　　　　　　　　　　　　THE BUYER：
　　Qingdao Golden Bridge Trading CO., LTD　　　　　　America Johns Co.
　　　　　　　YING ZHANG　　　　　　　　　　　　　　　　　　JOHNS

表 6-8　托收委托书
COLLECTION ORDER

致：	日期：

兹随附下列出口托收单据/票据，请贵行根据国际商会跟单托收统一惯例（URC522）及/或贵行有关票据业务处理条例予以审核并办理寄单/票索汇：

托收行（Remitting Bank）： 名称： 地址：	代收行（Collecting Bank）： 名称： 地址：
委托人（Principal）： 名称： 地址： 电话：	付款人（Drawee）： 名称： 地址： 电话：
付款交单 D/P（　）承兑交单 D/A（　）无偿交单 FREE OF PAYMENT（　）	期限/到期日：
发票号码/票据编号：	国外费用承担人：□付款人□委托人
金额：	国内费用承担人：□付款人□委托人

种类 单据	汇票	发票	提单	空运单	保险单	装箱单	重量单	产地证	FORM A	检验证	公司证明	船证明
数份												

特别指示：
1. 邮寄方式：　□快邮　　□普邮　　□指定快邮
2. 托收如遇拒付，是否须代收行作成拒绝证书（PROTEST）：　□是　　□否
3. 货物抵港时是否代办存仓保险：□是　　□否
4. 如付款人拒付费用及/或利息，是否可以放弃：□是　　□否

付款指示：
请将收汇款以原币（　）或人民币（　）划入我司下列账户：
开户行：_____ 账号：_____
公司联系人姓名：_____**公司签章**
电话：_____ 传真：_____ 年　月　日

银行签收人：	签收日期：
改单/退单记录：	

拓展任务

当代收行（进口地银行）收到卖方的托收单据后，会向进口商出具一份"对外付款/承兑通知书"，通知寄来单据的类型、份数，是否有不符点等，要求进口商做出付款、承兑或拒付的指示。

任务：分小组分析"对外付款/承兑通知书"与"境外汇款申请书"的异同。

对外付款/承兑通知书如表6-9所示。

表6-9 对外付款/承兑通知书

银行业务编号				日期	
结算方式	□信用证□保函□托收□其他		信用证/保函编号		
来单币种及金额			开证日期		
索汇币种及金额			期限	到期日	
来单行名称			来单行编号		
收款人名称					
收款行名称及地址					
付款人名称					
对公组织机构代码□□□□□□□□-□			□对私	个人身份证号码	
扣费币种及金额				□中国居民个人□中国非居民个人	
合同号			发票号		
提运单号			合同金额		
银行附言					
申报号码	□□□□□□□□□□□□□□□□□□			实际付款币种及金额	
付款编号				若为购汇支出，则购汇汇率	
收款人常驻国家（地区）名称及代码□□□				是否为进口核销项下付款	□是　□否
是否为预付款	□是　□否	最迟装运日期		外汇局批件/备案表号	
付款币种及金额			金额大写		
其中	购汇金额		账号		
	现汇金额		账号		
	其他金额		账号		
交易编码	□□□□□ □□□□□	相应币种及金额		交易附言	
□同意即期付款 □同意承兑并到期付款 □申请拒付 联系人及电话 申报日期		付款人印鉴（银行预留印鉴）			银行业务章 经办复核负责人

150

任务三　信用证业务操作

子任务一　申请开立信用证

任务导入

2021年9月28日，青岛金桥贸易有限公司与日本ABC CORPORATION经过磋商，就进口2台机械设备签订如下进口合同（表6-10）。10月10日青岛金桥贸易有限公司单证员陈璐到中国银行青岛分行办理开证手续。

任务： 请代表陈璐根据合同填写开证申请书（表6-11）。

表6-10　采购合同（1）

QINGDAO GOLDEN BRIDGE TRADING CO., LTD NO. 62 JIANGXI ROAD, QINGDAO, SHANDONG, CHINA PURCHASE CONTRACT

THE SELLER：ABC CORPORATION	CONTRACT NO.：SD210928JP
ADDRESS：1-8-3 TSUKONOWA, TOKYO JAPAN	DATE：SEP. 28TH, 2021
TEL：(81) 03-5450-8666	SIGNED PLACE：QINGDAO, CHINA
FAX：(81) 03-5450-8668	
POST CODE：520-2001	

THE SELLER AGREES TO SELL AND THE BUYER AGREES TO BUY THE UNDERMENTIONED COMMODITY ACCORDING TO THE TERMS AND CONDITIONS AS STIPULATED BELOW：

1. NAME OF COMMODITY AND SPECIFICATION：
KYORI'S PRECISON HIGH SPEED AUTOMATIC PRESS MATE-3 WITH GRIPPER GX-80B (DETAIL AS PER ATTACHED SHEET-JIS).

2. QUANTITY：2 SETS.

3. UNIT PRICE：AT USD125, 000. OO/SET CIFQINGDAO.

4. TOTAL VALUE：SAY U. S. DOLLARS TWO HUNDRED AND FIFTY THOUSAND ONLY.

5. PACKING：EXPORT STANDARD PACKING SUITABLE FOR SEA TRANSPORTATION AND WELL PROTECTED AGAINST DAMPNESS, MOISTURE, SHOCK, RUST AND ROUGH HANDLING.

6. COUNTRY OF ORIGIN AND/OR MANUFACTURERS：JAPAN

7. TIME OF SHIPMENT：BEFORE DEC. 31, 2021, TRANSSHIPMENT AND PARTIAL SHIPMENT ARE NOT ALLOWED.

8. PORT OF SHIPMENT&DESTINATION：From TOKYO, JAPAN To QINGDAO, CHINA.

9. SHIPPING MARK：SD210928JP/QINGDAO, CHINA/MADE IN JAPAN.

10. TERMS OF PAYMENT：BY IRREVOCABLE SIGHT L/C TO BE AVAILABLE AND REMAIN VALID FOR NEGOTIATION IN JAPAN UNTIL THE 15TH DAY AFTER THE DATE OF SHIPMENT.

11. INSURANCE：TO BE EFFECTED BY THE SELLER FOR 110% OF INVOICE VALUE COVERING ALL RISKS AND WAR RISKS.

12. DOCUMENTS REQUIRED：

续表

(1) FULL SET OF CLEAN ON BOARD BILLS OF LADING MADE OUT TO ORDER BLANK ENDORSED MARKED FREIGHT PREPAID AND NOTIFY APPLICANT；
(2) SIGNED COMMERCIAL INVOICE IN 5 COPIES INDICATING CONTRACT NO.，L/C NO. AND SHIPPING MARKS；
(3) PACKING LIST/WEIGHT MEMO IN 4 COPIES；
(4) INSURANCE POLICY/CERTIFICATE BLANK ENDORSED FOR 110 PCT OF THE INVOICE VALUE COVERING ALL RISKS AND WAR RISKS；
(5) CERTIFICATE OF QUALITY IN 3 COPIES.

THE BUYER	THE SELLER
QINGDAO GOLDEN BRIDGETRADING CO.，LTD	ABC CORPORATION
YING ZHANG	PETER

表 6-11　IRREBOCABLE DOCUMENTARY CREDIT APPLICATION
不可撤销跟单信用证开证申请书（样表）

To 致：　　　　　　　　　　　　　　　Date 日期：＿＿＿＿＿＿＿

Please issue by SWIFT an Irrevocable Letter of Credit as follows：
请通过 SWIFT 方式开立如下不可撤销跟单信用证：

Advising Bank（if blank，at your option）通知行	Credit No. 信用证号码
	Expiry Date and Place 到期日和到期地点
Applicant（full name & detailed address）申请人（全称和详细地址）	Beneficiary（with full name and address）受益人（全称和详细地址）
Amount（in figures & words）金额（大、小写）	Credit available with 此证可由 （　）any bank 任何银行 （　）issuing bank 开证行 By（　）sight payment 即期付款 （　）negotiation 议付 （　）deferred payment 迟期付款 （　）acceptance 承兑
Partial shipments 分批装运 （　）allowed 允许 （　）not allowed 不允许 Transshipment 转运 （　）allowed 允许 （　）not allowed 不允许	Draft at＿＿＿＿ for＿＿＿＿% of invoice value 汇票付款期限＿＿＿＿＿＿，发票金额的＿＿＿＿＿% Drawn on 付款人＿＿＿＿ （　）FOB　（　）CFR　（　）CIF （　）or other terms
Loading on board /dispatch/taking in charge at/ from 装运从 For transportation to 运至 Latest shipment date 最迟装运日	

This Credit is subject to ICC No.600 Uniform Customs and Practice for Documentary Credits (2007 Revision)
此信用证遵循国际商会第600号出版物《跟单信用证统一惯例》（2007年修订版）

续表

Documents required：(marked with "×") 所需单据（用"×"标明）：
( ) Signed Commercial Invoice in＿＿＿＿copies indicating L/C No. and Contract No. ＿＿＿＿＿
经签字的商业发票一式＿＿＿＿份，标明信用证号和合同号＿＿＿＿＿＿＿
( ) Full set of clean on board Ocean Bill of Lading ( ) made out to order and blank endorsed, marked "freight ( ) prepaid / ( ) to collect" ( ) showing freight amount and notifying＿＿＿＿＿
全套清洁已装船海运提单做成□空白抬头、空白背书，注明"运费（ ）已付/（ ）待付"，( ) 标明运费金额，并通知＿＿＿＿＿＿＿＿。
( ) Air Waybills consigned to applicant marked "freight ( ) prepaid / ( ) to collect" notifying＿＿＿＿
＿＿＿＿＿＿＿＿＿
空运单据收货人为开证申请人，注明"运费（ ）已付/（ ）待付"，并通知＿＿＿＿＿＿。
( ) Full set of Insurance Policy / Certificate for ＿＿＿＿ % of the invoice value, blank endorsed, showing claims payable in China in the currency of the draft, covering ( )
ocean marine transportation ( ) air transportation ( ) overland transportation All risks and War risks and ＿＿＿＿＿＿＿＿＿＿
全套保险单/保险凭证，按发票金额的＿＿＿＿%投保，空白背书，注明赔付地在中国，以汇票币种支付，覆盖□海运（ ）空运（ ）陆运，承保一切险、战争险和＿＿＿＿＿＿＿＿＿。
( ) Packing List / Weight Memo in＿＿＿＿copies indicating quantity, gross and net weight of each package.
装运单/重量证明一式＿＿＿＿份，注明每一包装的数量、毛重和净重。
( ) Certificate of Quantity/Weight in＿＿＿＿copies issued by＿＿＿＿＿＿＿＿＿＿＿
数量/重量证明一式＿＿＿＿份，由＿＿＿＿＿＿＿＿＿＿出具。
( ) Certificate of Quality in＿＿＿＿copies issued by＿＿＿＿＿＿＿＿＿＿＿
品质证一式＿＿＿＿份，由＿＿＿＿＿＿＿＿＿＿出具。
( ) Certificate of Origin in＿＿＿＿copies issued by＿＿＿＿＿＿＿＿＿＿＿
产地证一式＿＿＿＿份，由＿＿＿＿＿＿＿＿＿＿出具。
( ) Beneficiary's Certified copy of fax / telex dispatched to the applicant within＿＿＿＿day(s) after shipment advising ( ) L/C No., ( ) name of vessel, ( ) flight No. ( ) shipping date, ( ) name of goods, quantity, ( ) weight and value of goods.
受益人传真/电传方式通知申请人装船证明副本。该证明须在装船后＿＿＿＿天内发出，并注明该( ) 信用证号、( ) 船名、( ) 航班号、( ) 装运日以及 ( ) 货物的名称、( ) 货物的数量、( ) 重量和货物价值。
( ) Other documents, if any 其他单据

Description of goods or services 货物或服务描述

Additional instructions：附加条款
( ) All banking charges outside the Issuing Bank are for account of Beneficiary.
开证行以外的所有银行费用由受益人承担。
( ) Documents must be presented within＿＿＿＿days after date of issuance of the transport document but within the validity of the credit.
所需单据须在运输单据签发日后＿＿＿＿天内提交，但不得超过信用证有效期。
( ) Third party as shipper is not acceptable. 第三方为托运人不可接受。
( ) Both quantity and Credit amount＿＿＿＿＿＿% more or less are allowed. 数量及信用证金额允许有＿＿＿＿＿＿%的增减。
( ) Other terms and conditions, if any 其他条款

开证申请人承诺书

致：

　　我公司已依法办妥一切必要的进口手续，兹谨请贵行为我公司依照本申请书所列条款开立不可撤销跟单信用证，并承诺如下：

　　一、同意贵行依照国际商会第 600 号出版物《跟单信用证统一惯例》办理该信用证项下的一切事宜，并同意承担由此产生的一切责任。

　　二、及时提供贵行要求我公司提供的真实、有效的文件及资料，接受贵行的审查监督。

　　三、在贵行规定期限内支付该信用证项下的各种款项，包括货款及贵行和有关银行的各项手续费、杂费、利息以及国外受益人拒绝承担的有关银行费用等。

　　四、在贵行到单通知书规定的期限内，书面通知贵行办理对外付款/承兑/确认迟期付款/拒付手续。否则，贵行有权自行确定对外付款/承兑/确认迟期付款/拒付，并由我公司承担全部责任。

　　五、我公司如因单证有不符之处而拟拒绝付款/承兑/确认迟期付款时，将在贵行到单通知书规定期限内向贵行提出拒付请求，并附拒付理由书一式两份，一次列明所有不符点。对单据存在的不符点，贵行有独立的终结认定权和处理权。经贵行根据国际惯例审核认为不属可据以拒付的不符点的，贵行有权主动对外付款/承兑/确认迟期付款，我公司对此放弃抗辩权。

　　六、该信用证如需修改，由我公司向贵行提出书面申请，贵行可根据具体情况确定能否办理修改。我公司确认所有修改当受益人接受时才能生效。

　　七、经贵行承兑的远期汇票或确认的迟期付款，我公司无权以任何理由要求贵行止付。

　　八、按上述承诺，贵行在对付款时，有权主动借记我公司在贵行的账户款项。若发生任何形式的垫付，我公司将无条件承担由此而产生的债务、利息和费用等，并按贵行要求及时清偿。

　　九、在收到贵行开出信用证、修改书的副本之后，及时核对，如有不符之处，将在收到副本后的两个工作日内书面通知贵行。否则，视为正确无误。

　　十、该信用证如因邮寄、电讯传递发生遗失、延误、错漏，贵行概不负责。

　　十一、本申请书一律用英文填写。如用中文填写而引发的歧义，贵行概不负责。

　　十二、因信用证申请字迹不清或词意含混而引起的一切后果均由我公司负责。

　　十三、如发生争议需要诉讼，同意由贵行所在地法院管辖。

　　十四、我公司已对开证申请书及承诺书各印就条款进行审慎研阅，对各条款含义与贵行理解一致。

　　同意受理

银行盖章	申请人（盖章）
负责人	法定代表人
或授权代理人	或授权代理人
	年　　月　　日

项目六 国际结算操作

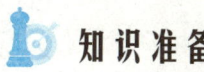

一、信用证结算的一般收付程序

图 6-1 所示为即期议付信用证的业务流程。

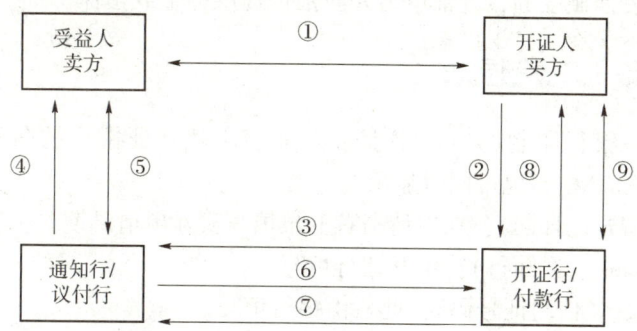

图 6-1 即期议付信用证的业务流程

以即期议付信用证业务流程为例：

①买卖双方在合同中约定以信用证方式结算。

②进口商向开证行提出申请，依照合同填写各项规定和要求，填写开证申请书，并交押金或提供其他担保，申请开证。

③开证行审核申请书无误后，根据申请书的内容，开出信用证，电传或邮寄通知行。

信用证的当事人和一般业务流程

④通知行核对密押或印鉴无误后，将信用证通知给受益人。如果收到的信用证是以通知行为收件人的，则通知行应以自己的通知书格式照录信用证全文通知受益人。

⑤受益人收到经通知行转来的信用证后，对照合同条款、有关惯例审核信用证，看能否做到信用证的条款要求以及有无会影响到受益人安全收汇的软条款，审核无误后，按信用证规定装运货物，并备齐各项货运单据，开立汇票连同信用证在信用证有效期内向议付行交单议付。

⑥议付行办理完议付后，按信用证要求将单据连同汇票和索偿证明（证明单据符合信用证规定）以航邮寄给开证行或其指定的付款行。

⑦开证行审单无误后向议付行偿付款项。

⑧开证行将到单通知交给开证申请人，通知申请人赎单。

⑨开证人审核单据无误后，填写《对外付款/承兑通知书》付款赎单。

需要注意的是，开证行根据"单证相符，单单相符，符合法律，符合常规"的标准，在不迟于交单之翌日起五个银行工作日内审单。如果是相符交单，则向受益人即期付款、延期付款或承兑。如果发现单据存在不符点的处理：根据《UCP600》的规定，开证行必须在收到单据之翌日起五个银行工作日内一次性清晰明确地向受益人提出全部不符点，并在拒付通知中说明对不符单据的处理办法。如果这项通知无法采用电讯方式发出，则应该采用其他快捷方式发出。具体的处理办法有四种：①银行留存单据，听候审单人的进一步指示；②开证行留存单据，直至其从申请人处接到放弃不符点的通知并同意接受该放弃，或者其同意接受对不符点的放弃之前从交单人处收到进一步指示；③银行将退

155

回单据；④银行按之前从交单人处获得的指示处理。

二、开证基本操作流程

（1）根据合同或者卖方提供的形式发票等资料填写开证申请书，向银行提出开证申请。

（2）银行审核开证申请人的资信和开证申请书。

（3）对于超过授信额度的，开证申请人向银行提供押金或担保。

三、开证申请书的填制要求

（1）To（致）：银行印制的申请书上事先都会印就开证银行的名称、地址，银行的SWIFT CODE、TELEX NO 等也可同时显示。

（2）Date（申请开证日期）：在申请书右上角填写实际申请日期。

（3）Advising Bank（通知行）：由开证行填写。

（4）L/C Number（信用证号码）：此栏由银行填写。

（5）Applicant（申请人）：填写申请人的全称及详细地址，有的要求注明联系电话、传真号码等。

（6）Beneficiary（受益人）：填写受益人的全称及详细地址。

（7）Amount（信用证金额）：分别用数字和文字两种形式表示，并且表明币制。如果允许有一定比率的上下浮动，要在信用证中明确表示出来。

（8）Expiry Date and Place（到期日期和地点）：填写信用证的有效期及到期地点。有效期通常掌握在最迟装运日期后15天，到期地点一般在议付地。

（9）Partial shipments（分批装运）、Transshipment（转运）：根据合同的实际规定打"×"进行选择。

（10）Loading on board /dispatch/taking in charge at/ from、FOR TRANSPORT TO、LATEST DATE OF SHIPMENT（装运地/港、目的地/港的名称，最迟装运日期）：按实际填写，如允许有转运地/港，也应清楚标明。

（11）Credit available with/by（付款方式）：在所提供的即期、承兑、议付和延期付款四种信用证有效兑付方式中选择与合同要求一致的类型。

（12）Draft（汇票要求）：金额应根据合同规定填写为发票金额的一定百分比。付款期限可根据实际填写即期或远期，如属后者必须填写具体的天数。信用证条件下的付款人通常是开证行，也可能是开证行指定的另外一家银行。

（13）Documents required（单据条款）：各银行提供的申请书中已印就的单据条款，通常有发票、运输单据、保险单、装箱单、质量证书、装运通知和受益人证明等，最后一条是Other documents, if any，如要求提交超过上述所列范围的单据就可以在此栏填写，比如有的合同要求 CERTIFICATE OF NO SOLID WOOD PACKING MATERIAL（无实木包装材料证明）等。申请人填制这部分内容时应依据合同规定，不能随意增加或减少。选中某单据后对该单据的具体要求（如一式几份、要否签字、正副本的份数、单据中应标明的内容等）也应如实填写，如申请书印制好的要求不完整应在其后予以补足。

（14）Description of goods or services（商品描述）：所有内容（品名、规格、包装、单价、唛头）都必须与合同内容相一致，价格条款里附带"AS PER INCOTERMS 2020"、数量条款中规定"MORE OR LESS"或"ABOUT"、使用某种特定包装物等特殊要求必须清楚列明。

（15）Additional instructions（附加指示）：如需要已印就的上述条款，可在条款前打"×"，对合同涉及但未印就的条款还可以在其他条款中做补充填写。

 操作示范

不可撤销跟单信用证开证申请书（示例）如表 6-12 所示。

表 6-12　IRREBOCABLE DOCUMENTARY CREDIT APPLICATION
不可撤销跟单信用证开证申请书（示例）

To 致：BANK OF CHINA QINGDAO BRANCH　　　　　Date 日期：OCT. 10, 2021

Please issue by SWIFT an Irrevocable Letter of Credit as follows：
请通过 SWIFT 方式开立如下不可撤销跟单信用证：

Advising Bank（if blank, at your option）通知行	Credit No. 信用证号码
	Expiry Date and Place 到期日和到期地点 JAN. 15, 2022
Applicant（full name & detailed address）申请人（全称和详细地址） 　QINGDAO GOLDEN BRIDGE TRADING CO., LTD 　NO. 62 JIANGXI ROAD, QINGDAO, SHANDONG, CHINA	Beneficiary（with full name and address）受益人（全称和详细地址） ABC CORPORATION 1-8-3 TSUKONOWA, TOKYO JAPAN
Amount（in figures & words）金额（大、小写） USD250, 000. 00. SAY U. S. DOLLARS TWO HUNDRED AND FIFTY THOUSAND ONLY.	Credit available with 此证可由 （×）any bank 任何银行 （　）issuing bank 开证行 By（　）sight payment 即期付款 　（×）negotiation 议付 　（　）deferred payment 迟期付款 　（　）acceptance 承兑
Partial shipments 分批装运 　（　）allowed 允许 　（×）not allowed 不允许 Transshipment 转运 　（　）allowed 允许 　（×）not allowed 不允许	Draft at ___SIGHT___ for ___100___ % of invoice value 　汇票付款期限_____，发票金额的_____% Drawn on 付款人 ___US___ （　）FOB　（　）CFR　（×）CIF （　）or other terms

Loading on board /dispatch/taking in charge at/ from 装运从 TOKYO, JAPAN.
For transportation to 运至 QINGDAO, CHINA
Latest shipment date 最迟装运日 DEC. 31, 2021

续表

Documents required：(marked with "×") 所需单据（用"×"标明）：
- (×) Signed Commercial Invoice in __5__ copies indicating L/C No. and Contract No. AND SHIPPING MARKS
  经签字的商业发票一式_____份，标明信用证号和合同号_____
- (×) Full set of clean on board Ocean Bill of Lading (×) made out to order and blank endorsed, marked "freight (×) prepaid / ( ) to collect" ( ) showing freight amount and notifying __APPLICANT__
  全套清洁已装船海运提单做成□空白抬头、空白背书，注明"运费（ ）已付/（ ）待付"，（ ）标明运费金额，并通知_____。
- ( ) Air Waybills consigned to applicant marked "freight ( ) prepaid / ( ) to collect" notifying_____
  _____空运单据收货人为开证申请人，注明"运费（ ）已付/（ ）待付"，并通知_____。
- (×) Full set of Insurance Policy / Certificate for 110% of the invoice value, blank endorsed, showing claims payable in China in the currency of the draft, covering (×) ocean marine transportation ( ) air transportation ( ) overland transportation All risks and War risks and_____
  全套保险单/保险凭证，按发票金额的_____%投保，空白背书，注明赔付地在中国，以汇票币种支付，覆盖□海运（ ）空运（ ）陆运，承保一切险，战争险和_____。
- (×) Packing List / Weight Memo in 4 copies indicating quantity, gross and net weight of each package.
  装运单/重量证明一式_____份，注明每一包装的数量、毛重和净重。
- ( ) Certificate of Quantity/Weight in_____copies issued by_____ 数量/重量证明一式_____份，由_____出具。
- (×) Certificate of Quality in 3 copies issued by_____
  品质证一式_____份，由_____出具。
- ( ) Certificate of Origin in_____copies issued by_____
  产地证一式_____份，由_____出具。
- ( ) Beneficiary's Certified copy of fax / telex dispatched to the applicant within_____day(s) after shipment advising ( ) L/C No., ( ) name of vessel, ( ) flight No. ( ) shipping date, ( ) name of goods, quantity, ( ) weight and value of goods.
  受益人传真/电传方式通知申请人装船证明副本。该证明须在装船后_____天内发出，并注明该（ ）信用证号、（ ）船名、（ ）航班号、（ ）装运日以及（ ）货物的名称、（ ）货物的数量、（ ）重量和货物价值。
- ( ) Other documents, if any 其他单据

Description of goods or services 货物或服务描述
KYORI'S PRECISON HIGH SPEED AUTOMATIC PRESS MATE-3 WITH GRIPPER GX-80B (DETAIL AS PER ATTACHED SHEET-JIS)

Additional instructions：附加条款
- (×) All banking charges outside the Issuing Bank are for account of Beneficiary.
  开证行以外的所有银行费用由受益人承担。
- (×) Documents must be presented within 15 days after date of issuance of the transport document but within the validity of the credit.
  所需单据须在运输单据签发日后_____天内提交，但不得超过信用证有效期。
- ( ) Third party as shipper is not acceptable. 第三方为托运人不可接受。
- ( ) Both quantity and Credit amount_____% more or less are allowed. 数量及信用证金额允许有_____%的增减。
- ( ) Other terms and conditions, if any 其他条款

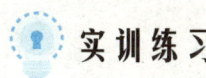

实训练习

任务：根据下列合同的内容（表6-13）代表买方填写开证申请书（表6-14）。

表6-13 采购合同（2）

GREAT WALL IMP. & EXP. CORP.
NO. 201 HONGKONG EAST ROAD QINGDAO, CHINA
PURCHASE CONTRACT
THE SELLER：TAKAMRA IMP. & EXP. CORP.　　　　CONTRACT NO.：SD211128JP
ADDRESS：324, OTOLIMACH TOKYO, JAPAN　　　　DATE：NOV. 28TH, 2021
TEL：(81) 03-5450-8688　　　　　　　　　　　　SIGNED PLACE：QINGDAO, CHINA
THE SELLER AGREES TO SELL AND THE BUYER AGREES TO BUY THE UNDERMENTIONED COMMODITY ACCORDING TO THE TERMS AND CONDITIONS AS STIPULATED BELOW：
1. NAME OF COMMODITY AND SPECIFICATION：
COLOUR TELEVISION 48 INCHES
2. QUANTITY：100 SETS.
3. UINT PRICE：AT USD1000.00/SET CIF QINGDAO, CHINA.
4. TOTAL VALUE：SAY U.S. DOLLARS ONE HUNDRED THOUSAND ONLY.
5. PACKING：ONE SET IN A CARTON.
6. TIME OF SHIPMENT：BEFORE DEC. 31, 2021, TRANSSHIPMENT AND PARTIAL SHIPMENT ARE NOT ALLOWED.
7. PORT OF SHIPMENT：OSAKA, JAPAN.
8. PORT OF DESTINATION：QINGDAO, CHINA .
9. TERMS OF PAYMENT：BY IRREVOCABLE SIGHT L/C TO BE AVAILABLE AND REMAIN VALID FOR NEGOTIATION IN JAPAN UNTIL THE 15TH DAY AFTER THE DATE OF SHIPMENT .
10. INSURANCE：TO BE COVERED BY THE SELLER FOR 110% OF THE INVOICE VALUE COVERING ALL RISKS AND WAR RISKS AS PER CIC OF PICC DATED 01/01/1981 .
11. DOCUMENTS REQUIRED：
(1) FULL SET OF CLEAN ON BOARD BILLS OF LADING MADE OUT TO ORDER BLANK ENDORSED MARKED FREIGHT PREPAID AND NOTIFY APPLICANT；
(2) SIGNED COMMERCIAL INVOICE IN 5 COPIES INDICATING CONTRACT NO., L/C NO. AND SHIPPING MARKS；
(3) PACKING LIST/WEIGHT MEMO IN 4 COPIES；
(4) INSURANCE POLICY/CERTIFICATE BLANK ENDORSED FOR 110 PCT OF THE INVOICE VALUE COVERING ALL RISKS AND WAR RISKS.
15. OTHER TERMS AND CONDITIONS：
1. ALL DOCUMENTS MUST BE MAILED IN ONE LOT TO THE ISSUING BANK BY COURIER SERVICE.
2. PRESENTATION PERIOD：WITHIN 10 DAYS AFTER THE DATE OF SHIPMENT.
THE BUYER　　　　　　　　　　　　　　　　　　　　THE SELLER
GREAT WALL IMP. & EXP. CORP.　　　　　　　　　TAKAMRA IMP. & EXP. CORP.
LEI ZHANG　　　　　　　　　　　　　　　　　　　　　PETER

表 6-14 IRREBOCABLE DOCUMENTARY CREDIT APPLICATION
不可撤销跟单信用证开证申请书

To 致：　　　　　　　　　　　　　　　　　　　　Date 日期_____

Please issue by SWIFT an Irrevocable Letter of Credit as follows：
请通过 SWIFT 方式开立如下不可撤销跟单信用证：

Advising Bank（if blank, at your option）通知行	Credit No. 信用证号码
	Expiry Date and Place 到期日和到期地点
Applicant（full name & detailed address）申请人（全称和详细地址）	Beneficiary（with full name and address）受益人（全称和详细地址）
Amount（in figures & words）金额（大、小写）	Credit available with 此证可由 （　）any bank 任何银行 （　）issuing bank 开证行 By（　）sight payment 即期付款 　　（　）negotiation 议付 　　（　）deferred payment 迟期付款 　　（　）acceptance 承兑
Partial shipments 分批装运 （　）allowed 允许 （　）not allowed 不允许 Transshipment 转运 （　）allowed 允许 （　）not allowed 不允许	Draft at _____ for _____ % of invoice value 汇票付款期限_____，发票金额的_____ % Drawn on 付款人_____ （　）FOB　（　）CFR　（　）CIF （　）or other terms
\multicolumn{2}{l}{Loading on board /dispatch/taking in charge at/ from 装运从 For transportation to 运至 Latest shipment date 最迟装运日}
\multicolumn{2}{l}{Documents required：(marked with "×") 所需单据（用"×"标明）： （　）Signed Commercial Invoice in _____ copies indicating L/C No. and Contract No. _____ 　　经签字的商业发票一式 _____ 份, 标明信用证号和合同号 _____ （　）Full set of clean on board Ocean Bill of Lading （　）made out to order and blank endorsed, marked "freight （　）prepaid / （　）to collect" （　）showing freight amount and notifying _____ 　　全套清洁已装船海运提单做成□空白抬头、空白背书，注明"运费（　）已付/（　）待付",（　）标明运费金额，并通知 _____。 （　）Air Waybills consigned to applicant marked "freight （　）prepaid / （　）to collect" notifying _____ 　　空运单据收货人为开证申请人，注明"运费（　）已付/（　）待付",并通知 _____。}

This Credit is subject to ICC No.600 Uniform Customs and Practice for Documentary Credits (2007 Revision)
此信用证遵循国际商会第600号出版物《跟单信用证统一惯例》（2007年修订版）

续表

（　） Full set of Insurance Policy / Certificate for _____ % of the invoice value, blank endorsed, showing claims payable in China in the currency of the draft, covering （　）
ocean marine transportation （　） air transportation （　） overland transportation All risks and War risks and _____
全套保险单/保险凭证，按发票金额的 _____ %投保，空白背书，注明赔付地在中国，以汇票币种支付，覆盖　□海运□空运□陆运，承保一切险，战争险和 _____ 。

（　） Packing List / Weight Memo in _____ copies indicating quantity, gross and net weight of each package.
装运单/重量证明一式 _____ 份，注明每一包装的数量、毛重和净重。

（　） Certificate of Quantity/Weight in _____ copies issued by _____
数量/重量证明一式 _____ 份，由 _____ 出具。

（　） Certificate of Quality in _____ copies issued by _____
品质证一式 _____ 份，由 _____ 出具。

（　） Certificate of Origin in _____ copies issued by _____
产地证一式 _____ 份，由 _____ 出具。

（　） Beneficiary's Certified copy of fax / telex dispatched to the applicant within _____ day (s) after shipment advising （　） L/C No., （　） name of vessel, （　） flight No. （　） shipping date, （　） name of goods, quantity, （　） weight and value of goods.
受益人传真/电传方式通知申请人装船证明副本。该证明须在装船后 _____ 天内发出，并注明该（　）信用证号、（　）船名、（　）航班号、（　）装运日以及（　）货物的名称、（　）货物的数量、（　）重量和货物价值。

（　） Other documents, if any 其他单据

Description of goods or services 货物或服务描述

Additional instructions：附加条款
（　） All banking charges outside the Issuing Bank are for account of Beneficiary.
开证行以外的所有银行费用由受益人承担。
（　） Documents must be presented within _____ days after date of issuance of the transport document but within the validity of the credit.
所需单据须在运输单据签发日后 _____ 天内提交，但不得超过信用证有效期。
（　） Third party as shipper is not acceptable. 第三方为托运人不可接受。
（　） Both quantity and Credit amount _____ % more or less are allowed.
数量及信用证金额允许有 _____ %的增减。
（　） Other terms and conditions, if any 其他条款

子任务二 审核信用证

任务导入

2021年11月6日，青岛金桥贸易有限公司与迪拜太阳公司签订了一笔服装出口合同（表6-15），11月17日单证员陈璐收到了青岛银行（BANK OF QINGDAO）国际业务部的信用证通知函，告知太阳公司已经通过汇丰银行迪拜分行（(HSBC BANK PLC. DUBAI）开来信用证（表6-16）。

任务：请代表陈璐根据合同对信用证进行审核。

表6-15 销售确认书
SALES CONFIRMATION

卖方 Seller：	QINGDAO GOLDEN BRIDGE TRADING CO., LTD NO.62 JIANGXI ROAD, QINGDAO, SHANDONG, CHINA	NO.：	JY109125
		DATE：	NOV.6, 2021
		SIGNED IN：	QINGDAO, CHINA
买方 Buyer：	SUN CORPORATION 5 KING ROAD, DUBAI, UAE		

经买卖双方同意成交下列商品，订立条款如下：
This contract is made by and agreed between the Buyer and Seller, in accordance with the terms and conditions stipulated below.

唛头 Marks and Numbers	名称及规格 Description of goods/Specifications	数量 Quantity	单价 Unit Price	金额 Amount
SUN S/C NO.：JY09125 STYLE NO.：BJ123 DUBAI C/NO.：1-250	BOYS' JACKET SHELL：WOVEN TWILL 100% COTTON LINING：WOVEN 100% POLYESTER AS PER THE CONFIRMED SAMPLE OF OCT.22, 2021 AND ORDER NO.989 898 SYLE NO.：BJ123	5000PCS	CIF DUBAI USD10.70/PC	USD53 500.00
总值 TOTAL：	SAY U.S. DOLLARS FIFTY THREE THOUSAND FIVE HUNDRED ONLY.			

SIZE/COLOR ASSORTMENT（尺寸/颜色）：

| COLOR | SIZE | | | | | |
	92	98	104	110	116	TOTAL
WHITE	440	700	700	360	300	2 500
RED	440	700	700	360	300	2 500
TOTAL	880	1 400	1 400	720	600	5 000

续表

PACKING（包装）：20 PIECES OF BOYS' JACKET ARE PACKED IN ONE EXPORT STANDARD CARTON, SOLID COLOR AND SOLID SIZE IN THE SAME CARTON. **MARKS**（唛头）： SHIPPING MARKS INCLUDE SUN, S/C NO., STYLE NO., PORT OF DESTINATION AND CARTON NO. SIDE MARK MUST SHOW THE COLOR, THE SIZE OF CARTON AND PIECES PER CARTON. **TIME OF SHIPMENT**（装运期）：BEFORE THE END OF JAN. 2022
PORT OF LOADING & DESTINATION（装运港及目的港）： FROM QINGDAO, CHINA TO DUBAI, UAE. TRANSHIPMENT IS ALLOWED AND PARTIAL SHIPMENT IS PROHIBITED
INSURANCE（保险）： TO BE COVERED BY THE SELLER FOR 110% OF THE INVOICE VALUE COVERING ALL RISKS AND WAR RISKS AS PER CIC OF PICC DATED 01/01/1981
TERMS OF PAYMENT（付款条件）： THE BUYERS SHALL ISSUE AN IRREVOCABLE L/C AT 60 DAYS AFTER SIGHT REACHING THE SELLERS NOT LATER THAN NOV 30, 2021. AND REMAINING VALID IN CHINA FOR FURTHER 15 DAYS AFTER THE EFFECTED SHIPMENT. IN CASE OF LATE ARRIVAL OF THE L/C, THE SELLER SHALL NOT BE LIABLE FOR ANY DELAY IN SHIPMENT AND SHALL HAVE THE RIGHT TO RESCIND THE CONTRACT AND/OR CLAIM FOR DAMAGES.
DOCUMENTS REQUIRED（单据）： +SIGNED COMMERCIAL INVOICE IN TRIPLICATE, ONE ORIGINAL OF WHICH SHOULD BE CERTIFIED BY CHAMBER OF COMMERCE OR CCPIT AND LEGALIZED BY UAE EMBASSY/CONSULATE IN SELLER'S COUNTRY. +FULL SET OF CLEAN ON BOARD OCEAN BILLS OF LADING MARKED "FREIGHT PREPAID" MADE OUT TO ORDER BLANK ENDORSED NOTIFYING THE APPLICANT. +INSURANCE POLICY IN DUPLICATE ENDORSED IN BLANK. +PACKING LIST IN TRIPLICATE. +CERTIFICATE OF ORIGIN CERTIFIED BY CHAMBER OF COMMERCE OR CCPIT AND LEGALIZED BY UAE EMBASSY/CONSULATE IN SELLER'S COUNTRY.
INSPECTION AND CLAIMS（检验与索赔）： INSPECTION OF QUALITY ISSUED BY THE CHINA ENTRY-EXIT INSPECTION AND QUARANTINE BUREAU SELL BE TAKEN AS THE BASIS OF DELIVERY. IN CASE DISCREPANCY ON THE QUALITY OR QUANTITY (WEIGHT) OF THE GOODS IS FOUND BY THE BUYER, ATER ARRIVAL OF THE GOODS AT THE PORT OF DESTINATION, THE BUYER MAY, WITHIN 30 DAYS AND 15 DAYS RESPECTIVELY AFTER THE ARRIVAL OF THE GOODS AT THE PORT OF DESTINATION, LODGE WITH THE SELLER A CLAIM WHICH SHOULD BE SUPPORTED BY AN INSPECTION CERTIFICATE ISSUED BY A PUBLIC SURVEYOR APPROVED BY THE SELLER. THE SELLER SHALL, ON THE MERITS OF THE CLAIM, EITHER MAKE GOOD THE LOSS SUSTAINED BY THE BUYER OR REJECT THEIR CLAIM, IT BEING AGREED THAT THE SELLER SHALL NOT BE HELD RESPONSIBLE FOR ANY LOSS OR LOSSES DUE TO NATURAL CAUSE FALLING WITHIN THE RESPONSIBILITY OF SHIPOWNERS OR THE UNDERWRITERS. THE SELLER SHALL REPLY TO THE BUYER WIHTIN 30 DAYS AFTER RECEIPT OF THE CLAIM.

续表

LATE DELIVERY AND PENALTY（迟交货物及罚款）： IN CASE OF LATE DELIVERY, THE BUYER SHALL HAVE THE RIGHT TO CANCEL THIS CONTRACT, REJECT THE GOODS AND LODGE A CLAIM AGAINST THE SELLER. EXCEPT FOR FORCE MAJEURE, IF LATE DELIVERY OCCURS, THE SELLER MUST PAY A PENALTY, AND THE BUYER SHALL HAVE THE RIGHT TO LODGE A CLAIM AGAINST THE SELLER. THE RATE OF PENALTY IS CHARGED AT 0.5% FOR EVERY 7 DAYS, ODD DAYS LESS THAN 7 DAYS SHOULD BE COUNTED AS 7 DAYS. THE TOTAL PENALTY AMONT WILL NOT EXCEED 5% OF THE SHIPMENT VALUE. THE PENALTY SHALL BE DEDUCTED BY THE PAYING BANK OR THE BUYER FROM THE PAYMENT.
FORCE MAJEURE（不可抗力）： THE SELLERS SHALL NOT HOLD ANY RESPONSIBILITY FOR PARTIAL OR TOTAL NON-PERFORMANCE OF THIS CONTRACT DUE TO FORCE MAJEURE. BUT THE SELLERS ADVISE THE BUYERS ON TIME OF SUCH OCCURRENCE.
ARBITRATION（仲裁）： ALL DISPUTES IN CONNECTION WITH THIS CONTRACT OR THE EXECUTION THEREOF SHALL BE AMICABLY SETTLED THROUGH NEGOTIATION. IN CASE NO AMICABLE SETTLEMENT CAN BE REACHED BETWEEN THE TWO PARTIES, THE CASE UNDER DISPUTE SHALL BE SUBMITTED TO THE CHINA INTERNATIONAL ECONOMIC TRADE ARBITRATION COMMISSION FOR SETTLEMENT BY ARBITRATION IN ACCORDANCE WITH THE COMMISSION'S ARBITRATION RULES. THE AWARD RENDERED BY THE COMMISSION SHALL BE FINAL AND BINDING UPON BOTH PARTIES. THE ARBITRATION FEES SHALL BE BORNE BY THE LOSING PARTY UNLESS OTHERWISE AWARDED.
THIS CONTRACT IS MADE IN FOUR ORIGINAL COPIES, AND BECOMES VALID AFTER SIGNATURE, TWO COPIES TO BE HELD BY EACH PARTY.

The Seller QINGDAO GOLDEN BRIDGE TRADING CO., LTD YING ZHANG	The Buyer SUN COPORATION PETER WHITE

表 6-16　信用证（示例）

MT700	ISSUE OF A DOCUMENTARY CREDIT
SENDER	HSBC BANK PLC, DUBAI, UAE
RECEIVER	BANK OF QINGDAO, QINGDAO, CHINA
SEQUENCE OF TOTAL	*27: 1/1
FORM OF DOC. CREDIT	*40A: IRREVOCABLE
DOC. CREDIT NUMBER	*20: KKK101888
DATE OF ISSUE	31C: 211116
APPLICABLE RULES	40E: UCP LATEST VERSION
DATE AND PLACE OF EXPIRY	*31D: DATE 220131 PLACE IN UAE
APPLICANT	*50: SUN CORPORATION 　　　5 KING ROAD, DUBAI, UAE

续表

BENEFICIARY	*59: QINGDAO GOLDEN BRIDGE TRADING CO., LTDNO. 62 JIANGXI ROAD, QINGDAO, SHANDONG, CHINA
AMOUNT	32B: CURRENCY USD AMOUNT 53 500,00
AVAILABLE WITH/BY	*41A: ANY BANK IN CHINA BY NEGOTIATION
DRAFTS AT…	42C: 120 DAYS AFTER SIGHT
DRAWEE	42A: SUN CORPORATION
PARTIAL SHIPMENTS:	43P: PROHIBITED
TRANSHIPMENT	43T: ALLOWED
PORT OF LOADING	44A: CHINESE MAIN PORT
PORT OF DISCHARGE	44B: DUBAI, UAE
LATEST DATE OF SHIPMENT	44C: 220101
DESCRIPT OF GOODS AND/OR SERVICES	45A: 5000 PCS BOYS' JACKET, SHELL: WOVEN TWILL 100% COTTON, LINING: WOVEN 100% POLYESTER, STYLE NO. BG123, ORDER NO. 989898, AS PER S/C NO. JY09122 AT USD10.90/PC CIF DUBAI, PACKED IN 20 PCS/CTN
DOCUMENTS REQUIRED	46A:

+COMMERCIAL INVOICE SIGNED IN TRIPLICATE ONE ORIGINAL OF WHICH SHOULD BE CERTIFIED BY CHAMBER OF COMMERCE OF CCPIT AND LEGALIZED BY UAE EMBASSY/CONSULATE IN SELLER'S COUNTRY.
+PACKING LIST IN TRIPLICATE.
+CERTIFICATE OF ORIGIN CERTIFIED BY CHAMBER OF COMMERCE OF CCPIT AND LEGALIZED BY UAE EMBASSY/CONSULATE IN SELLER'S COUNTRY.
+INSURNCE POLICY/CERTIFICATE IN DUPLICATE ENDORSED IN BLANK FOR 120% INVOICE VALUE, COVERING ALL RISKS AND WAR RISK OF CIC OF PICC (1/1/1981) INCL. WAREHOUSE TO WAREHOUSE AND I.O.P. AND SHOWING THE CLAIMING CURRENCY IS THE SAME AS THE CURRENCY OF CREDIT.
+ FULL SET (3/3) OF CLEAN ON BOARD OCEAN BILLS OF LADING MADE OUT TO APPLICANT BLANK ENDORSED MARKED FREIGHT COLLECTED AND NOTIFYING APPLICANT.
+SHIPPING ADVICE SHOWING THE NAME OF THE CARRYING VESSEL, DATE OF SHIPMENT, MARKS, QUANTITY, NET WEIGHT AND GROSS WEIGHT OF THE SHIPMENT TO APPLICANT WITHIN 3 DAYS AFTER THE DATE OF BILL OF LADING.

ADDITIONAL CONDITION.   47A:
+ DOCUMENTS DATED PRIOR TO THE DATE OF THIS CREDIT ARE NOT ACCEPTABLE.
+ THE NUMBER AND THE DATE OF THIS CREIDT AND THE NAME OF ISSUING BANK MUST BE QUOTED ON ALL DOCUMENTS.
+ TRANSHIPMENT ALLOWED AT HOGKONG ONLY.
+ SHORT FORM/CHARTER PARTY/THIRD PARTY BILL OF LADING ARE NOT ACCEPTABLE.
+ SHIPMENT MUST BE EFFECTED BY 1X20' FULL CONTAINER LOAD. B/L TO SHOW EVIDENCE OF THIS EFFECT IS REQUIRED.
+ THE GOODS SHIPPED ARE NEITHER ISRAELI ORIGIN NOR DO THEY CONTAIN ISRAELI MATERIALS NOR ARE THEY EXPORTED FROM ISRAEL, BENEFICIARY'S CERTIFICATE TO THIS EFFECT IS REQUIRED.

续表

+ ALL PRESENTATIONS CONTAINING DISCREPANCIES WILL ATTRACT A DISCREPANCY FEE OF GBP40.00 PLUS TELEX COSTS OR OTHER CURRENCY EQUIVALENT. THIS CHARGE WILL BE DEDUCTED FROM THE BILL AMOUNT WHETHER OR NOT WE ELECT TO CONSULT THE APPLICANT FOR A WAIVER. CHARGES　　　　　　　　　　71B：ALL CHARGES AND COMMISSIONS ARE FOR ACCOUNT OF BENEFICIARY INCLUDING REIMBURSEMENT FEE. PERIOD FOR PRESENTATION　　　48：WITHIN 3 DAYS AFTER THE DATE OF SHIPMENT BUT WITHIN THE VALIDITY OF THE CREDIT. CONFIRMATION INSTRUCTION　　 *49：WITHOUT REIMBURSING BANK　　　　　　53A：HSBC BANK PLC, NEW YORK INFORMATION TO BANK　　　　 78：ALL DOCUMENTS ARE TO BE REMITTED IN ONE LOT BY PRESENTING BANK TO HSBC BANK PLC, TRADE SERVICES, DUBAI BRANCH, P.O. BOX 66, HSBC BANK BUILDING 312/45 AL SQUARE ROAD, DUBAI, UAE.

 知识准备

一、出口商审核信用证的依据

信用证由开证行在进口商的指示下开立，受益人要根据信用证的条款制作单据，如果信用证的条款与进出口贸易合同不符，而出口商仍按原合同行事和制作单据，开证行就会以单证不符拒绝付款。通过审证可在发现信用证与合同不符时要求开证行修改，所以审证是受益人履行合同、制作单据的前提。

信用证的审核要依据以下三点：

1. 外贸合同

信用证是依据合同开立的，信用证的内容理应与合同的条款相一致。卖方如果不履行信用证条款就没法凭信用证兑款，更不能援引外贸合同的条款，将信用证条款予以补充或变更。所以，外贸单证员收到信用证后的首要工作是审查信用证条款是否与外贸合同的条款相符。

2.《跟单信用证统一惯例》(UCP600)

外贸单证员审核信用证时，应遵循 UCP600 的规定来确定是否可以接受信用证的某些条款。

3. 业务实际情况

对于外贸合同中未作规定或无法根据 UCP600 来做出判断的信用证条款，外贸单证员应根据业务实际情况来审核。业务实际情况是指信用证条款对安全收汇的影响程度、进口国的法令和法规及开证申请人的商业习惯等。

二、信用证的审核要点

1. 信用证当事人

申请人、受益人名称和地址是否正确；通知行是否为付款行、限制议付行、保兑行等。

信用证的内容

2. 信用证的类型

信用证是可撤销的还是不可撤销的。UCP600 规定，信用证不再有可撤销和不可撤销之分，银行开出的信用证全部为不可撤销信用证。在不可撤销信用证上是否加有"软条款"使它成为可撤销信用证。发现用限制性付款条件和保留条件的，应当要求开证申请人改证。

3. 信用证金额

信用证金额应与单价和货物数量相称，大小写金额应该相等。有些金额可能已扣除佣金或折扣，有的金额内可能还包括应由买方承担的额外费用等。如果货物有溢短装，金额也应有相应的增减幅度，否则出口商要提出修改。发票或汇票的金额不能超过信用证金额。

4. 货物描述

审核信用证中货物的名称、货号、规格、包装、合同号码、订单号码等内容是否与买卖合同完全一致；关键性单词是否拼写错误等。

5. 信用证装运期、有效期、交单期

（1）装运期。装运期是指卖方将货物装上运往目的（港）的运输工具或交付给承运人的日期。事实上不同的运输方式所使用的运输单据的出单日期所表示的交货期是不同的。若信用证未规定装运期，卖方最迟应在信用证到期日前几天装运。信用证中可以没有装运期，只有有效期，在实际业务中叫作"双到期"。如办不到，要修改有效期。有效期和装运期应有一定的合理间隔（一般在 10 天左右），以便在装运后有足够的时间做好制单、审单、交单等工作。

（2）有效期。UCP600 规定：信用证必须规定提示单据的有效期限。规定的用于兑付或者议付的有效期限将被认为是提示单据的有效期限。没有规定有效期的信用证是无效的。

信用证的到期地点出口商应争取在出口地到期，以方便在交付货物后及时办理议付等手续。若争取不到，则必须提前交单，以防逾期。

（3）交单期。信用证还应规定一个运输单据出单日期后必须提交符合信用证条款的单据的特定期限，即"交单期"。若信用证无此期限的规定，按《UCP600》规定，受益人或其代表必须在不迟于运输单据日期 21 天内交单，但在任何情况下都不得迟于信用证的有效期。

6. 运输条款

（1）装运港（地）和目的港（地）。信用证运输条款中的装运港（地）和目的港（地），应与合同相符。更改港口可能会引起运费和保险费的变化，若增加我方支出，则不能接受，除非开证申请人同意支付更改后的费用。交货地点也必须与合同规定相一致，如不符则应修改。

（2）分批装运和转运。通常信用证应表明是否允许分批装运，如果未做此规定，则被认为允许分批装运。如果来证允许分批，但对每批货物的数量、品种、规格、装运时间及运输工具等加以限制，出口商应考虑实际可能性，如能否在规定的时间内备齐货物、能否租到船只等。如不能做到，应要求适当修改。对于分期装运，惯例规定，除非信用证另有规定，若一期未能按期完成，本期及以后各期均告失效。如果信用证中未明确是否可以转船，都视为可以转船。

7. 保险条款

若来证要求的投保险别或投保金额超出了合同的规定，我方应及时和保险公司联系，若保险公司同意且信用证上也表明由此而产生的超保费用由买方承担并允许在信用证项下支取，则我可接受。

如成交价为 CFR，而来证要求由我方办理保险。在这种情况下，只要来证金额中已包括保险费，或允许加收保险费，则可不必修改。凡成交价为 FOB 或 CFR，来证往往要求我方在装运前以航邮或电传通知开证人投保并凭邮局收据或电传副本办理结汇，应及时办理。

8. 相关单据要求

相关单据要求为：信用证中要求提供的单据的种类、份数及内容，我方能否办理或能否接受。

（1）汇票。审核汇票首先要看汇票金额和付款期限是否与合同一致。如果汇票金额与发票金额不一致，应审查是否已扣除佣金或有其他规定。根据 UCP600 开证，汇票的付款人只能是银行。

（2）发票。UCP600 规定，除转让信用证外，商业发票应由受益人开立，发票也不需要签署。如果有些信用证规定发票由第三者签署，则要求由贸促会签署的可以接受，但要求由进口国驻出口国领事签署的通常无法接受。有些信用证要求受益人在发票内加注一些证明词句等内容，通常只要能做到的就可以接受。

（3）提单。在对信用证关于提单条款的审查中，要特别注意"正本提单直接寄开证申请人"的条款。目前国际航运界的规范做法是收货人只要提交其中的一份正本提单并经背书后，船公司和船代理就予以放货，不管收货人是否已给付货款。如果受益人按信用证要求将 1/3、2/3 或全套正本提单直接寄给开证申请人，则开证申请人可凭提单背书后直接提走货物，当出口商向银行交单议付时，开证行或开证申请人可能会以种种借口提出单据和信用证不符而拒绝付款。

（4）保险单据。保险类别应和合同相符，有些来证扩大了保险责任范围或增加了新的险别，受益人不能接受，除非信用证同时规定超保费用在证下或超证支取。保险金额加成率应该与合同一致，若超过合同规定，要与开证申请人商妥处理办法。如果保险费损失不大，可以通融接受。

在买方投保的情况下，有些来证要求受益人将预保信寄给进口国保险公司，经其签收保险回执，受益人凭回执与货运单据一起议付。这种条款一般不能接受，因为如果受益人收不到这种回执就无法交单议付。

9. 其他条款的审核

（1）银行费用条款。此项条款《UCP600》也做出了明确的规定：指示另一银行提供服务的银行有责任负担被指示方因执行指示而发生的任何佣金、手续费、成本或开支（"费用"），即银行费用（一般包括议付费、通知费、保兑费、承兑费、修改费、邮费等）由发出指示的一方负担。如信用证项下是由开证申请人开立的信用证，通知又由开证行委托通知行通知议付，因此来证由受益人承担全部费用（all banking charges are for account of beneficiary），显然是不合理的。关于银行费用，可由出口商在与外商谈判时加以明确。

（2）特殊条款。如出现指定船公司、指定船籍、船龄等，或不准在某个港口转船等，实施过程中不易办到的，一般不应轻易接受。还要关注是否有溢短装条款。

三、改证

1. 改证的常见情形

（1）开证错误。因信用证条款与外贸合同不一致或存在软条款等开证错误，要求修改信用证。

（2）受益人要求展期。受益人由于货源不足、生产事故、运输脱节、社会动乱、开证申请人未能在合同规定期限内把信用证开到等原因无法如期装运，要求展期，展期涉及装运期和信用证截止日。

（3）开证申请人要求增加商品数量和金额。由于信用证项下的商品在开证申请人所在国很畅销，为了能够获得更多的货源，与受益人协商后，开证申请人向开证行提出增加商品数量和金额的改证申请。

2. 改证的原则

对于审证后发现的信用证问题条款，受益人应遵循"利己不损人"原则进行。即受益人改证既不影响开证申请人的正常利益，又能维护自己的合法利益。具体来讲，有以下五种常见的处理原则：

（1）对我方有利又不影响对方利益的问题条款，一般不改。

（2）对我方有利但会严重影响对方利益的问题条款，一定要改。

（3）对我方不利但不增加或基本不增加成本就可以完成的问题条款，可以不改。

（4）对我方不利又要增加较大成本才能完成的问题条款，若对方愿意承担成本则不改，否则，应该改。

（5）对我方不利若不改会严重影响安全收汇的问题条款，则坚决要改。

3. 改证的步骤

（1）受益人给开证申请人发改证函，协商改证事宜。

（2）协商一致后，开证申请人填写改证申请书，向开证行提出改证申请。

（3）开证行同意后，向信用证的原通知行发信用证修改书。

（4）原通知行给受益人信用证修改通知书和信用证修改书，进行信用证修改通知。

信用证的实践应用

 操作示范

步骤一：陈璐经过审证后发现如下问题条款：

问题1：DATE AND PLACE OF EXPIRY　　31D：DATE 220131 PLACE IN UAE

信用证规定交单地点在阿联酋，且信用证有效期为2022年1月31日，与合同规定的最迟装运日期一样，容易造成受益人迟交单。

问题2：DRAFTS AT…　　　　　　　　42C：120 DAYS AFTER SIGHT

信用证规定汇票期限为见票后120天，合同支付条款中，汇票的付款期限是"AT 60 DAYS AFTER SIGHT"，即见票后60天付款。

问题3：DRAWEE　　　　　　　　　　42A：SUN CORPORATION

信用证业务中付款人应该为开证行，而不能为进口商太阳公司。

问题4：PORT OF LOADING　　　　　44A：CHINESE MAIN PORT

信用证中的装运港为中国主要港口，合同中的装运港为中国青岛。

问题5：LATEST DATE OF SHIPMENT　　44C：220101

信用证中规定最迟装运时间为2022年1月1日，但是合同中装运期为BEFORE THE END OF JAN. 2022，即2022年1月31日之前，信用证与合同规定不相符。

问题6：DESCRIPT OF GOODS AND/OR SERVICES　　45A：5000 PCS BOYS' JACKET, SHELL：WOVEN TWILL 100% COTTON, LINING：WOVEN 100% POLYESTER, STYLE NO. BG123, ORDER NO. 989898, AS PER S/C NO. JY09122 AT USD10.90/PC CIF DUBAI, PACKED IN 20 PCS/CTN

信用证中对产品描述的合同编号为JY09122，商品单价是每件10.90美元CIF迪拜，但是合同中对产品描述的合同编号为JY09125，商品单价是每件10.70美元CIF迪拜。

问题7：DOCUMENTS REQUIRED　　　　　46A：

+INSURNCE POLICY/CERTIFICATE IN DUPLICATE ENDORSED IN BLANK FOR 120% INVOICE VALUE, COVERING ALL RISKS AND WAR RISK OF CIC OF PICC（1/1/1981） INCL. WAREHOUSE TO WAREHOUSE AND I. O. P. AND SHOWING THE CLAIMING CURRENCY IS THE SAME AS THE CURRENCY OF CREDIT.

信用证规定，保险金额为发票金额的120%，但是合同中保险条款中的保险金额为发票金额的110%。

+ FULL SET (3/3) OF CLEAN ON BOARD OCEAN BILLS OF LADING MADE OUT TO APPLICANT BLANK ENDORSED MARKED FREIGHT COLLECTED AND NOTIFYING APPLICANT.

信用证中要求海运提单标注"FREIGHT COLLECTED"，即运费到付，合同中规定海运提单标注"FREIGHT PREPAID"，即运费预付。

问题8：CHARGES　　　　　　　　　　71B：

ALL CHARGES AND COMMISSIONS ARE FOR ACCOUNT OF BENEFICIARY INCLUDING REIMBURSEMENT FEE.

根据信用证业务中的习惯做法，一般是开证行之外的费用由受益人承担，开证行费用由开证申请人承担。

问题9：PERIOD FOR PRESENTATION　　48：

WITHIN 3 DAYS AFTER THE DATE OF SHIPMENT BUT WITHIN THE VALIDITY OF THE CREDIT.

信用证中的交单期是装船后3天，但是合同中规定交单期是装船后15天。

步骤二：对信用证问题条款提出修改意见：

问题1：31D：DATE 220131 PLACE IN UAE，合同中的付款条件，对于信用证的有效期和到期地点规定"AND REMAINING VALID IN CHINA FOR FURTHER 15 DAYS AFTER THE EFFECTED SHIPMENT"。所以信用证的有效期是装运之后的15天，合同规定装运时间是2022年1月之前，因此信用证有效期应该为2022年2月15日，到期地点在中国。应该改为

"31D: DATE 220215 PLACE IN CHINA"。

问题 2：42C：120 DAYS AFTER SIGHT。比合同的支付条款付款期限长，将导致我方收款延迟，对我方不利，因此应该改为"42C：60 DAYS AFTER SIGHT"。

问题 3：42A：SUN CORPORATION，信用证为银行信用，本业务的付款人应该是开证行汇丰银行迪拜分行，不能是买方太阳公司，应改为"42A：HSBC BANK PLC, DUBAI, UAE"。

问题 4：44A：CHINESE MAIN PORT。信用证规定装运港为中国主要港口，合同中规定了装运港是青岛，提单显示装运港为青岛并不违反信用证，所以可以不改。

问题 5：44C：220101。信用证中规定的装运期为 2022 年 1 月 1 日，如果按照信用证的日期，装运期提前对卖方不利，卖方可能在规定装运期没法完成装货，应该按照合同中的内容去执行。合同中装运期为 BEFORE THE END OF JAN. 2022，所以应改为"44C：220131"。

问题 6：45A：5 000 PCS BOYS' JACKET, SHELL：WOVEN TWILL 100% COTTON, LINING：WOVEN 100% POLYESTER, STYLE NO. BG123, ORDER NO. 989898, AS PER S/C NO. JY09122　AT USD10. 90/PC CIF DUBAI, PACKED IN 20 PCS/CTN

信用证中对产品描述和合同不符，如果不对信用证进行修改，去银行议付货款时，银行会以单证不符拒绝议付。合同中对产品描述是合同编号 JY09125，商品单价是每件 10.70 美元 CIF 迪拜。所以应该改为"DESCRIPT OF GOODS AND/OR SERVICES　45A：5 000 PCS BOYS' JACKET, SHELL：WOVEN TWILL 100% COTTON, LINING：WOVEN 100% POLYESTER, STYLE NO. BG123, ORDER NO. 989898, AS PER S/C NO. JY09125　AT USD10. 70/PC CIF DUBAI, PACKED IN 20 PCS/CTN"。

问题 7：46A：+ INSURNCE POLICY/CERTIFICATE IN DUPLICATE ENDORSED IN BLANK FOR 120% INVOICE VALUE, COVERING ALL RISKS AND WAR RISK OF CIC OF PICC (1/1/1981) INCL. WAREHOUSE TO WAREHOUSE AND I. O. P. AND SHOWING THE CLAIMING CURRENCY IS THE SAME AS THE CURRENCY OF CREDIT.

+ FULL SET (3/3) OF CLEAN ON BOARD OCEAN BILLS OF LADING MADE OUT TO APPLICANT BLANK ENDORSED MARKED FREIGHT COLLECTED AND NOTIFYING APPLICANT.

信用证中的投保金额为发票金额的 120%，比合同种规定的 110% 高，承担保险费的一方会多支付保险费，但是如果卖方与买方通过沟通，买方愿意承担这部分保费，此处也可以不修改。

合同中采用了 CIF 贸易术语，由卖方租船订舱，所以海运提单应该标注"运费预付"，而不是信用证中的"运费到付"。如果按照信用证的"运费到付"，是指运费由买方支付。所以应该改为"FULL SET (3/3) OF CLEAN ON BOARD OCEAN BILLS OF LADING MADE OUT TO APPLICANT BLANK ENDORSED MARKED FREIGHT PREPAID AND NOTIFYING APPLICANT"。

问题 8：71B：ALL CHARGES AND COMMISSIONS ARE FOR ACCOUNT OF BENEFICIARY INCLUDING REIMBURSEMENT FEE。根据实际业务习惯，一般是开证行之外的费用由受益人承担，信用证的规定增加了卖方的费用负担，除非卖方确定买方会承担额外的开支，否则应改为"71B：ALL CHARGES AND COMMISSIONS INCLUDING REIMBURSEMENT FEE OUTSIDE UAE ARE FOR ACCOUNT OF BENEFICIARY"。

问题9：48：WITHIN 3 DAYS AFTER THE DATE OF SHIPMENT BUT WITHIN THE VALIDITY OF THE CREDIT。信用证中规定交单期是装船后的3天，对卖方来说交单期太短，可能会在规定的时间内没法交单议付，应该留有足够时间做好制单、审单、交单等工作。所以应该按照合同的要求改为"WITHIN 15 DAYS AFTER THE DATE OF SHIPMENT BUT WITHIN THE VALIDITY OF THE CREDIT"。

实训练习

2021年9月28日，青岛金桥贸易有限公司与日本ABC CORPORATION经过磋商，就进口2台机械设备签订进口合同（表6-10）。

任务：请根据青岛金桥贸易有限公司与日本公司签订的销售确认书等资料以出口商身份对信用证（表6-17）进行合理审核。

表6-17 信用证

MT 700		ISSUE OF A DOCUMENTARY CREDIT
SEQUENCE OF TOTAL	*27 :	1/1
FORM OF DOC. CREDIT	*40A :	IRREVOCABLE
DOCUMENTRARY CREDIT NUMBER	20：	151013010S00173
DATE OF ISSUE	31C :	211021
EXPIRY	31D :	DATE 211215 PLACE AT THE COUNTER OF NEGO BANK
APPLICANT	*50 :	SHANDONG GOLDEN BRIDGE I&E CORP. QINGDAO, CHINA
BENEFICIARY	*59 :	ABC CORPORATION. 1-8-3 TSUKONOWA, TOKYO JAPAN
AMOUNT	*32B :	CURRENCY USD AMOUNT 225,000.00
AVAILABLE WITH/BY	*41D :	ANY BANK BY NEGOTIATION
DRAFTS AT…	42C :	AT 60 DAYS AFTER SIGHT
DRAWEE	42A :	BANK OF CHINA, QINGDAO BRANCH
PARTIAL SHIPMENTS	43P :	NOT ALLOWED
TRANSHIPMENT	43T :	PROHIBITED
PORT OF LOADING	44E :	TOKYO, JAPAN
PORT OF DESCHARGE	44F :	QINGDAO, CHINA
LATEST DATE OF SHIP.	44C :	211130
DESCRPT OF GOODS	45A :	KYORI'S PRECISON HIGH SPEED AUTOMATIC PRESS MATE-3 WITH GRIPPER GX-80 2 SETS UINT PRICE：AT USD125,000.OO/SET FOBTOKYO, JAPAN. PACKING：EXPORT STANDARD PACKING SUITABLE FOR SEA TRANSPORTATION SHIPPING MARK：SD150928JP/QINGDAO, CHINA/MADE IN JAPAN.
DOCUMENTS REQUIRED	46A :	+SIGNED COMMERCIAL INVOICE IN THREE FOLDS INDICATING L/C NO. +FULL SET OF CLEAN ON BOARD OCEAN BILLS OF LADING MADE OUT TO ORDER AND BLANK ENDORSED MARKED FREIGHT COLLECTED AND NOTIFY APPLICANT.

续表

+PACKING LIST IN THREE FOLD. +CERTIFICATE OF ORIGIN IN 3 COPIES ISSUED BY THE MANUFACTURER. +CERTIFICATE OF QUALITY/QUANTITY IN 3 FOLDS ISSUED. +BENEFICIARY'S DECLARATION OF NON-CONIFEROUS WOOD PACKING MATERIAL. ADDITIONAL COND. 47A： +ALL DOCUMENTS ARE TO BE PRESENTED TO US IN ONE LOT BY COURIER +A DISCREPANCY FEE FOR USD20.00 WILL BE DEDUCTED FROM THE PAYMENT FOR EACH SET OF DOCUMENTS CONTAINING DISCREPANCIES. DETAILS OF CHARGES 71B： ALL BANKING CHARGES OUTSIDE CHINA ARE FOR ACCOUNT OF THE BENEFICIARY. PERIOD FOR PRESENTATIONS 48： DOCUMENTS MUST BE PRESENTED TO PAY/NEGO. BANK WITHIN 3 DAYS AFTER DATE OF SHIPMENT BUT WITHIN VALIDITY OF THE L/C. CONFIRMATION INSTRUCTIONS *49： WITHOUT INSTRUCTIONS TO THE PAYING/ACCEPTING/NEGO BANK 78： +BENEFICIARY (S) TIME DRAFT SHALL BE NEGOTIATED ON AT SIGHT BASIS AND SHOULD BE FORWARDED TO THE DRAWEE BANK. +WE HEREBY UNDERTAKE THAT ALL DRAFTS DRAWN UNDER AND IN COMPLIANCE WITH THE TERMS AND CONDITIONS OF CREDIT WILL BE DULY HONORED ON PRESENTATION AT THIS OFFICE. SEND. TO REC. INFO.72：U.C.P (2007 REVISION) I.C.C PUBLICATION NO. 600

 拓展任务

受新冠肺炎疫情全球蔓延的影响，各国银行在处理国际业务中面临诸多困难和挑战。为帮助全球各大银行遵守国际规则，正确处理国际业务，减少新冠肺炎疫情带来的负面影响，国际商会于2022年4月7日正式发布《针对新冠肺炎疫情影响下适用国际商会规则的贸易金融交易指导文件》，该文件主要为新冠肺炎疫情下进出口商、银行如何使用跟单信用证统一惯例、见索即付保函统一规则、跟单托收统一规则等国际商会规则，尤其如何使用适用于这些规则的不可抗力条款等提出指导意见。

任务：请以小组为单位查找《针对新冠肺炎疫情影响下适用国际商会规则的贸易金融交易指导文件》中关于不可抗力的界定、银行工作日的确定、单据流转的场景的解释，并且进行分析。

任务四　跨境电商结算操作

任务导入

青岛益诚电子商务有限公司通过速卖通、亚马逊等平台经营跨境电商业务，跨境电商专员刘闯通过速卖通平台看到有几笔订单下的资金已经放款，可以进行转账提现和结汇操作了。

思考：跨境电商支付结算与传统一般贸易的支付结算有哪些不同？

任务：代表刘闯进行速卖通支付宝国际账户转账提现和结汇的操作。

知识准备

一、跨境电商支付的含义

跨境电商支付（Cross-border Payment），是一种基于互联网的在线支付服务，是支付机构通过银行为小额电子商务交易双方提供跨境互联网支付所涉及的外汇资金集中收付及相关结售汇的服务。

跨境电商在我国已发展了 20 多年的时间，经历了从仅提供网上外贸信息展示服务的萌芽期，到逐步产生线上交易的初创期，再到跨境电商渠道及品类快速扩张、经营模式多元化的野蛮生长期，现在已进入逐渐规范化、专业化的稳定成长期。跨境电商已经成为我国对外贸易重要的增长点，并且随着跨境电商模式的逐渐成熟，海外仓、独立站等外贸新业态的不断涌现，未来的发展前景仍然十分广阔。

跨境电商支付作为建立在整体跨境电商运营框架基础上的一个环节，作用十分重要。在不同国家和地区之间支付结算，需要一定的结算工具和支付系统实现两个国家或地区之间的资金转换，需要面对不同地域的法律、经济制度等差异以及卖家、电商平台、汇款公司、国际信用卡组织、消费者、银行以及境内外第三方支付机构等多个主体，经常面临汇率波动、外汇政策管制等难题。跨境收款是否安全、合规、简单、顺畅直接关系到跨境电商卖家的核心利益。

二、跨境电商结算与传统国际结算的区别

在传统外贸交易过程中，由于采用海洋运输为多，因此，支付方式使用较多的为电汇、托收与信用证方式。而在跨境电商交易中，由于多采用国际快递、海外仓等方式，轮船运输不再是主流运输途径，因此支付方式也在发生变化。在跨境电商交易中，大多数以零售、小额批发

为主，产品货值并不是很高，金额比较低，完全可以通过国际支付宝、PayPal、西联汇款、电汇等支付方式来实现。传统支付方式与跨境支付方式的异同点主要体现在以下几个方面：

一是费用方面。传统支付方式的费用主要是银行的手续费、电信费等，跨境平台则可能会有平台佣金费或者提现手续费。

二是时间和手续方面。传统支付方式周期较长，尤其是信用证、托收方式，涉及单据较多，手续比较复杂。跨境电商支付方式相对来说比较快速、便捷，手续比较简便，大部分可以在线上操作。

三是适用范围方面。传统外贸支付方式适用于传统贸易公司进出口业务，也适合经销商与制造商，大宗商品交易尤其常用。而跨境电商支付方式更加适合快消品的零售行业或单笔资金额度较小的客户分布广的跨境电商平台交易。

三、跨境电商支付结算的分类

跨境电商选择不同的商业平台和商业模式，在跨境支付方式及支付机构上都有较大的不同。

（一）按商业模式不同划分

1. 跨境电商 B2B 平台支付结算

以中国制造、阿里巴巴国际站为代表的跨境电商 B2B 平台，主要采取跨境大额交易平台模式，为境内外会员商户传递采购商和供应商等合作伙伴的服务信息和商品信息，构建网络营销平台，促进双方交易的完成。由于涉及的金额较大，因此买卖双方成交后，支付结算主要以传统的线下支付为主，通常采用电汇、信用证等方式。但是随着跨境电商的不断发展，跨境电商供应链服务越来越专业化和规范化，越来越多的交易尤其是小额批发交易开始转为线上，相应地，支付结算也在向线上发展，线上支付结算的模式和流程与 B2C 平台类似。

2. 跨境电商 B2C 平台支付结算

以速卖通、亚马逊、eBay、Wish 等为代表的跨境电商 B2C 平台，主要提供营销推广、交易、在线支付、物流、纠纷处理、售后等服务，这种平台模式多采用线上成交、线上履约。买家主要通过借记卡、信用卡、第三方支付机构等方式付款，卖家则一般通过第三方支付机构收款结汇。

3. 独立站支付结算

独立站是指基于 SaaS 技术平台建立的拥有独立域名、内容、数据、权益私有，具备独立经营主权和经营主体责任，由社会化云计算能力支撑，并可以自主、自由对接第三方软件工具、宣传推广媒体与渠道的新型官网[①]。独立站是商家自己搭建的网站或店铺，如果要为客户提供在线交易，在支付结算方面通常需要为国外买家提供符合他们支付习惯的方便的支付通道，如第三方支付、信用卡等支付方式，同时需要通过专业的第三方支付机构收回货款。

（二）按贸易方向和资金流向不同划分

1. 跨境购汇支付方式

跨境购汇支付是指境内消费者在国内外跨境电商平台等购买商品时进行的支付。具体方

---

① 杭州电子商务研究院发布定义 https：//baike.baidu.com/item/% E7% 8B% AC% E7% AB% 8B% E7% AB% 99/59253052

式可以分为通过第三方机构购汇支付、境外电商接受人民币支付、通过国内银行购汇汇出等。

2. 跨境收入结汇方式

跨境收入结汇是指国内卖家通过国内外跨境电商平台出售商品，收取货款。具体方式主要包含通过第三方机构收结汇、通过国内银行收结汇等。此外，如果国外买家可以用人民币直接支付，也可以使用人民币收款。

目前我国的跨境电商以出口零售和小额批发为主，此类交易具有产品种类多、价值低、订单零散、发货频次高、单个境内卖家规模较小等特点，因此以下主要对基于跨境电商平台的零售或小额批发出口收款的方式进行介绍。

四、跨境电商出口收款的业务流程

目前跨境电商出口业务以跨境电商平台为主，通过在平台上开设店铺向境外消费者出售商品或服务，其线上收款也主要通过第三方支付机构进行，业务流程如图6-2所示。

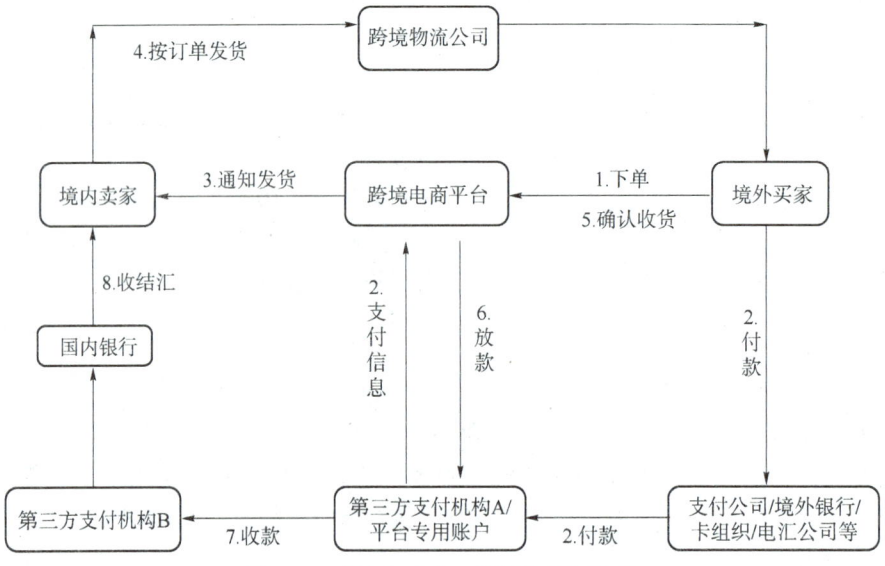

图6-2 跨境电商出口收款的业务流程

（1）首先，境外买家通过境内外跨境电商平台下单；

（2）买家下单后通过平台支持的支付方式，如信用卡、T/T银行汇款、西联汇款、PayPal等方式将货款支付至与电商平台合作的第三方支付机构A或者平台专用账户；

（3）平台收到买家的支付信息后，通知卖家发货；

（4）卖家通过国际物流或海外仓将货物送至买家；

（5）买家收到货物，检查无误后确认收货；

（6）电商平台在满足一定条件时向卖家放款；

（7）卖家通过第三方支付机构B下的收款账户接收款项；

（8）卖家将货款从收款账户转账提现至自己的银行账户，并根据需要办理结汇。

根据跨境电商平台是境内还是境外平台，跨境电商平台与第三方支付机构间的关系和协议不同，在具体操作上涉及的第三方支付机构个数可能会有所区别。

五、主要跨境第三方支付机构

（一）国际支付宝

国际支付宝是由支付宝开发的，为了保护国际在线交易中买卖双方的交易安全所设的一种第三方支付服务。支付宝国际账户（Alipay Account）是国际支付宝为从事跨境交易的速卖通卖家建立的资金账户管理平台，功能包括对跨境交易的收款、退款、提现等。这个资金账户是多币种账户，包括美元和人民币账户。如果客户已经有国内支付宝账户，则只需绑定国内支付宝账户即可，不用再申请支付宝国际账户。

国际支付宝"先收款，后发货"的风控体系能够保护卖家在交易中免受信用卡盗刷的欺骗，而且国际支付宝仅在收到货款的情况下才会通知卖家发货，在买家确认收货后才将货款转至卖家账户，这样可以避免使用货到付款等其他支付方式存在的交易欺诈风险。

（二）PayPal

PayPal 是国际知名的在线支付服务商，总部设在美国，2002 年被全球著名的电子商务网站 eBay 收购。PayPal 是很多国家客户常用的第三方支付工具，一些电子商务网站与其合作，把它作为主要的一种货款支付方式。

PayPal 覆盖 200 多个国家和地区，全球有 3.25 亿活跃账户，使消费者和商家能够以100 多种货币收款，以 56 种货币提取资金，并以 25 种货币在其 PayPal 账户中持有余额。主要涉及汇款业务、全球收单，能提供综合的跨境支付服务。具有业务覆盖广、操作简便、资金回笼快、安全性好、保密性强的特点。

它主要适用于跨境电商零售行业，费用包括交易手续费、提现手续费和货币兑换手续费等。但是 PayPal 用户消费者（买家）利益大于 PayPal 用户卖家（商户）的利益，交易费用主要由商户负担，对买家过度保护；每笔交易除手续费外还需要支付交易处理费；账户容易被冻结，商家利益受损失。用户开户无开户费及使用费，每笔收取 0.3 美元银行系统占用费，以美元形式提现至大陆银行每笔收取 35 美元，以人民币形式提现至大陆银行每笔收取 1.2% 的手续费。

1. PayPal 账户注册

无论是以个体还是以企业的名义经营，都可以选择注册"商家账户"。注册步骤如下：第一，填写邮箱地址；第二，填写基本账户信息；第三，提供公司详细信息；第四，提供账户持有人的信息。完成注册后，需要验证邮箱地址，以便商户能收到款项。

2. PayPal 账户认证

为保护用户的账户安全，PayPal 会要求所有用户先认证银行账户或卡信息，才能从 PayPal 账户提现。用户可以选择以下两种方式之一进行认证：

（1）银联卡。目前使用银联卡认证支持的银行和卡类型包括银联借记卡或单币种信用卡，在添加银联卡后，会收到银联发送的短信验证码，用户可以根据页面提示输入验证码，完成即时认证。

（2）国际信用卡。目前，使用带有 Visa、MasterCard 或 American Express 标识的双币种信用卡都可以完成认证。用户添加国际信用卡后，平台会从卡上暂时扣除 1.95 美元，并在信用卡对账单上生成一个 4 位数代码。用户登录 PayPal 账户输入该代码，在 2~3 个工作日即可完成认证。

3. PayPal 收款方式

（1）电子邮件收款。使用该方式收款，只需要输入客户的邮箱地址及收款金额，便可发送简单的收款请求要求客户付款，即使客户没有 PayPal 账户也能收到付款请求。此外，商户也可以创建带有公司标识的账单更突出自己的专业形象，并将自己的邮箱地址提供给客户，让他们直接通过 PayPal 账户付款。

（2）PayPal. Me 链接收款。通过电子邮件、及时消息、社交媒体或其他方式与客户分享 PayPal. Me 链接，就可以完成向客户收款。例如，使用"PayPal. Me/公司名称/35"来请求收款 35 美元。

（3）网站收款。网站收款主要是使用生成工具快速生成行 HTML 代码，并复制和粘贴到自己的网站中，就能添加 PayPal 付款按钮，实现向客户收款，整个过程只需 15 分钟。当卖家通过独立站销售商品时，即可采用这种方式向客户收款。

（4）电商平台收款

如果买卖双方通过跨境电商平台在线上成交，PayPal 作为平台合作的收款服务商，可以为卖家提供收款服务。

4. PayPal 资金提现

当商家收到客户的 PayPal 付款后，款项将保留在商家的 PayPal 余额中。此时，商家可以通过 PayPal "提现"功能将款项转至自己的银行账户。目前，PayPal 支持五种提现方式，覆盖中国和美国的主流银行，如表 6-18 所示。

表 6-18　PayPal 提现方式

提现方式	周期	手续费
全部在线操作，快捷人民币提现（人民币）	2~3 个工作日	提现金额的 1.2%
电汇至中国的银行账户（美元）	3~6 个工作日	每笔 35 美元
提现至中国香港的银行账户（港元）	3~7 个工作日	提现 1 000 港币及以上，免费；提现 1 000 港币以下，每笔 3.5 港币
提现至美国的银行账户（美元）	3~4 个工作日	免费
通过支票提现（美元）	4~6 周	每笔 5 美元

（三）Payoneer

Payoneer（派安盈）是一家国际在线支付公司，主要业务是帮助其合作伙伴将资金下发到全球，其同时也为全球客户提供美国银行、欧洲银行收款账户用于接收欧美电商平台和企业的贸易款项。

1. 优点

（1）便捷，使用中国身份证即可完成 Payoneer 账户在线注册，并自动绑定美国银行账户和欧洲银行账户。提现速度快，通常一个工作日即可到账。

（2）合规，像欧美企业一样接收欧美公司的汇款，并通过 Payoneer 和中国支付公司的合作完成线上的外汇申报和结汇。

（3）便宜，电汇设置单笔封顶价，人民币结汇最多不超过 2%。

（4）广泛，与世界上大多数主流跨境电商平台有合作关系，如亚马逊、Google、Wish、lazada、Shopee 等，支持多币种支付。

2. 适用人群

适用于单笔资金额度小但是客户群分布广的跨境电商卖家。

（四）连连国际

连连国际是国内第三方跨境支付机构的代表，连连国际联合各行业合作伙伴构建了一个集跨境支付（含外贸收款）、全球收单、跨境金融、全球分发、汇兑服务等服务为一体的一站式跨境服务平台。截至目前，连连国际已实现包括亚马逊等在内的 70 多个全球主流电商平台、近 120 个站点跨境收款服务，覆盖 100 多个国家和地区，累计服务超过 120 万中国跨境电商卖家。

1. 优点

（1）多平台多店铺统一管理一个账户，一键提现。包括亚马逊、eBay、Wish、Shopee 等全球主流电商平台，70 多个站点的跨境收款服务。

（2）多币种多店铺的资金管理，全球 10 多种币种收款，包括美元、欧元、英镑、日元、加元、澳元、印尼盾、新加坡币、港币等。7×24 小时快速提款 365 天，随时提，随时到，实时汇率。

（3）同时拥有境内外支付牌照，保障资金合规，安全无风险。

六、部分跨境电商平台放款规则[①]

（一）速卖通平台放款规则

1. 放款时间

设有国际支付宝账户的卖家，速卖通平台会根据其综合经营情况（如好评率、拒付率、退款率等）进行统计，评估其是否符合不同的放款要求并对应不同的订单放款时间。

一般来说有以下几种情形：①在发货后的一定期间内进行放款，最快放款时间为发货 3 天后；②买家保护期结束后放款；③账号关闭且不存在任何违规违约情形的，在发货后 180 天放款。具体规则如表 6-19 所示。

表 6-19 速卖通放款规则

账号状态	放款规则		
	放款时间	放款比例	备注
账号正常	发货 3 个自然日后（一般是 3~5 天）	70%~97%	保证金释放时间如表 6-20 所示
		100%	
	买家保护期结束后	100%	买家保护期结束：买家确认收货/买家确认收货超时后 15 天
账号关闭	发货后 180 天	100%	无

2. 放款方式

对于提前放款订单，一般在发货后 3~5 天会进行放款，但是由于受银行清算影响，部分订单放款会超过 5 天，银行一般清算时间为 10 个自然日，多币种为 12 个自然日。

出现以下情形的，需在买家保护期完成后才会放款：第一，如果部分单笔订单有异常或

---

① 根据公开信息整理，具体以各支付机构最新规定为准。

疑似异常或存在任何安全隐患（或存在平台认为不适合予以放款情形的），平台有权拒绝安排在发货后就进行放款；第二，平台会根据综合经营指标进行评估，给予每个卖家一个放款额度，当放款额度达到上限之后，发货的订单也需要在买家保护期完成后放款。

3. 保证金规定

速卖通平台会冻结一定比例的保证金，用于放款订单后期可能产生的退款或赔偿其他可能对买家、速卖通或第三方产生的损失。提前放款的保证金有两种形式，具体的释放时间如表6-20所示。

表6-20 提前放款保证金释放时间表

类型	条件		保证金释放时间
按照订单比例冻结的保证金	商业快递+系统核实物流投妥	无	交易结束当天
	1. 商业快递+系统核实物流投妥 2. 非商业快递	交易完成时间-发货时间≤30天	发货后第30天
		30天<交易完成时间-发货时间<60天	交易结束当天
		交易完成时间-发货时间≥60天	发货后第60天
固定保证金	账号被关闭	无	提前放款的订单全部结束（交易完成+15天）后，全部释放
	退出提前放款		
	提前放款不准入		

4. 退款资金的处理

退款产生后，平台会先从卖家账户可提现余额扣款；若余额不足，会扣除冻结保证金中的资金；仍不足扣款，平台有权（但无义务）垫资退款给卖家。扣款的顺序为：资金账户可用余额—冻结金额—平台垫资。

（二）亚马逊平台放款规则

1. 放款时间

一般情况下，亚马逊会在卖家注册平台产生销售货物的14天后，向卖家银行账户存入卖家的销售收入。随后，放款流程每隔14天重复一次。亚马逊放款之后，资金要过1~3天才能到收款账户，而从收款账户提现到银行账户的时间，则是根据卖家绑定的收款方式来决定。

2. 主要收款方式

基于亚马逊的收款方式有很多，目前主流的方式主要是通过连连国际、PingPong、World First、Payoneer等第三方支付机构。此外，亚马逊平台自身也推出了亚马逊全球收款服务，作为不出站收款解决方案，可以直接绑定卖家国内本币账户。收款方式不同，所涉及的入账费用、提现费用、提现时间、最低提现额度等都有所不同。

（三）Wish平台放款规则

1. 放款原则

接单后的7天内，满足以下条件的订单可以被正常放款：将货物发出（必须是有效订单);在系统中将有效订单标记为已发出,也就是在系统里发货;提供对应订单的有效运单号。

如果在卖家完成以上三步之前订单被取消,则该订单将不会被放款;Wish 平台会在买家取消订单的同时立即向卖家发出通知,卖家必须保证自己所发出的订单是没有被取消的订单,否则将面临收不到款的风险。

2. 放款时间和方式

Wish 平台每个自然月的第一天对前一个月的有效订单进行放款。放款方式主要通过以下渠道:①Payoneer中国账户或国际账户;②易联支付(PayEco),只需要一个中国的银行账号即可;③Bill. com,电汇或支票支付,其中,电汇支付仅针对美国的个人账户。Wish 平台可供选择的放款方式如表 6-21 所示。

表 6-21　Wish 平台可供选择的放款方式

提供商	处理时间	收取的费用
Payoneer—中国账户	即时	1%
Payoneer—国际账户	即时	1%~2.75%
易联支付(PayEco)	1~3 个工作日	1.2%
Bill. com—ACH	3~5 个工作日	$ 1.49
Bill. com—美国纸质支票	5~7 个工作日	$ 1.49
Bill. com—国际纸质支票	14~21 个工作日	$ 1.49

3. 确认订单可付款时间

订单只有在系统中被确认为"已发货"才会被认为符合付款条件。为加快这个过程商家需要在发货后尽快将有效的运单号输入系统。如果系统无法确认有效的物流信息,Wish 平台默认商家在系统中发货的 30 日后作为此订单符合付款的日期,并在该日期的下个付款日付款。

 **操作示范**

步骤一:操作美元转账(即提现)

(1)进入"我的账户"页面,点击美元账户,选择转账(图 6-3)。

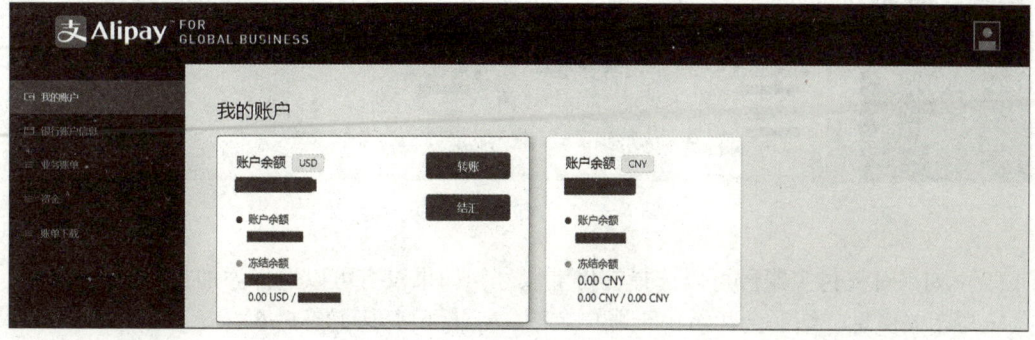

图 6-3　支付宝"我的账户"页面

国际金融实务

（2）选择提现的收款银行信息，如果需要新增银行卡信息，可点击"Add new bank account"进行新增（图6-4）。

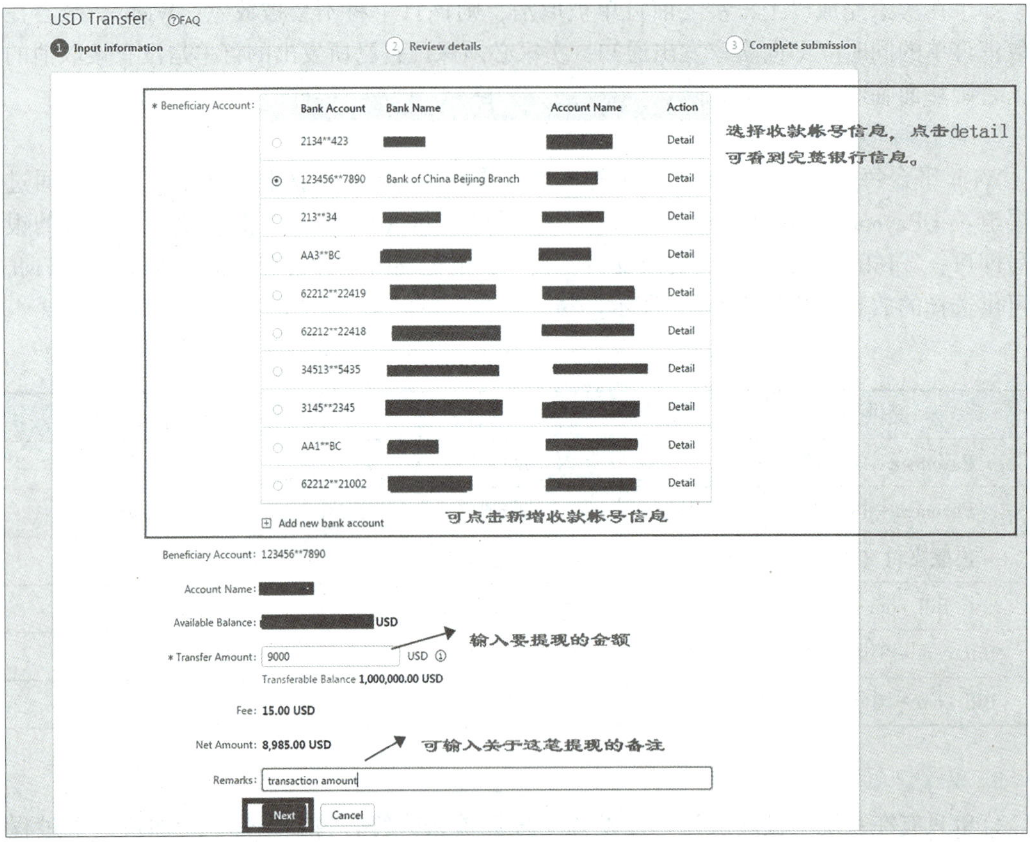

图6-4 收款银行信息

步骤二：操作美元结汇

（1）进入我的账户页面，点击美元账户，选择结汇（图6-5）。

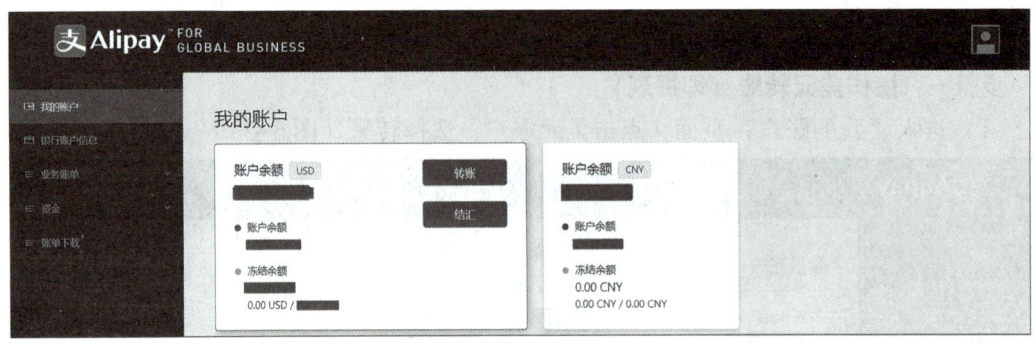

图6-5 "我的账户"页面

（2）如果有支付宝账号可以选择支付宝账号，如果没有可以选择添加支付宝账号。填写相关信息。结汇金额需小于账户余额，点击下一步（图6-6）。

项目六　国际结算操作

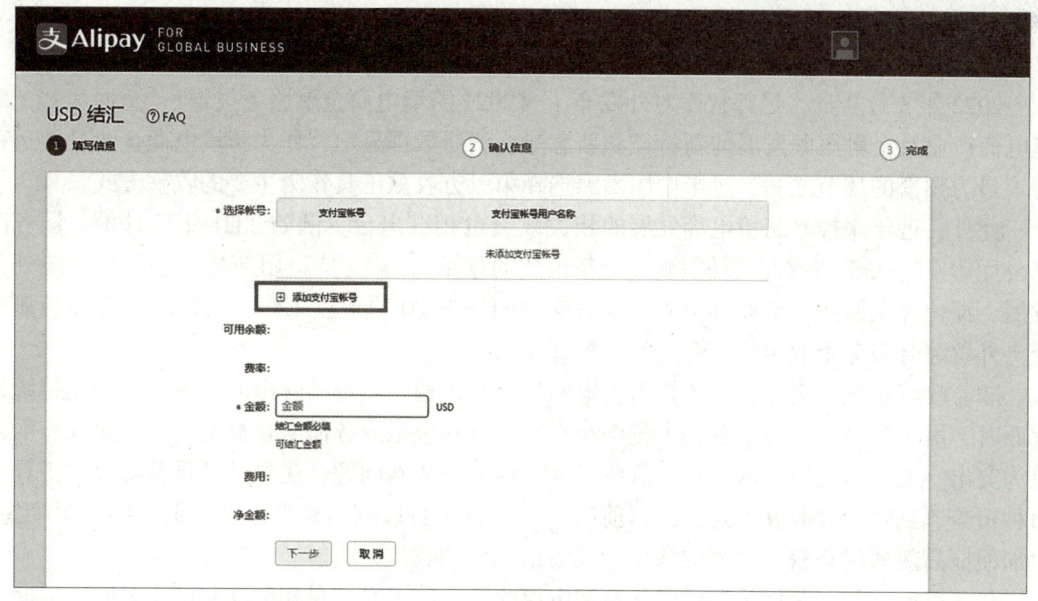

图 6-6　美元结汇页面

结汇注意事项：

结汇费率为支付宝合作银行提供的现汇买入价。结汇功能仅用于与企业同名的国内企业支付宝账户或与企业法人同名的个人支付宝账户。在中国大陆地区开设的公司账户必须有进出口权才能接收美元并结汇，且必须办理正式报关手续，并在银行端完成相关出口收汇核查、国际收支统计申报之后，才能顺利收汇、结汇。

资料来源：《AE 卖家支付宝国际账户使用手册》。

实训练习

亿邦智库发布的《2021 跨境电商金融服务报告》指出，第三方工具收款仍是跨境电商卖家收款的主渠道，卖家对跨境收款费率和汇率透明度改善的需求最高。在选择跨境收款工具时，跨境电商卖家不仅要考虑手续费的高低，还要综合评估提现难度、周期和时效等因素。门槛低、费率低、结算周期短，以及操作更便捷高效的第三方收款工具因更符合中小卖家等长尾用户的需求，仍是跨境电商卖家最主要的收款方式。同时，主流收款服务阵营已基本形成，连连国际、支付宝国际、PayPal、PingPong、World First、Payoneer 六家头部收款机构服务了近 90%的客户，位居第三方收款工具使用频率的前六位。

对于跨境电商卖家来说，费率高、手续费多仍是卖家在跨境收款时遇到的最主要问题。近 2 年第三方收款平台汇率不够透明也给跨境电商卖家带来不必要的损失。因此，降低费用率、提升汇率透明度是跨境电商卖家最期盼改善的跨境收款服务问题。

资料来源：汤莉．从跨境电商金融服务需求之变看市场之变［N］．国际商报，2022-03-25(003)．

任务：以小组为单位，调研目前跨境电商卖家的主流收款方式，并对这些方式的使用规则、手续费率等进行对比，撰写调研报告。

 **拓展任务**

2022年3月9日，亿邦智库对外发布了《2021跨境电商金融服务报告》，全面呈现了跨境电商产业及金融服务发展的新特征和新态势。调研数据显示，作为跨境电商企业日常运营需求最为频繁的环节之一，过半中国卖家选择第三方收款工具作为主要的收款方式。

此外，近年来推动跨境电商发展的相关政策也相继出台。例如2021年7月份，国务院办公厅印发《关于加快发展外贸新业态新模式的意见》，从支持运用新技术新工具赋能外贸发展、深化外贸服务向专业细分领域发展等方面部署20项重点工作，支持跨境电商、海外仓、外贸综合服务企业等外贸新业态新模式发展。

随着政策春风，诸多企业紧抓跨境电商发展新机遇，实现品牌出海。不过，相比传统外贸而言，由于跨境电商行业存在大量中小卖家，其对金融服务需求在复杂性、专业性方面也更为突出。尤其在跨境收款方面，这些卖家不仅考虑成本问题，还非常注重跨境收款工具的币种覆盖、到账时效等软性能力。目前第三方收款工具以其门槛低、费率低、结算周期短、更加便捷高效的优势获得卖家的认可，成为最主要的收款方式。

亿邦智库认为，跨境金融已经从跨境电商收款、收单等支付相关的基础金融服务，向供应链金融、外汇、资金管理、保险、财税等综合性金融服务、增值金融服务迈进。可连接各类配套服务、探索建立一站式接入的跨境支撑服务平台将成为产业未来的主要发展趋势。

资料来源：李冰. 跨境电商金融服务报告：主流跨境收款服务商阵营基本形成 . [EB/OL]. (2022.03.09) [2022.4.30] https://baijiahao.baidu.com/s? id=1726823745588713848&wfr=spider&for=pc

任务：尝试申请注册连连国际和PayPal账户。

_____

_____

_____

_____

合规经营　控制风险

"我们的银行卡总共被警方冻结了四次,其中今年被冻结了两次。"提到银行卡被冻结的事,浙江义乌国际商贸城的经营户吴亚说道。在一个 500 人微信群里,大部分人都遭遇过银行卡被外地公安机关冻结的经历。他们中的有些人,被冻结的银行卡至今未解冻,卡内资金较多,且"只能进不能出",严重影响了资金周转,有的则在解冻过程中付出了数万到十几万不等的强制划扣代价。有的人收到了外国客商支付的几千元货款,结果整张银行卡连同卡里的数百万资金都一并被冻结。"从 2020 年下半年,全国的小微外贸企业很大部分都面临账户被冻结风险,可以说 10 个账户里有 2 个有被冻结的风险。"一站式外贸企业跨境金融和风控服务公司 XTransfer 创始人兼 CEO 邓国标说道。

根据官方的不完全统计,仅 2020 年,义乌市辖内企业及个人被各地公安机关查封过的银行账户数就超过 1 万户,被冻结的资金超过 10 亿元,波及范围同比 2019 年,至少翻了一倍。"反洗钱力度不断增加的不仅仅是中国,亚太区乃至全球的这一趋势都越来越明显,执法机关在打击洗钱活动或地下钱庄过程中,往往会同时打击上下游的账户。"

为什么大面积被冻结?

小微外贸企业看中地下钱庄使用上的便利性,忽视了背后巨大的风险。义乌外贸行业中,出口订单的结算主要采用人民币结算,因为用人民币结算,对经营户来说没有结汇成本,到账速度快。这种人民币结算,由于涉及境外国家或地区的第三方公司,也容易被地下钱庄"洗黑钱"钻漏洞,于是"问题"资金流入义乌的合规合法账户,从而引发账户被公安机关冻结。

在小微出口企业 B2B 电商的交易里,企业更多的是依赖传统金融机构来周转资金,传统金融机构履行反洗钱职责过程中,由于缺乏一套 B2B 电商交易系统,因此很难高效并且低成本地获取足够数据和信息,精准控制风险。企业感到收款的风控审查很严格,体验缺乏流畅性,因此有部分就会选择使用地下钱庄,从而导致资金被冻结的情况屡见不鲜。

小额支付风控怎么做?

随着中小微外贸企业的快速崛起,对商业银行来说,资金风险管控这一外贸行业长期以来的痛点,又被提了出来。业内专家认为,解决外贸支付领域的风控痛点,根本办法就是数字化、电子化,通过建立一套 B2B 电商系统,让信息采集便利化,也让展业行为透明可追溯,在此基础上,建设一套风控系统,快速地将不良情况识别出来。

对于中小微外贸企业来说,务必要加强正规展业和风险管控的意识,所有正常展业的单据都要保存完整,保证资金流、信息流和物流三流合一,同时在展业过程中提高自身风险合规意识,切忌贪心掉入外贸骗局之中。

资料来源:第一财经. 义乌大批外贸商户银行卡被冻结[EB/OL]. (2021.4.12)[2022.4.30] https://baijiahao.baidu.com/s?id=1696844579941144636&wfr=spider&for=pc

项目习题

一、判断题

1. 做跨境电商不能采用传统的结算方式支付结算。（   ）
2. 境外汇款业务必须到线下柜台才能办理。（   ）
3. 只要信用证条款与合同不一致就应该修改。（   ）
4. 开证申请书相当于开证申请人与开证行之间的契约。（   ）
5. 票汇业务和托收业务的结算基础是商业信用，所以都使用商业汇票。（   ）
6. 速卖通卖家国际支付宝账户支持人民币、美元、欧元、英镑等多种币种。（   ）
7. 托收因通过银行实现货款的收付，所以托收是属于银行信用。（   ）
8. 信用证的有效到期地点应是受益人所在地。（   ）
9. 受益人收到信用证，需对照贸易合同审核信用证，确认无须修改后才能发货。（   ）
10. 如果开证申请人破产无法支付货款，开证银行仍需对符合其所开的不可撤销信用证的单据承担付款的责任。（   ）

二、单项选择题

1. 信用证的特点表明各有关银行在信用证业务中处理的是（   ）。
   A. 相关货物 B. 相关合同 C. 抵押权益 D. 相关单据
2. 信用证的第一付款人是（   ）。
   A. 开证行 B. 通知行 C. 议付行 D. 开证申请人
3. 按照UCP600规定，开证行审核单据和决定是否提出异议的合理时间是（   ）。
   A. 收到单据翌日起的5个工作日 B. 收到单据翌日起的7个工作日
   C. 收到单据翌日起的8个工作日 D. 收到单据翌日起的10个工作日
4. 受益人审核信用证有问题需要修改，应该先联系（   ）。
   A. 通知行 B. 开证申请人 C. 开证行 D. 付款行
5. 如果信用证没有规定交单期，那么受益人应该在装运单据日期之后最长（   ）天内交单，并且不能超过信用证的有效期。
   A. 7 B. 10 C. 21 D. 30

三、多项选择题

1. 常规跨境电商结算流程包括（   ）。
   A. 订单生成 B. 买家付款 C. 卖家发货
   D. 资金提现 E. 结汇退税
2. 汇款申请书中所用的外汇可以是（   ）。
   A. 现汇金额 B. 购汇金额 C. 其他金额 D. 现钞金额
3. 托收申请书中的主要当事人包括（   ）。
   A. 委托人 B. 代收行 C. 托收行 D. 付款人
4. 开证申请书中信用证的兑用方式包括（   ）。
   A. 即期付款 B. 延期付款 C. 议付 D. 承兑
5. 受益人审核信用证的依据一般包括（   ）。
   A. 外贸合同 B.《跟单信用证统一惯例》
   C. 业务实际情况 D. 商业单据

项目内容结构图

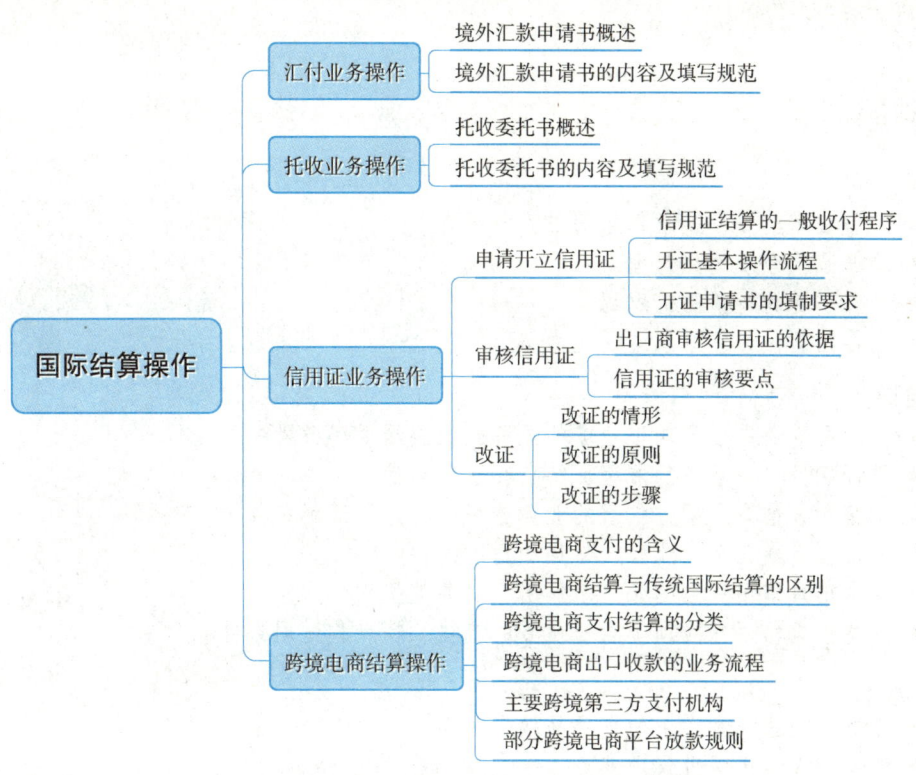

项目学习评价表

班级：　　　　　　　　　　　　　　　　　　　　　　　姓名：

评价类别	评价项目	评价等级
自我评价	学习兴趣	☆☆☆☆☆
	掌握程度	☆☆☆☆☆
	学习收获	☆☆☆☆☆
小组互评	沟通协调能力	☆☆☆☆☆
	参与策划讨论情况	☆☆☆☆☆
	承担任务实施情况	☆☆☆☆☆
教师评价	学习态度	☆☆☆☆☆
	课堂表现	☆☆☆☆☆
	项目完成情况	☆☆☆☆☆
综合评价		☆☆☆☆☆

项目七　国际贸易融资

学习目标

素质目标：
- 培养认真细致、追求卓越的工作作风
- 培养诚信合规的经营理念
- 具备一定的风险防范意识
- 具备团队协作、组织沟通能力

知识目标：
- 熟悉常见短期贸易融资业务的流程、特点和适用条件
- 掌握保付代理业务的流程、特点和适用条件
- 了解卖方信贷、买方信贷的业务流程、特点和适用条件
- 掌握福费廷业务的流程、特点和适用条件
- 熟悉出口信用保险的含义、作用和业务类型
- 熟悉出口信用保险项下融资业务的流程、特点和适用条件

能力目标：
- 能够合理选择和运用短期贸易融资业务
- 能够合理运用保付代理业务
- 能够合理选择和运用中长期贸易融资业务
- 能够合理运用福费廷业务
- 能够合理运用出口信用保险和信保项下的融资业务

重点难点

重点：
- 各种短期贸易融资业务的流程、特点和适用条件
- 保付代理业务的流程、特点和适用条件
- 福费廷业务的流程、特点和适用条件
- 出口信用保险的含义、作用和业务类型
- 出口信用保险项下融资业务的流程、特点和适用条件
- 常见贸易融资业务的选择和运用

难点：
- 各种短期贸易融资业务的选择和运用
- 保付代理业务的流程、特点和运用
- 福费廷业务的流程、特点和运用

任务一　短期国际贸易融资操作[①]

任务导入

青岛金桥贸易有限公司与某美国公司2021年5月10日签订出口贸易合同，采用见票后60天付款的远期信用证方式出口商品，2021年6月1日美国花旗银行（Citibank，N.A）开立以青岛金桥为受益人的信用证并通过中国银行青岛分行通知至卖方，信用证号码CD53020061，付款日期为见票后60天付款，有效期为2021年10月30日，信用证金额为20万美元。由于2021年以来企业订单增长较快，流动资金比较紧张，因此计划通过出口押汇业务融通资金。2021年7月10日青岛金桥在货物出运后，由单证员陈璐制作信用证下全套单据（包括汇票2份、正本提单3份、发票3份、装箱单3份、产地证明3份、质量证明3份、受益人证明1份），由财务人员张丽填写出口押汇申请书，向中国银行青岛分行交单并申请叙做10万美元的出口押汇业务。

思考：办理出口押汇的条件是什么？

任务：代表青岛金桥填写出口押汇申请书（表7-1），去银行办理出口押汇融资业务。

表7-1　出口押汇申请书（样表）

致：										
兹凭下列所附信用证项下出口单据，向贵行申请叙做出口押汇。										
信用证基本资料										
开证银行										
付款银行										
开证日期			信用证效期				付款期限			
信用证号			信用证金额				押汇金额			
单据资料										
汇票金额						汇票期限				
汇票	提单	发票	保险单	装箱单	重量单	产地证	商检证	质量证	其他	

我公司申请向贵行办理押汇金额_____，押汇期限按实际天数计算。若因单据存在不符点等原因贵行不予押汇，我司同意由贵行寄单索汇。

申请人（盖章）

年　月　日

[①] 由于不同银行或机构提供的国际贸易融资业务的名称、类型、条件、流程等不完全相同，在此我们主要介绍最常见的几种业务，具体细节要参照银行或机构的实际规定。本项目中介绍的业务流程和办理条件主要参考中国银行官方网站（www.boc.cn）。

知识准备

一、短期国际贸易融资的含义

短期国际贸易融资是指进出口商在国际贸易和结算的不同环节得到的期限在1年以内的短期资金融通。通过短期资金支持,进出口商可以利用财务杠杆,加速资金周转,增强竞争力。短期国际贸易融资的形式多种多样,根据受信方即借款方的不同,可以分为短期出口贸易融资、短期进口贸易融资以及综合的保付代理业务等。

二、短期出口贸易融资

(一)打包放款

1. 打包放款的含义

打包放款(Packing Loan),是指在信用证结算方式下,出口商凭所收到的正本信用证作为还款凭据和抵押品向当地银行申请的一种装船前信贷。打包放款主要适用于出口商在采购或生产信用证项下的出口商品时,资金出现短缺的情况。通过以信用证作为抵押,向银行申请流动资金贷款,来弥补出口货物在生产、加工、包装及运输过程中出现的资金缺口。出口商用信用证项下的出口收入偿还借款,或者在发运货物后,凭相关单据向银行办理交单时,向银行申请用出口押汇偿还打包放款。打包放款可以在出口商自身资金紧缺而又无法争取到预付货款的支付条件时,帮助出口商顺利开展业务、把握贸易机会。打包放款的还款来源为信用证项下的出口收汇,具有开证行有条件的信用保障,该业务属于专项贷款,贸易背景清晰,适合封闭管理。打包放款的期限最常见的是3个月,一般不超过信用证有效期,原则上不超过6个月。

2. 提交材料

(1)书面申请;
(2)国外销售合同和国内采购合同;
(3)贸易情况介绍;
(4)正本信用证。

3. 办理流程

(1)出口商与进口商签订合同并约定采用信用证方式结算;
(2)进口商填写开证申请书,向开证行提出开证申请;
(3)开证行将信用证开立出来发给通知行;
(4)通知行将信用证通知给出口商;
(5)出口商向银行提交打包贷款申请书、贸易合同、正本信用证及相关材料,与银行签订打包贷款协议;
(6)银行经审核后将打包贷款款项入出口商账户。

打包放款流程图如图7-1所示。

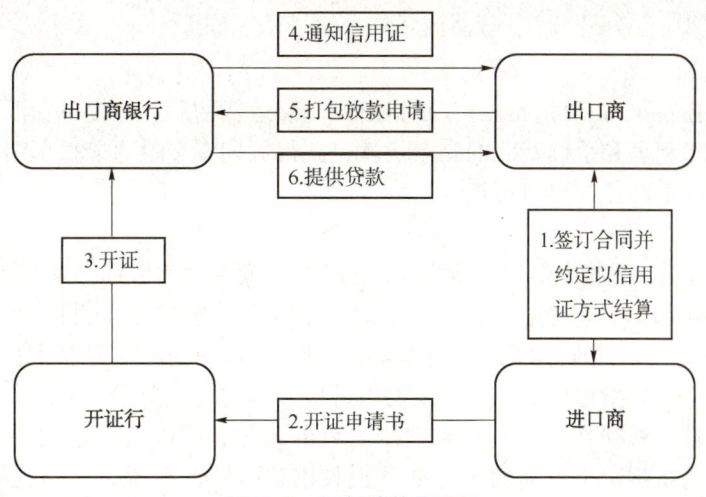

图7-1 打包放款流程图

4. 注意事项

（1）出口商需要与银行签订正式《借款合同（打包贷款）》；
（2）凭以放款的信用证以融资银行为通知行，且融资银行可以议付、付款；
（3）信用证中最好不含有出口商无法履行的"软条款"；
（4）申请打包贷款后，信用证正本须留存于融资银行；
（5）正常情况下，信用证项下收汇款须作为打包贷款的第一还款来源；
（6）装运货物并取得信用证下单据后，应及时向银行进行交单；
（7）贷款金额最高为发票金额的80%；
（8）申请打包放款一般需要企业在银行有授信额度。

授信额度

订单融资

订单融资是指企业凭信用良好的买方产品订单，在技术成熟、生产能力有保障并能提供有效担保的条件下，由银行或其他融资机构提供专项贷款，供企业购买材料组织生产，企业在收到货款后立即偿还贷款的业务[1]。

订单融资适合于出口商流动资金紧缺，而进口商却不同意预付货款或开立信用证，只能采用托收、汇款方式结算的情况。通过订单融资帮助卖方顺利开展业务、把握贸易机会。

在生产、采购等备货阶段都不必占用卖方的自有资金，缓解流动资金压力。

申请订单融资需要基础交易具有真实的贸易背景，相关订单有效且内容清楚、明确。卖方主营业务突出，履约能力强，经营情况良好，具有较强的市场竞争力。与买方保持长期稳定的业务往来关系，收款记录正常，无拖欠、迟付等情况；买方资信良好。同时融资期限应与订单项下货物采购、生产、装运及回款期限相匹配。

---

[1] 何娟. 物流金融理论与实务［M］. 北京：清华大学出版社，2014.

(二) 出口押汇

1. 出口押汇的含义

出口押汇（Export Bill Purchase），是指出口商装运货物后，将提单和汇票等单据质押给银行从而得到扣除利息和手续费后的剩余货款，获得短期资金融通。根据结算方式的不同又分为信用证出口押汇和托收出口押汇。

2. 出口押汇的类型

信用证出口押汇，是指在信用证结算方式下，出口商发运货物后，将全套单据提交往来银行作为质押，向银行取得资金融通。办理押汇的银行在审核单据后，扣除一定的利息和费用将余款支付给出口商。然后银行向开证行寄单索款，收到的款项用以偿还押汇行事先的垫款。

托收出口押汇，是指出口商凭其开立的以进口商为付款人的跟单汇票，以及随附的商业票据向托收行贷款，获得在扣除利息和费用之后的余款，托收行通过国外银行向进口商收款，以偿还事先的垫款。出口商向银行办理托收出口押汇时应提供一份托收出口押汇申请书，除了申请做托收出口押汇外，还要保证汇票被拒付时托收行对出口商有追索权，要保证负责赔偿托收行因此造成的一切损失。

信用证出口押汇和托收出口押汇的根本区别在于前者有开证行的付款保证，而后者则完全取决于进口商的信用，因此银行提供托收出口押汇的风险相对较大。为控制风险银行在提供托收出口押汇时，通常要根据出口商的资信核定相应的额度，只在额度内提供托收出口押汇。我国国内有些银行提供的出口押汇业务是专指信用证项下的情况，而托收出口押汇则另外单独注明。

3. 办理条件

（1）信用证项下的押汇申请人应为信用证的受益人；

（2）向银行（通常为通知行或议付行）提出正式的出口押汇申请书；

（3）贷款银行原则上只对单证相符的单据和电报提示的正点单据办理出口押汇，对不符点单据也可办理出口押汇，条件是出口企业必须资信良好，清偿力强，并对不符点单据的拒付提供担保；

（4）对跟单托收单据也可办理出口押汇，押汇金额一般不超过发票金额的 80%，并且要资信良好，办理出口信用保险并把保险单抵押给办理出口押汇的银行，出口保险的受益人转为办理出口押汇的银行；

（5）出口押汇的利息按 LIBOR 加收一定的风险利率计收；

（6）限制其他银行议付的信用证无法办理出口押汇。

4. 业务流程

（1）出口商与银行签订押汇协议；

（2）出口商向银行提交出口单据及押汇申请书；

（3）银行经审核单据后，将押汇款项入出口商账户；

（4）银行将单据寄往国外银行（信用证项下开证行或指定行，或托收项下代收行）进行索汇；

（5）国外银行收到单据后提示给信用证项下开证申请人，或托收项下付款人；

（6）到期时，进口商向相关银行付款；

（7）进口商银行到期向出口商银行付款，用以归还押汇款项。

信用证下出口押汇的流程如图 7-2 所示。

出口押汇与议付的区别

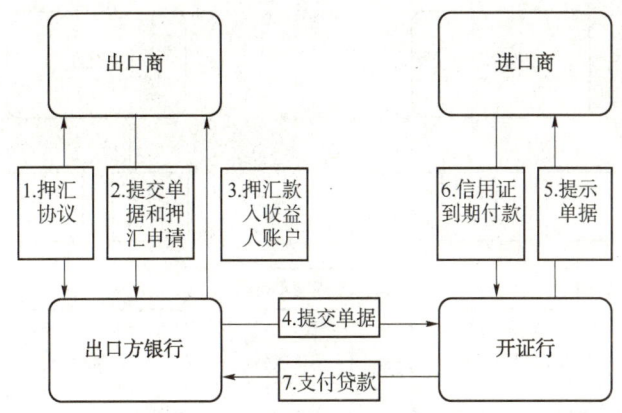

图 7-2 信用证下出口押汇的流程

(三) 出口贴现

1. 出口贴现的含义

出口贴现（Export Bill Discount），是指在出口信用证项下从出口商购入已经银行承兑的未到期远期汇票或已经银行承付的未到期远期债权或在跟单托收项下购入已经银行保付的未到期远期债权。在国际贸易融资中，出口贴现申请人是出口商，用于贴现的远期汇票或远期债权应有进口商银行的付款保证，而且一旦承兑、承付或保付银行到期不能履行付款义务，贴现行有权向出口商行使追索权。

出口押汇和出口贴现的区别在于出口押汇发生在出口商出运货物后，向银行提交包括提单、汇票等全套单据时，以将来取得开证行或进口商付款的权利为质押取得的贷款。而出口贴现则是在单据已寄往国外，远期汇票得到进口方银行承兑后，或远期债权经过进口商银行承付或保付后，出口商以远期汇票或远期债权为质押取得的贷款。

2. 业务流程

（1）出口商与银行签订融资协议，向银行提交出口单据；
（2）银行经审核单据后，将单据寄往国外银行（开证行或指定行）进行索汇；
（3）国外银行收到单据后向出口商银行发出承兑或承付报文；
（4）银行在收到承兑或承付报文后，出口商向银行提交贴现业务申请书；
（5）银行将贴现款项打入出口商账户；
（6）票据到期后，进口商银行向进口商提示付款；
（7）进口商支付款项，国外银行向出口商银行付款，用以归还贴现款项。

图 7-3 所示为信用证下出口贴现的流程。

(四) 发票融资

发票融资，又称为发票贴现（Export Invoice Discount），是指采用货到付款或赊销（O/A）结算方式时，出口商凭其提供的发票和其他出口凭证，向银行申请贷款，银行根据情况给予一定比例的短期资金融通。还有的银行将这种业务称为 T/T 押汇或 T/T 融资。和前几种贸易融资业务一样，发票融资也可以帮助出口商加快资金周转，提前结汇规避汇率风险。但是由于该业务建立在进口商的商业信用基础上，风险相对较大，因此要求出口商具备相应的业务资格或资质，履约能力强，具有较强的市场竞争力，同时，上下游客户关系稳定，经营情况和交易信息真实透明。银行会严格审查出口商的资信，核定贷款额度，并在进口商不能支付货款的情况下保留对出口商的追索权。

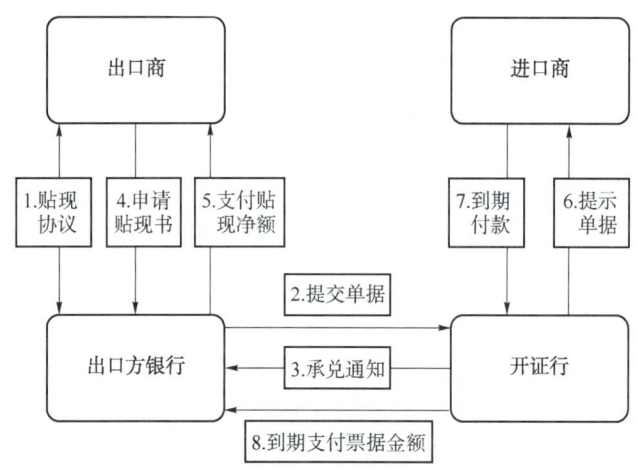

图 7-3　信用证下出口贴现的流程

三、短期进口融资

(一) 授信开证

授信开证（Issuing of L/C with Credit Limits），是指银行在未向客户收取全额保证金的情况下，为其开立进口信用证的业务。通过该项业务，进口商可以部分或全部免交开证保证金，从而减少资金占压，加快资金周转。银行一般应进口商的申请，根据其偿债能力、履约记录和担保条件等情况为其核定授信额度，该项额度实行余额控制，可以循环使用，进口商在该项额度之内可全部或部分免交开证保证金；若进口商未能事先获得授信额度，可采取单笔授信审核的办法。

(二) 承兑信用

进口商对出口商签发的汇票进行承兑属于一种商业信用，如果出口商不完全相信进口商的支付能力，或者出口商需要从出口商银行融资，通常会要求进口商找一家银行对其远期汇票进行承兑，以保证货款的收回。此时，进口商就要向本国银行提出承兑汇票的申请。

如果出口商要求进口商以现款支付，进口商还可以向银行签发汇票，由银行承兑，进口商将经承兑的汇票在市场贴现，以贴现所得款项支付给出口商。这种业务称为再融资（Refinance）。

承兑信用是银行对外贸易融资的重要形式。在这个过程中，银行为进口商提供了信用，由于票据一经承兑，承兑人即变为第一付款人，承担了进口商违约的风险，因此进口商银行要对进口商的资信进行调查，并控制承兑金额，当然还要向进口商收取一定的费用。

(三) 进口押汇

1. 进口押汇的含义

进口押汇（Inward Documentary Bill），是指当接到国外寄来的单据，而进口商暂时没有资金付款赎单时，以跟单汇票和进口货物作为质押，要求银行代为垫付货款的业务。进口押汇可以帮助进口商缓解进口资金压力，尽早提货、转卖，抢占市场先机。进口押汇的期限一般与进口货物转卖的期限相匹配，并以销售回笼款项作为押汇的主要还款来源。根据结算方式，也可分为信用证下进口押汇和托收进口押汇两种。

信用证下进口押汇是开证行在收到单据，审单相符后即先行付款，进口商取得单据提货后，将货物销售，以收回的资金偿还银行垫付货款的本金和利息。

托收进口押汇，则是发生在托收结算方式下，代收银行替进口商垫付货款，向进口商提供的短期资金融通。

信托收据

银行在办理进口押汇时，由于已经替进口商对外支付了货款，而货物却被进口商提取，如果进口商违约，将面临钱货两空的局面。因此为控制风险，必须使用信托收据（Trust Receipt）。信托收据是进口商以受托人的身份向代为支付货款的银行开出的一份法律文件，在文件中进口商承认货物已抵押给银行，承诺以银行的名义代为保管、加工和出售货物，并保证在规定的期限内用销售收入归还全部银行垫款。如进口商破产，进口商的其他债权人不能处理信托收据下的资产、货物。若进口商出售货物后尚未收回货款，银行有权凭信托收据直接向买方追索。

2. 申请条件

（1）依法核准登记，具有经年检的法人营业执照或其他足以证明其经营合法性和经营范围的有效证明文件；

（2）拥有贷款卡；

（3）拥有开户许可证，并在银行开立结算账户；

（4）具有进出口经营资格。

3. 办理流程

（1）进口商向银行提交进口押汇申请书；

（2）银行应进口商申请为其核定授信额度，双方签订押汇协议；

（3）银行代进口商对外垫付押汇款项；

（4）银行将单据交付进口商；

（5）进口商到期向银行付款，用以归还押汇款项。

进口押汇流程如图7-4所示。

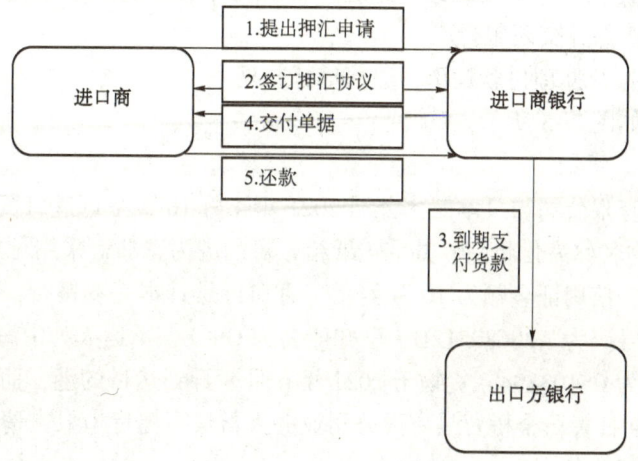

图7-4　进口押汇流程

（四）提货担保

1. 提货担保的含义

提货担保（Delivery Against Bank Guarantee），是指在信用证项下的货物早于货物提单抵达港口时，为了使进出口商业务能够正常进行，应进口商的申请，银行向船公司或货运代理商出具担保书，凭之先行放货给进口商的授信方式。待收到单据后，用正本提单换回提货担保，银行的担保责任即告解除。如果由于各种原因，日后无法补交正本提单，作为担保人的银行将要承担各种费用及赔偿由此给船公司或货运代理人的损失。因此，提货担保实际上是银行对进口商提供的一种信用担保。提货担保适合于海运航程较短，货物先于提单到达的情况，可以帮助进口商及时提货，加速货物流转，避免滞港费等额外费用。

银行在签发提货担保之前，必须查明该批货物确属银行所开立的信用证项下的货物，或者进口商放弃信用证下对不符点单据拒付的权利，同时确定收货申报人的货值无误。在一般情况下，银行要收取进口商全额保证金，或对有信托收据额度者在额度内凭信托收据签发提货担保。

2. 申请条件

（1）依法核准登记，具有经年检的法人营业执照或其他足以证明其经营合法性和经营范围的有效证明文件。

（2）拥有贷款卡。

（3）拥有开户许可证，在银行开立结算账户。

（4）有进出口经营权。

（5）客户在银行有授信额度或存入全额保证金。

3. 业务流程

（1）出口商通过船公司（或其他承运人）发货。

（2）货物发出后出口商向出口方银行交单。

（3）货物早于信用证或托收单据（含正本提单）到达。

（4）进口商向银行提交提货担保申请书。

（5）银行经审核后为进口商出具提货担保。

（6）进口商凭银行出具的提货担保向船公司（或其他承运人）办理提货。

（7）信用证或托收项下单据到达后，进口商凭正本提单向船公司（或其他承运人）换取先前出具的提货担保并交还银行。

（8）进口商向银行办理付款赎单，退回信托收据。

提货担保流程如图7-5所示。

4. 提货担保实务示例

青岛金桥贸易有限公司与日本三木公司2021年4月10日签订进口贸易合同，合同号码为210410002，货物名称为化妆品，共174纸箱，目的港为青岛，采用见票后30天付款的远期信用证方式结算，信用证金额为10万美元，通知行是日本三菱银行，开证行是中国银行青岛分行，信用证号码为A20680512D，已知船名为CSCL，承运人为中海集装箱运输股份有限公司，提单号码为CS103894。货物于2021年6月8日到达目的港，而信用证项下全套单据还未到达。6月9日青岛金桥贸易有限公司业务人员填写提货担保申请书（表7-2）到银行办理提货担保申请业务。

项目七　国际贸易融资

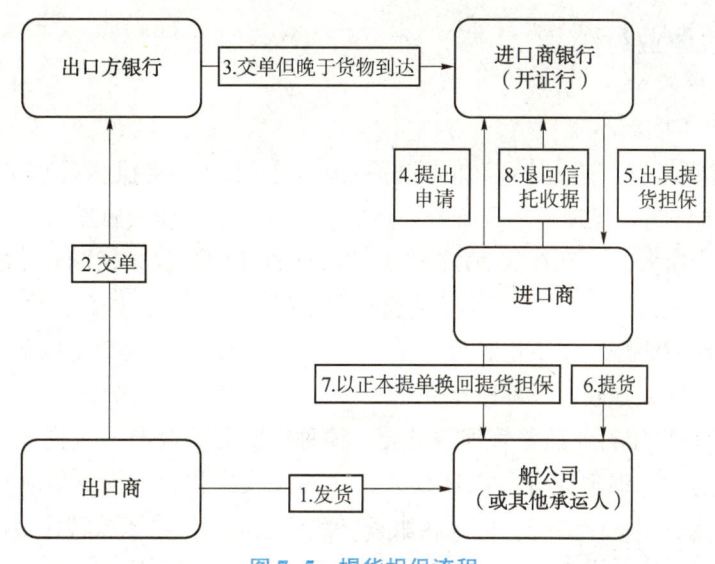

图 7-5　提货担保流程

表 7-2　提货担保申请书

　　中国　银行　　青岛　　分行：
　　兹因下列货物正本提单尚未收到，而货物已经到达我司指定港，请贵行向　中海集装箱运输股份有限公司　签署提货担保书，以便我司先行提取下列货物：

货名	提单号	唛头	船名	发货人	信用证号 合同号	货物价值
化妆品	CS103894		CSCL	日本三木公司	A20680512D 210410002	USD100000.00

总件数（大写）：壹佰柒拾肆箱整
信用证/合同金额（大写）：拾万美元整

我司谨此承诺和同意下列事项：
　　一、我司在收到上述信用证项下有关单据后，无论是否存在不符点，我司保证立即付款或承兑。贵行有权直接从我司在贵行的账户扣款，按期对外付款。
　　二、我司保证在收到正本提单后立即向船运公司换回贵行的提货担保书，以解除贵行由此而产生的一切责任。
　　三、我司负责赔偿因出具此提货担保书而使贵行遭受的一切损失。
　　四、我司愿意承担此提货担保项下所发生的一切费用，包括贵行的诉讼费用或仲裁费用、律师费及其他费用。

申请人：（公章）青岛金桥贸易有限公司
法定代表人或授权签字人：（签字）×××
2021 年 6 月 9 日

三、保付代理业务

(一) 保理业务的含义

国际保理商联合会（Factoring Chain International, FCI）将保付代理业务（以下简称"保理业务"）界定为：保理是融合了资金融通、账务管理、应收账款收取和坏账担保四项业务的综合性金融服务。并且在其 2013 年 7 月修订的《国际保理通则》（General Rules for International Factoring, GRIF）中规定：保理合同系指一项契约，据此，供应商可能或将要向一家保理商转让应收账款，不论其目的是否为获得融资，至少要满足以下职能之一：①销售分户账管理；②账款催收；③坏账担保。

在 2014 年由中国银行业监督管理委员会（简称银监会）公布的《商业银行保理业务管理暂行办法》中称："保理业务是以债权人转让其应收账款为前提，集应收账款催收、管理、坏账担保及融资于一体的综合性金融服务。债权人将其应收账款转让给商业银行，由商业银行向其提供下列服务中至少一项的，即为保理业务：①应收账款催收：商业银行根据应收账款账期，主动或应债权人要求，采取电话、函件、上门等方式或运用法律手段等对债务人进行催收。②应收账款管理：商业银行根据债权人的要求，定期或不定期向其提供关于应收账款的回收情况、逾期账款情况、对账单等财务和统计报表，协助其进行应收账款管理。③坏账担保：商业银行与债权人签订保理协议后，为债务人核定信用额度，并在核准额度内，对债权人无商业纠纷的应收账款，提供约定的付款担保。④保理融资：以应收账款合法、有效转让为前提的银行融资服务。以应收账款为质押的贷款，不属于保理业务范围。"

保理业务尤其适用于国际贸易中以托收（D/P、D/A）或赊销（O/A）为结算条件的情况下，对出口商的收汇风险保证。保理业务作为对传统的信用证结算方式的补充，已被国际贸易界普遍接受和使用。

保理业务的产生与发展

保付代理业务产生于 18 世纪中期的英国，当时纺织工业发展迅速，纺织品多以寄售方式出口海外，但这种方式下出口商的资金常被占压，于是就有了原始的保付代理业务。出口商在出运商品后，通过这种业务，将有关单据售予保理商，及时收回资金，继续投入纺织品的再生产。20 世纪初美国也开展了保付代理业务。"二战"后，随着国际贸易的迅速发展，一些国家专门经营保付代理业务的组织在国外设立了分支机构，并在国际范围内成立了联合组织，加强了同业间的联系，进一步促进了保付代理业务的发展。

1968 年，国际保理联合会（Factors Chain International, FCI）在荷兰成立，总部设在阿姆斯特丹。它是由 120 多家银行所属的保理公司组成的世界性联合体，其目的是为会员提供国际保理服务的统一标准、程序、法律依据和技术咨询并负责组织协调和技术培训。

（二）保理业务的类型

1. 按出口商是否获得短期贸易融资划分，可分为到期保理业务和标准保理业务

（1）到期保理业务（Maturity Factoring）。这是最原始的保付代理业务，保理商在票据到期时才向出口商支付款项，而不是在出口商提交单据时就支付。

（2）标准保理业务（Standard Factoring）。又称为预支（Advance）保理业务，出口商装运货物后立即将单据转让给保理商，提前取得款项。

2. 按是否公开保理商名称划分，可分为公开保理业务和不公开保理业务

（1）公开保理业务是指出口商制作单据时要在上面注明收款人为某保理商。

（2）不公开保理业务是指按一般托收程序收款，进出口双方事先不说明使用保理业务。

3. 按保理组织与进出口商之间的关系划分，可分为双保理业务、直接进口保理业务和直接出口保理业务

（1）双保理业务是指出口商所在地的保理商与进口商所在地的保理商有契约关系，它们分别对出口商的履约情况和进口商的资信情况进行了解，并加以保证，以促进交易的完成与权利义务的兑现。

（2）直接进口保理业务是指进口商所在地的保理商直接与出口商联系，并对其付款，一般不通过出口商所在地的保理商转送单据。

（3）直接出口保理业务是指出口商所在地的保理商直接和进口商联系，并对出口商融资，一般不通过进口商所在地的保理商转送单据。

4. 按保理商有无追索权划分，可分为无追索权保理业务和有追索权保理业务

（1）无追索权的保理业务是指保理商对出口商不具有追索权，该种业务是最典型的保理业务。

（2）有追索权的保理业务是指保理商不承担坏账损失，只提供融资、托收等其他服务。如果出口商对进口商的信用比较有把握，为减少保理费用，可以选择该种业务。

5. 按买卖双方所在的区域划分，可分为国际保理和国内保理

（1）国际保理是指买卖双方分处不同国家的保理业务。

（2）国内保理是指对于买卖双方都是同一国家的国内贸易，也可以使用保理业务。

（三）保理业务的流程

保理业务多种多样，程序也有所差别，在此以无追索权的国际双保理为例介绍保理业务的操作流程（图7-6）：

（1）贸易磋商。出口商与进口商进行洽谈，初步确定以商业信用形式出卖商品。

（2）提出申请，签订保理合同。出口商向出口保理商提出申请，申请内容应真实具体，如进口商的名称、地址、法人代表、所在国家和地区、商品名称、数量、赊销金额、期限及全年累计赊销金额等，交易中有无佣金、回扣、暗扣等均应如实说明。如有隐瞒，将来发生的损失，保理商不承担责任，并保留追索权。

（3）申请传递，要求信用风险担保。出口保理商向进口保理商传递申请，并要求进口保理商对该笔交易进行担保。

（4）资信调查。进口保理商对进口商资信情况进行调查。根据资信情况，核定对进口商的担保信用额度。

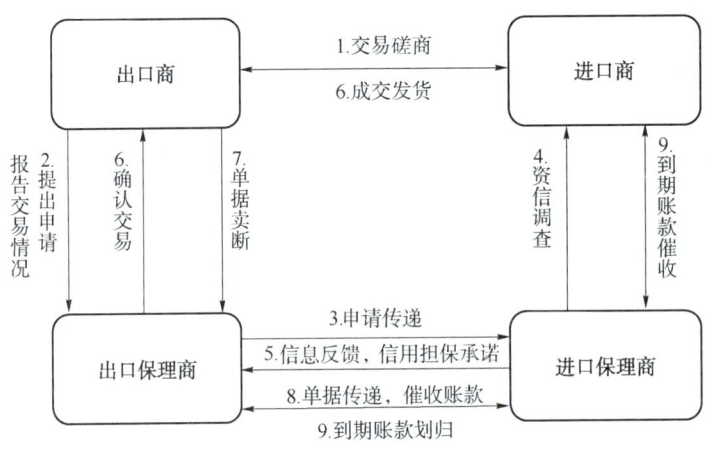

图 7-6 国际双保理的业务流程

(5) 信息反馈,信用担保承诺。如果进口商符合条件,进口保理商愿意为其担保信用风险,则向出口保理商发出书面承诺,或电告后书面确认。明确每笔交易最高赊销金额与全年累计赊销金额,在此核定的信用额度内进口保理商将承担进口商违约的损失。

(6) 确认交易,成交发货。出口保理商在接到进口保理商的担保确认后,通知出口商,确认交易。进出口双方以赊销方式成交,签订贸易合同。出口商按合同发货。

(7) 单据卖断。出口商将带有转让条款的发票及装运单据自寄进口商或交出口保理商,由后者寄给进口商或进口保理商。特别转让条款规定进口商将发票金额支付给进口保理商。出口商将发票副本交给出口保理商,如果出口商申请,可以从出口保理商处立即获得一部分预付货款。

(8) 单据传递,催收账款。出口保理商将发票副本转寄进口保理商,后者将发票记入应收账款,定期向进口商催收。

(9) 账款划归,交易终结。在付款到期日,进口商向保理商付款。进口保理商将收到的全部发票金额立即拨付出口保理商,整个交易过程完毕。

如果应收账款到期时,进口商破产倒闭或无理拒付,进口保理商仍应承担向出口商的支付义务,并且不能向出口商行使追索权。因此在该业务中进口保理商是风险的最终承担者。

(四) 保理业务的特点

1. 保理商承担信贷风险 (Coverage of Credit Risks)

保理商买断应收账款后,如果进口商违约不能按时支付,全部风险由保理商承担,不能向出口商行使追索权,这是保理业务最主要的内容和特点。

保理商之所以可以承担此风险是因为经过了对进口商资信的详细调查,并在此基础上核定信用销售额度。在有些情况下,进口方保理商一般是应进口商的申请为其信用进行担保,相应会收取进口商的手续费,或要求进口商支付一定的保证金。由于保理商通常为有实力的大银行或专业的融资机构,资金雄厚,而且各国保理商还可以互换进口商的资信情报,掌握进口商的付款能力,因此一般情况下,进口商不会拒绝保理商的账款催收。

2. 保理业务是一种广泛、综合的金融服务

保理商不仅代理出口商对进口商进行详细的资信调查,而且承担托收任务。一些具有季

节性出口业务的企业，每年出口时间相对集中，为减少人员开支，这些企业还委托保理商代办会计处理手续，因此保理业务是一种广泛、综合的金融服务。

3. 预支货款（Advance Funds）

保理业务可以为出口商提供短期贸易融资，使出口商提前获得现款，减少资金占压。

知识窗

保理业务与票据贴现、出口押汇、发票融资的区别

在保理业务中，出口商通过向保理商卖断应收账款立即收进货款，这与我们前面提到的银行对出口商提供的票据贴现、出口押汇、发票融资等业务有相似之处，但它们又有明显的区别：

1. 提供融资的基础不同

贴现、押汇等业务是在保留追索权的基础上向出口商提供的融资业务，而典型的保理业务是放弃追索权的。

2. 考察资信的重点不同

正因为没有追索权，保理商承担了全部信贷风险，因此保理商重点考察的是进口商的资信，而贴现、押汇等业务重点考察的是出口商的资信。

3. 业务内容不同

贴现、押汇等业务比较简单，属于单一的贸易融资业务，而保理业务则不仅包含融资，还包括资信调查、托收、账户管理等其他金融服务。

4. 适用的结算方式不同

保理业务只适用于商业信用方式出卖商品的情况，其结算方式一般为D/P、D/A和O/A，而票据贴现和出口押汇则主要用于信用证结算方式或者要有进口方银行的担保。

（五）保理业务的作用

1. 对出口商的好处

（1）有助于开拓市场，增强竞争力。保理商替出口商对进口商进行资信调查，提供相应的信息和数据，为出口商决定是否向进口商提供商业信用，这便于出口商为客户提供优惠的结算方式，增强了出口商的竞争能力，有助于出口商尤其是中小企业开拓海外市场。

（2）融通资金。出口商将货物转运完毕后，通过向保理商卖断应收账款，提前取得现金，从而加速资金的周转，促进业务发展。

（3）转移信贷和汇率风险。只要出口商的商品品质和交货条件符合合同规定，在保理商无追索权地买进票据后，出口商可以将信贷风险和汇率风险完全转嫁给保理商。

（4）改善财务状况。出口商如果从银行贷款取得融资，会增加其负债，恶化财务状况。而利用保理业务，则不仅不会增加债务，反而增加了一笔现金，可以降低企业的资产负债率。

2. 对进口商的好处

（1）降低相关成本。尽管采用保理业务时货价中会包含与保理业务相关的利息和费用，从而增加进口商的进口负担。但是由于采用了商业信用购买货物，进口商不需要向银行申请开立信用证，相应地免去了缴纳开证保证金引起的资金占压和利息损失。

（2）简化进口手续。通过保理业务，买方可以迅速得到进口物资，可以大大节省开证、改证等手续的时间，简化进口流程。

保理业务的费用

保理商不仅向出口商提供资金融通，而且提供一定的劳务，所以要向出口商索取相应的费用，该费用主要由以下两部分内容构成：

1. 保付代理手续费（Commission of Factoring）

保理商为进出口商提供各种金融服务，因此要收取相关的手续费，其中包括：

（1）保理商进行资信调查的相关费用。

（2）保理商进行信贷风险评估工作的费用。

（3）保理商保存进出口商间的交易记录与会计处理而产生的费用。

保付代理业务的手续费根据买卖单据的数额一般每月结算一次。手续费的多少取决于交易性质、金额以及信贷、汇率风险的大小。

2. 利息

如果保理商向出口商提供短期贸易融资，则要向出口商收取从买断相关单据到收回货款这段时间的利息，通常在承购应收账款时从金额中扣除。

出口商如采用保理方式出卖商品，一般会将上述费用和利息转移到货价中，因此其货价要高于以现汇出卖的商品价格。

银行保理和商业保理

保理业务的提供方可以是商业银行，也可以是专业的保理机构。商业银行的国际保理业务一般放在国际业务部。近年来我国的供应链金融发展迅速，涌现出许多专业的非银行供应链金融机构，而保理业务作为供应链金融的一种重要模式，也成为这些机构的一项重要业务，他们提供的便是商业保理服务。还有一些机构专门承做保理业务，一般被称为商业保理公司。

虽然银行保理和商业保理本就一脉相承，却在客户群体、业务类型、风险控制、资金来源、监管主体、组织创新等方面存在很大的不同。总的来说，银行保理针对的主要是大中型企业，风险控制总体偏严格；而商业保理则偏向于中小企业，业务形式更加灵活。

除了以上业务外，短期国际贸易融资还包括海外代付、出口退税托管账户质押融资、汇出汇款融资等多种业务。此外，在传统国际贸易融资业务的基础上，还发展出了国际供应链金融。供应链金融基于供应链中的真实交易，由银行、核心企业、物流公司、第三方平台等主体组成参与，依托整个供应链的信用，将单个企业的不可控风险转化为供应链的整体可控风险，可以帮助中小企业解决抵押担保不足问题，缓解资金紧张。当供应链中涉及的上下游主体分属于不同国家或地区，供应链金融应用于国际贸易时，便成为外贸供应链金融，也有学者称之为国际供应链金融。随着互联网时代的全面到来，大数据、物联网、区块链等新兴技术的应用，商业银行、跨境供应链服务企业、跨境电商平台以及外贸综合服务平台、跨境供应链金融企业等机构开始纷纷布局线上国际供应链金融业务，在外贸供应链金融产品方面不断创新，金融服务向外贸供应链渗透的广度和深度不断提高。考虑到融资企业在外贸供应链中所处的地位，综合上下游企业和产品的实际情况，为进出口企业提供多层次贸易综合金融服务方案，这些新式的供应链金融服务为中小出口企业融通资金提供了更多的选择。

 操作示范

信用证下出口押汇的办理条件包括：押汇申请人应为信用证的受益人；单证相符（若单证不符将增加融资条件）；非限制议付信用证等，在本任务中的信用证符合申请出口押汇的条件，青岛金桥可以申请办理出口押汇（表7-3）。

外贸供应链金融与传统国际贸易融资的区别

表7-3　出口押汇申请书（示例）

致：中国银行青岛分行											
兹凭下列所附信用证项下出口单据，向贵行申请叙做出口押汇											
信用证基本资料											
开证银行	CITIBANK, N.A										
付款银行	CITIBANK, N.A										
开证日期	20210601		信用证效期		20211030			付款期限		见票后60天		
信用证号	CD53020061		信用证金额		USD200 000.00			押汇金额		USD100 000.00		
单据资料											
汇票金额		USD200 000.00					汇票期限				见票后60天	
汇票	提单	发票	保险单	装箱单	重量单		产地证	商检证		质量证	其他
2	3/3	3		3	3		3			3	1
我公司申请向贵行办理押汇金额　USD100 000.00　，押汇期限按实际天数计算。若因单据存在不符点等原因贵行不予押汇，我司同意由贵行寄单索汇。											

申请人（盖章）青岛金桥贸易有限公司
2021年7月10日

实训练习

（1）**任务**：请根据导入任务，以小组为单位分角色演示保理业务的操作流程，并拍摄制作视频。

_____
_____
_____
_____

（2）青岛金桥贸易有限公司与美国琼斯公司于 2021 年 5 月 10 日签订进口贸易合同，采用即期付款交单方式进口商品，合同金额为 50 万美元，托收行是美国花旗银行，代收行是中国银行青岛分行。2021 年 7 月 12 日青岛金桥贸易有限公司公司接到中国银行青岛分行的进口到单通知书及单据副本，提示付款赎单，进口代收编号为 20210712004。公司审核单据无误，但由于公司现在流动资金比较紧张，所以决定向银行申请叙做美元进口押汇融资，押汇期限为 90 天。

任务：代表青岛金桥贸易有限公司填写进口押汇申请书（表 7-4），连同信托收据等材料，到中国银行青岛分行办理进口押汇业务。

_____
_____
_____
_____
_____

表 7-4　进口押汇申请书

编号：_____

现我司因业务需要，依据我司与贵行签署的_____号《贸易融资综合授信协议》及附件（2）：用于进口押汇，向贵行申请叙做进口押汇。由于进口押汇而产生的权利义务，均按照前述协议、附件和本申请书的约定办理。

第一条　有关的业务内容
　　□ 信用证
　　　　信用证号码：_____　来单银行名称：_____
　　　　来单编号：_____　单据金额：_____
　　　　受益人：_____
　　□ 进口代收
　　　　进口代收编号为_____　金额为_____
　　　　收款人为_____
　　□ 汇出汇款：
　　　　合同编号为_____　金额为_____
　　　　收款人（出口商）为_____

续表

第二条　押汇币种和金额

押汇币种为：_____

押汇金额为：（大写）_____（小写）_____

第三条　押汇期限

押汇期限为_____月/天，自贵行对外支付信用证/托收项下款项或向出口商及/或我司指定收款人付款之日起连续计算。

押汇到期日为前述期限的截止日或贵行依据相关协议宣布的立即到期日。

进口项下货物出售款项在进口押汇到期日前全部收妥的，贵行有权以货款收妥之日作为押汇到期日。

押汇的最终期限以贵行的确认为准。

第四条　押汇利率和付息

1. 正常进口押汇的利率及付息

请按以下第_____种利率（均为年率）核算贵行为我司办理进口押汇的利息：

（1）双方协商确定的利率_____%；（2）押汇时贵行确定/公布的利率_____%；

（3）押汇时 LIBOR/HIBOR+_____基点。

计收利息的方式为第_____种：

（1）到期结息；（2）按月结息；（3）其他_____。

2. 逾期进口押汇的利率和付息

如我司未能按照上述协议和相关附件的要求偿还贵行对我司的押汇款项，则该笔押汇的本金、利息及相关费用构成我司对贵行的逾期债务，贵行可按本条第1款确定的利率加_____%的水平计收复利及/或罚息；

对于我司的逾期债务，贵行有权：

（1）根据本款第一项的利率按月结息；

（2）对于我司应付未付的利息按照本款第一项的利率计收复利及/或罚息。

申请人（签章）：

法定代表人（或授权签字人）：

年　　月　　日

银行意见：

授权签字人：

年　　月　　日

📖 拓展任务

2022年2月28日，某跨境电商综合服务平台协助深圳某品牌家电，完成了跨境电商出口（海关代码：9710）的数据申报，基于新兴技术的运用和服务经验的积淀，平台协助企业进行前端阳光化出口申报，规避回款与税收风险，让其充分享受国家对跨境电商企业的支持政策。此外，平台通过全线上化全流程呈现企业出口、收款、跨境电商平台运营数据，为企业进一步提供融资支持。

目前，该平台已完成与深圳市单一窗口、深圳部分银行、跨境电商平台的对接与合作，通过连接跨境电商企业供应链前中后端数据，运营科技手段助力企业简化出口申报及收汇全流程，以期为跨境电商企业全线上阳光化收结汇与融资提供便利。

  外贸综合服务平台是通过互联网建立的，面向众多中小微外贸企业，整合了物流、通关、支付、退税等一系列外贸服务资源的平台。它为外贸企业提供了更加标准化和高效的外贸服务，整体上降低了企业的运营成本。如果平台专门服务于跨境电商，则可称为跨境电商综合服务平台。国内典型的外贸综合服务平台有阿里巴巴跨境供应链（一达通）、嘉易通、宁波世贸通、广新达等。外贸综合服务企业在最初发展阶段提供的服务主要集中于销售代理、物流通关领域，但随着业务的开展，平台逐渐开始与银行等金融机构合作，引入外部资金，为中小外贸企业解决融资问题。由于集合了众多中小微企业的真实交易信息和融资需求，实现了规模效应，外贸综合服务平台可以降低融资门槛和成本，缩短放贷的审核流程，降低风险管理成本，扩大融资规模，为中小微企业提供多样的供应链金融服务。

参考来源：

[1] 中华网. 推动贸易数字化转型，联易融助力跨境电商供应链金融 [EB/OL]. （2022.3.14）[2022.4.30] https：//baijiahao.baidu.com/s? id=1726823745588713848&wfr=spider&for=pc

[2] 冷静，张继佳，周艾丽. 供应链金融在中小出口企业中的应用 [J]. 对外经贸，2021（8）：112-116.

思考：跨境电商中的贸易融资有什么特点？跨境电商融资应注意哪些问题？

任务：请以小组为单位选择一家国内商业银行和一家外贸综合服务平台或跨境供应链金融机构，调查它们提供的短期贸易融资业务，就各种业务进行对比分析，撰写调研报告。

任务二 中长期国际贸易融资操作

任务导入

2021年11月我国机械设备制造企业A公司与中东某国B公司洽谈一笔机械设备出口合同，B公司提出采用远期信用证方式结算，但这将影响A公司的现金流，且A公司的授信额度已基本用满。A公司与中国银行青岛分行联系，希望采用福费廷业务，最终双方签订了《福费廷融资合同》（编号为202111060009）。A公司与B公司签约后，收到了中国银行青岛分行国际业务部的信用证通知函，告知B公司已经通过迪拜商业银行（Commercial Bank of Dubai）开来信用证，信用证号码为DK101858，金额为35万美元，付款期限为提单签发日后6个月。2022年1月5日A公司发出货物，并取得提单。1月10日A公司业务人员制作汇票（号码为AD20220103）连同信用证项下全套单据到中国银行交单，中国银行将全套单据寄往开证行，并在1月20日收到了开证行接受单据、承兑远期汇票的电文。A公司为尽快回笼资金，于1月21日向中国银行提交福费廷业务申请书，叙做福费廷融资。

任务：代表A公司填写《福费廷业务申请书》（表7-5），到银行申请办理福费廷业务。

表7-5 福费廷业务申请书（样表）

编号：
致：_____
根据与贵行签订的编号为_____的《福费廷融资合同》的约定，我公司特向贵行申请叙做福费廷融资。有关交易情况如下：
1. 信用证号/代收号：_____；
2. 开证行：_____；
3. 信用证金额：_____；
4. 汇票（或发票）编号：_____；
5. 汇票（或发票）金额：_____；
6. 承兑行（或承付行）/保付加签行：_____；
7. 承兑（或承付）/保付加签金额：_____；
8. 承兑（或承付）/保付加签到期日：_____。
如果贵行确认可对上述业务叙做福费廷融资，请向我公司报价。本申请书为我公司与贵行签订的编号为_____的《福费廷融资合同》不可分割的组成部分。贵行如愿意无追索权地买入我司上述信用证或跟单托收下的应收账款，我公司愿将该应收账款无条件转让给贵行，并承诺遵守上述《福费廷融资合同》的有关承诺、陈述与保证。
申请人（签章）
法定代表人或授权代理人
申请日期：

知识准备

一、出口信贷的含义

短期国际贸易融资通常只能满足商品周转较短，成交金额不大的国际贸易交往。而对于大型成套设备如船舶、飞机、机电等产品的出口，以及大型工程项目的投资，由于成交金额大、生产周期长，则需要期限较长、金额较大的资金支持。由于大型机械设备等资本性货物的价值高、交易金额大，对一国的生产和就业具有重要作用。扩大该种产品的出口不仅可以带动本国经济的发展，还能改善外贸出口商品的结构。因此，各国政府为促进本国资本性货物的出口，提供的中长期资金支持和信贷便利——出口信贷就应运而生了。

官方支持的出口信贷（Officially Supported Export Credits, OSECs），简称出口信贷（Export Credits），是指国家为支持和扩大本国资本性货物的出口，对本国出口给予利息补贴并提供信贷担保，为本国出口商或外国进口商（或其银行）提供的中长期贷款。

二、出口信贷的特点

（一）出口信贷所支持的是本国资本性货物的出口

出口信贷一般指定用途，只能用于购买贷款提供国的大型机械设备等资本性货物。

（二）出口信贷是一种优惠贷款

出口信贷的贷款利率低于相同条件的市场利率，利差则由政府补贴，从而为本国大型机械设备的出口融通到较便宜的资金，增强其在国际上的竞争力。这可以说是国家支持本国出口的一种具体的表现。

（三）出口信贷的发放与信贷保险或担保相结合

由于出口信贷所涉及的金额大、期限长，发放贷款的银行面临着很大的风险。因此为了保证贷款资金的安全，需要国家出口信用担保机构（Export Credit Agencies, ECAs）对银行发放的贷款给予直接保险，或对私人保险机构承保的风险进行再保险，或对银行贷款进行担保，如发生贷款不能收回的情况，则最终由国家出口信用担保机构负责赔偿相关损失。这样就可以免除提供贷款的私人商业银行或商业保险机构的后顾之忧，也是国家支持本国出口、增强其竞争力的体现。

（四）国家成立专门的机构发放出口信贷

世界上许多国家还成立了专门的出口信贷机构，专门办理出口信贷和信贷保险业务。在信贷规模较大，商业银行资金不足时，可以由国家出口信贷机构给予支持，从而改善了本国的出口信贷条件，提高了本国资本货物在国际上的竞争力。

项目七 国际贸易融资

相关链接

中国进出口银行[①]

中国进出口银行（以下简称进出口银行）是由国家出资设立、直属国务院领导、支持中国对外经济贸易投资发展与国际经济合作、具有独立法人地位的国有政策性银行。依托国家信用支持，积极发挥在稳增长、调结构、支持外贸发展、实施"走出去"战略等方面的重要作用，加大对重点领域和薄弱环节的支持力度，促进经济社会持续健康发展。

进出口银行的经营宗旨是紧紧围绕服务国家战略，建设定位明确、业务清晰、功能突出、资本充足、治理规范、内控严密、运营安全、服务良好、具备可持续发展能力的政策性银行。

进出口银行支持外经贸发展和跨境投资，"一带一路"倡议，国际产能和装备制造合作，科技、文化以及中小企业"走出去"和开放型经济建设等领域。

进出口银行的经营范围：经批准办理配合国家对外贸易和"走出去"领域的短期、中期和长期贷款，含出口信贷、进口信贷、对外承包工程贷款、境外投资贷款、中国政府援外优惠贷款和优惠出口买方信贷等；办理国务院指定的特种贷款；办理外国政府和国际金融机构转贷款（转赠款）业务中的三类项目及人民币配套贷款；吸收授信客户项下存款；发行金融债券；办理国内外结算和结售汇业务；办理保函、信用证、福费廷等其他方式的贸易融资业务；办理与对外贸易相关的委托贷款业务；办理与对外贸易相关的担保业务；办理经批准的外汇业务；买卖、代理买卖和承销债券；从事同业拆借、存放业务；办理与金融业务相关的资信调查、咨询、评估、见证业务；办理票据承兑与贴现；代理收付款项及代理保险业务；买卖、代理买卖金融衍生产品；资产证券化业务；企业财务顾问服务；组织或参加银团贷款；海外分支机构在进出口银行授权范围内经营当地法律许可的银行业务；按程序经批准后以子公司形式开展股权投资及租赁业务；经国务院银行业监督管理机构批准的其他业务。

三、出口信贷的作用

（一）促进了资本货物国际贸易的发展

出口信贷使资本货物的制造商和出口商获得了出口收汇的保障，解决了资金周转问题，从而鼓励和刺激了该类产品的生产和出口。同时，出口信贷增强了进口商的支付能力，有效地保持了资本货物国际贸易的增长势头。

（二）促进了项目的开发和建设

大型工程项目的开发周期长、耗费大，如果按商业条件融资，会增加项目负担，导致工期拖延甚至被迫下马。而出口信贷为工程设备的进口商和大型工程的承包商提供补贴性质的长期优惠贷款，就能使相当数量的投资项目开工运转。

（三）促进了设备出口国的经济发展

如前所述，出口信贷能够极大地促进该国大型机械设备的出口，从而拉动一国经济增

[①] 资料来源：中国进出口银行官方网站 www.eximbank.gov.cn

长，增加就业岗位。

（四）促进了设备进口国的经济发展

设备进口国，通过引进技术设备可以提高本国的生产力水平，促进本国经济的发展。尤其是发展中国家，要进行大规模的基础建设、产业升级，但同时又面临自身技术水平落后、资金短缺等困难，此时利用出口信贷就能够弥补这方面的不足。例如，亚洲几个新兴工业化国家和地区的崛起就得益于出口信贷资金。

四、出口信贷的主要类型

（一）卖方信贷

1. 卖方信贷的含义

卖方信贷（Supplier's Credit），是指在大型机械装备与成套设备贸易中，为便于出口商以延期付款方式出卖设备，出口商所在地的银行对出口商提供的信贷。

卖方信贷的产生基于买卖双方所商定的付款方式是延期付款，由于出口商要在合同签订一段时间后才能收回货款，其扩大生产就存在着资金不足的问题，为此，出口商向其所在地银行申请贷款。在卖方信贷中，由于出口商要负担贷款利息和相关费用，因此商品报价要高于即期付款时的价格。

2. 卖方信贷的程序与做法

（1）出口商以延期付款方式向进口商出卖设备。在签订正式合同之前，出口商一般要先与贷款银行和当地出口信用保险机构取得联系，报告有关交易情况，以便取得贷款银行的认可和落实保费。

（2）进出口双方签订贸易合同。一般的做法是，由进口商先支付总货款10%～20%的现汇定金，剩余货款在交货后若干年内分期偿还（一般每半年还款一次），并支付延期付款期间的利息。

（3）出口商向保险公司投保出口信用险，并将保险项下的权益转让给贷款银行，出口商与贷款银行正式签订出口卖方信贷协议，出口商取得贷款。一般的做法是，由进口商出具不同期限的本票，或由出口商开具不同期限的汇票，经进口商有关银行对票据进行加保或承兑，出口商以这些票据为抵押从贷款银行获得融资。

（4）进口商随同利息分期向出口商支付货款。

（5）出口商用收到的货款偿还银行的贷款本息。

卖方信贷流程如图7-7所示。

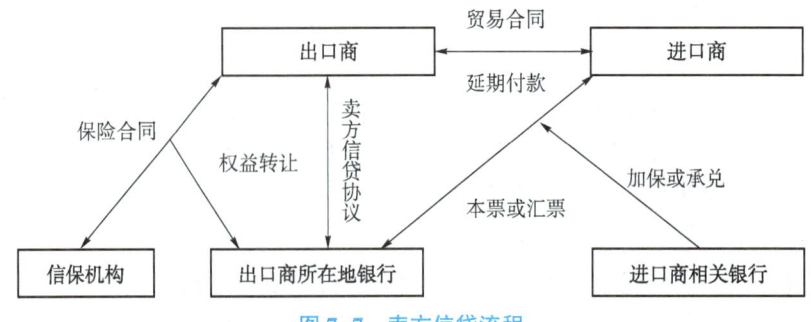

图7-7 卖方信贷流程

3. 卖方信贷的特点

（1）卖方信贷不是全额融资，进口商必须支付贸易合同10%~20%的现汇。

（2）贸易合同的结算方式是延期付款。一般要求由进口国银行签发不同到期日的本票或承兑若干张汇票分期支付，以便出口商用此资金偿还银行贷款。由于出口商要承担贷款的利息成本，因此卖方信贷的出口货价一般高于以现汇支付的货价。

（3）出口商提款有两种方式：一是在出口商发货交单时，出口商按货款的比例向贷款银行提款；二是出口商在收妥定金（Down Payment）、采购原材料并组织生产时，根据其现金缺口向贷款银行提款。

（4）出口商需要投保出口中长期信用保险。此外，贷款银行一般要求将该保险的权益转让给贷款银行。当然，保险权益的转让必须得到保险公司的同意。

（二）买方信贷

1. 买方信贷的含义

买方信贷（Buyer's Credit），是指在大型机械装备与成套设备贸易中，由出口商所在地的银行贷款给国外进口商或进口商的银行，以给予融资便利，扩大本国设备出口的信贷形式。

2. 买方信贷的形式

（1）直接贷款给进口商的买方信贷。

这种买方信贷的程序与做法是：

①进出口商签订大型成套设备贸易合同，进口商需先支付相当于货款15%的现汇定金。

②进口商凭贸易合同向出口商所在地银行贷款，签订贷款协议。为控制风险，贷款银行一般会要求由进口商所在地的有关银行为进口商提供还款担保。

③根据国际惯例，出口商所在地的贷款银行为防范贷款发放的政治和商业风险，还会要求出口商为其贷款投保出口信用险。出口商与保险公司签订保险协议支付保费后，保险公司与贷款银行签订担保协议，贷款银行成为保险赔付的受益人。

④进口商用从出口商银行取得的贷款，以现汇方式支付出口商货款的剩余部分。

⑤进口商按照贷款协议，分期偿还出口商银行的贷款。

出口国银行直接贷款给进口商的买方信贷流程如图7-8所示。

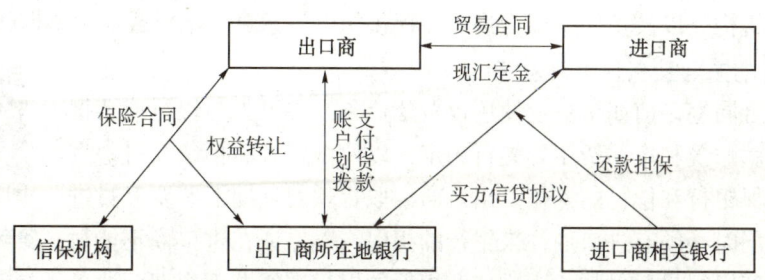

图7-8　出口国银行直接贷款给进口商的买方信贷流程

（2）贷款给进口商银行的买方信贷。

这种买方信贷的程序与做法是：

①进出口商签订大型成套设备贸易合同，进口商需先支付相当于货款15%的现汇定金。

②出口商银行根据买卖双方的贸易合同与进口商所在地银行签订贷款协议。

③同样，出口商也要投保出口信用险，并将贷款银行设为保险赔付的受益人。

④进口商银行以其借得的款项转贷给进口商，进口商以现汇条件，通过账户划拨向出口商支付设备价款。

⑤进口商银行根据贷款协议向出口商银行分期偿还借款。

⑥进口商与进口商银行间的债务按双方的约定在国内清偿。

出口国银行贷款给进口商银行的买方信贷流程如图7-9所示。

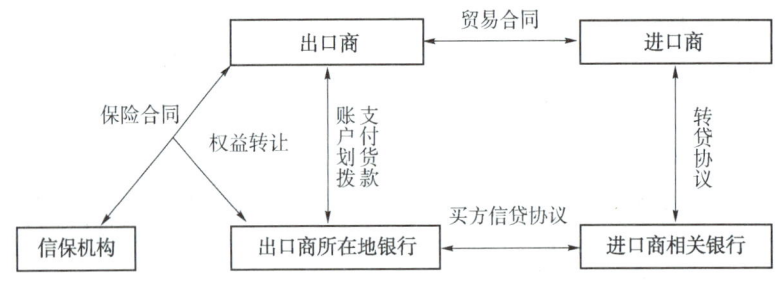

图7-9 出口国银行贷款给进口商银行的买方信贷流程

使用买方信贷，不管是由出口方银行直接发放给进口商，还是由出口商银行先发放给进口方银行，再由进口方银行转贷给进口商，买卖双方的付款方式都是采用现汇付款，信贷的各项利息和费用都由进口商和进口方银行负担，与卖方信贷中将全部费用打入货价相比，更有利于进口商了解真实的货价，核算设备成本。

(三) 福费廷

1. 福费廷的含义

福费廷（Forfaiting），又称为票据包买，是指出口商把经过进口商所在地银行承兑、承付或保付的远期票据或应收账款无追索权（Without Recourse）地卖断给票据包买商，从而提前取得现款的一种融资方式。

福费廷业务从1965年开始在西欧国家推行，福费廷（Forfaiting）意即将权利放弃给他人。除了进出口商，福费廷业务的当事人还包括票据包买商即为出口商提供福费廷业务的银行或其他金融机构，以及担保人即为进口商提供担保、承兑、承付或保付票据的银行。

2. 福费廷的主要业务内容和程序

出口商在合同签订前如果决定使用福费廷业务，要事先与银行或票据包买商询价，就贴现利率、费用等先行约定，以便做好各项信贷安排。进口商要选择担保银行和偿付的票据。出口商索取货款的远期汇票要经过进口商的承兑，同时必须有进口商往来银行的担保，以保证在进口商不能付款时，由进口商银行最后付款。为进口商担保的银行需经办理福费廷业务银行的确认，通常应是一流的信誉好的银行，否则办理福费廷业务的机构可以要求更换担保银行。进口商延期支付设备货款的偿付票据可以是由出口商向进口商签发的远期汇票，待进口商承兑后退交出口商以便贴现，也可以是由进口商开具的本票，也可以是其他应收账款的

国际贸易和福费廷协会（ITFA）

凭证，无论何种形式的债权均需取得进口商往来银行的担保。出口商接受银行或票据包买商报价，双方签订福费廷业务协议。

（1）签订贸易合同，发运货物。在做好各项信贷安排后，买卖双方签订贸易合同，卖方按合同装运货物。

（2）出口商在货物发运后，将全套单据提交给通知行。

（3）通知行将单据寄给开证行，要求承兑远期汇票或换取附有担保的本票。开证行对远期票据的担保形式有两种：一是在票据票面上签章，保证到期付款；二是出具保函（Guarantee Letter）或开立备用信用证，保证对票据付款。

（4）进口商银行向进口商提示单据，并对远期票据进行承兑、承付或保付。

（5）融通资金。出口商取得经进口商银行担保的票据，或收到进口商银行担保远期债权的通知后，向出口地银行提出福费廷融资申请，按照原约定无追索权地卖断票据，取得现款。

（6）票据到期后，包买商经担保银行向进口商提示，进口商履行付款义务。如果进口商到期无法付款，则担保银行必须保证货款的支付。

远期信用证下福费廷业务流程如图7-10所示。

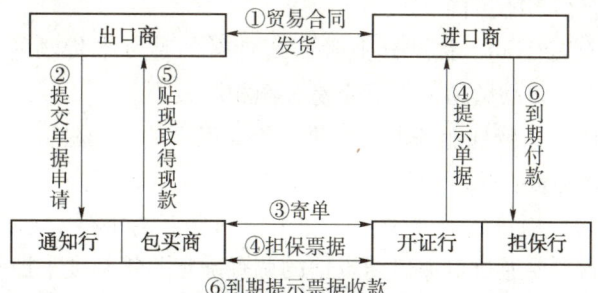

图7-10　远期信用证下福费廷业务流程

3. 福费廷业务的作用

（1）对出口商的作用。采用福费廷业务，出口商在提交相关单据后，可以立即从包买商处获得现款，获得100%资金融通，将未来应收账款转化为当期现金流入，避免资金占压，增加现金流，改善财务状况，并且转嫁信用风险、汇率风险等各种风险。同时，由于是无追索权的卖断票据，即使进口商到期不履行付款责任，出口商也不必承担损失。无须占用客户授信额度。福费廷业务不占用客户授信额度，客户在没有授信额度或授信额度不足的情况下，仍可从银行获得融资。根据外汇管理局规定，办理福费廷业务，客户可以获得提前出口核销和退税，从而节约了财务成本。

（2）对进口商的作用。对进口商而言，在福费廷业务中，出口商将利息和费用负担均计于货价内，一般货价高于以现汇出卖商品的价格。但相比于买方信贷，进口商不必多方联系洽谈，手续较简便。在福费廷业务中，进口商要寻找担保银行为到期付款进行担保，这时担保银行要向进口商收取担保费或要求提供抵押品，其数额视进口商的资信状况而定。

4. 福费廷业务的特点

（1）无追索权。在福费廷业务中，出口商将未到期的债权凭证出售给包买商的行为是一种卖断,融资商放弃了在票据到期不能兑现时向出口商追索的权利。

(2) 以中期为主。福费廷业务的融资期限一般为 1~5 年,随着业务的发展,也出现了短期和长期融资。

(3) 融资金额大。福费廷业务主要是对成套设备、船舶、基建物资等资本性货物交易及大宗产品交易的融资活动,因此融资金额较大。

(4) 利率固定。福费廷业务采用固定利率,这使得进出口商在交易的开始时就能控制融资成本。

(5) 收取承担费。是指出口商与融资商签订了福费廷协议到出口商出售票据给融资商的期间收取的费用。

(6) 进口地银行担保。福费廷业务所使用的票据必须由进口地银行给予付款担保。担保形式可以是汇票的承兑或本票的付款承诺,也可以是保函或备用证形式。

(7) 存在二级市场。福费廷融资商在买断了出口商的债权凭证后,可以在二级市场将其转卖给其他融资商。

5. 福费廷与保付代理业务的区别

福费廷和保付代理业务都是出口商向银行或金融机构无追索权地卖断票据融通资金的信贷方式,但二者还是有很多的不同:

(1) 适用的基础交易不同。福费廷业务主要针对的是资本货物的出口,交易金额大;而保理业务主要适用于消费品贸易,单笔交易金额相对较小。

(2) 融资期限不同。福费廷业务可以提供 1 年期以下的短期融资,也可以提供 3~5 年,甚至更长期限的中长期融资;保理业务的融资期限取决于赊销期限,一般在 1 年以内。

(3) 有无担保不同。福费廷业务中,必须由信用良好的银行对远期票据进行担保;而在保理业务中,保理商主要通过对进口商资信的调查确定赊销额度来控制风险。

(4) 业务内容不同。福费廷业务单一,以融资为主;而保付代理业务属于一种综合性服务,除资金融通外,还包括资信调查、评估、账款催收以及会计服务等。

6. 福费廷与一般贴现的区别

福费廷与一般商业银行的票据贴现都是出口商将远期票据卖给银行,提前取得扣除利息后现款的融资业务,但两者又有很多不同,表现为:

(1) 是否有追索权不同。在福费廷业务中,如果到期票据遭到拒付与出口商无关,银行不能向出口商行使追索权,出口商将风险全部转嫁;而一般贴现业务则保留追索权。这是两者的最大区别。

(2) 是否需要担保不同。在福费廷业务中的远期票据必须经过一流银行的担保;而一般贴现业务则不一定有这种要求。

(3) 使用的票据不同。在福费廷业务中的票据多为与设备出口相联系的有关票据,可包括数张等值的汇票(或期票),每张票据间隔时间一般为 6 个月;而贴现业务的票据为一般国内贸易和国际贸易往来的票据,期限都在 1 年以内。

(4) 手续和费用不同。福费廷业务的手续比较复杂,除了按市场利率收取利息外,还收取手续费、承担费等相关费用;而贴现业务的手续比较简单,一般仅收取贴现息。

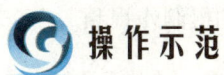

操作示范

福费廷业务申请书（示例）如表 7-6 所示。

表 7-6　福费廷业务申请书（示例）

编号：
致：__中国银行青岛分行__
根据与贵行签订的编号为__202111060009__的《福费廷融资合同》的约定，我公司特向贵行申请叙做福费廷融资。有关交易情况如下：
1. 信用证号/代收号：_____DK101858_____；
2. 开证行：_____Commercial Bank of Dubai_____；
3. 信用证金额：_____USD350 000.00_____；
4. 汇票（或发票）编号：_____AD20220103_____；
5. 汇票（或发票）金额：_____USD350 000.00_____；
6. 承兑行（或承付行）/保付加签行：_____Commercial Bank of Dubai_____；
7. 承兑（或承付）/保付加签金额：_____USD350 000.00_____；
8. 承兑（或承付）/保付加签到期日：_____2022 年 7 月 5 日_____。
如果贵行确认可对上述业务叙做福费廷融资，请向我公司报价。本申请书为我公司与贵行签订的编号为__202111060009__的《福费廷融资合同》不可分割的组成部分。贵行如愿意无追索权地买入我司上述信用证或跟单托收下的应收账款，我公司愿将该应收账款无条件转让给贵行，并承诺遵守上述《福费廷融资合同》的有关承诺、陈述与保证。
申请人（签章）A 公司
法定代表人或授权代理人：签字×××
申请日期：2022 年 1 月 21 日

实训练习

2021 年 7 月，进出口银行广东省分行为某电力设计研究院有限公司办理国际信用证项下福费廷融资业务，并成功实现放款。该笔款项用于支持越南 YANG TRUNG 145 兆瓦风电场建设。为响应海外投资方融资诉求，解决项目建设所需资金，在了解企业融资需求后，进出口银行广东省分行为其量身定制跨境福费廷融资模式。跨境福费廷是支持企业"走出去"的积极实践，也是强化绿色金融服务、支持绿色"一带一路"倡议的重要成果。

资料来源：央广网. 助力"一带一路"进出口银行广东省分行提供跨境福费廷融资服务［EB/OL］.（2021.7.29）［2022.4.30］https://www.sinosure.com.cn/xwzx/xbsa/2022/03/211916.shtml

任务：请大家以小组为单位分角色演示福费廷业务的操作流程，并拍摄制作视频。

拓展任务

2021年6月，进出口银行深圳分行按计划完成了首笔10亿元出口买方信贷业务的全部投放任务。为支持该项目建设，进出口银行深圳分行为项目业主提供了人民币买方信贷支持，并经反复协商，在担保结构、签约方式、资金路径、汇兑风险管控等方面，为该项目量身定制了一整套解决方案。该项目的顺利实施，支持了中国企业成套电信设备出口。此次突破，丰富了我国银行金融机构为出口项目提供跨境融资服务的工具箱，为我国企业利用信贷工具管理汇率风险提供了新的手段。

资料来源：新华网广东频道. 进出口银行深圳分行完成10亿元出口买方信贷项目投放［EB/OL］.（2021.6.30）［2022.4.30］http://www.gd.xinhuanet.com/newscenter/2021-06/30/c_1127612923.htm

任务：请以小组为单位对中国进出口银行的中长期贸易信贷业务进行调研，并撰写调研报告。

任务三　出口信用保险项下的融资操作

任务导入

"信保贷"是中国信保推动建设银行研发的小微企业专属线上保单融资产品，于2019年8月作为国家口岸管理办公室"单一窗口"金融服务功能上线运行。

南京J企业是一家主营割草机和相关配件出口的小微企业，由于买方市场强势，交易账期较长，J企业在出口业务项下有强烈的融资需求，但是由于资质尚浅，资产有限，融资迟迟没有落地。而在"单一窗口"平台"信保贷"业务中，J企业仅用1个小时便支用首笔14万元贷款，后续又陆续自主线上办理了两笔贷款支用，合计金额41万元。

资料来源：中国信保机构合作部. 保单融资的正确打开方式（案例篇）[EB/OL].（2022.3.21）[2022.4.30] https://www.sinosure.com.cn/xwzx/xbsa/2022/03/211916.shtml

思考：办理出口信用保险项下的贸易融资需要哪些条件？

任务：列举完成出口信用保险项下融资业务的步骤。

知识准备

一、出口信用保险概述

（一）出口信用保险的含义

出口信用保险是以国家财政为后盾，为保障企业在出口贸易、对外投资和对外工程承保等经济活动中的收汇安全而开设的政策性保险，是WTO补贴与反补贴协议原则上允许的支持出口的国家政策手段。

（二）出口信用保险承保的风险

出口信用保险的承保风险包括商业风险和政治风险，其中商业风险包含买方破产或无力偿付债务；买方拖欠货款；买方拒绝接受货物；开证行破产、停业或被接管；单证相符、单单相符时开证行拖欠或在远期信用项下拒绝承兑等。政治风险包含买方或开证行所在国家、地区禁止或限制买方或开证行向被保险人支付货款或信用证款项；禁止买方购买的货物进口或撤销已颁布发给买方的进口许可证；发生战争、内战或者暴动，导致买方无法履行合同或开证行不能履行信用证项下的付款义务；买方支付货款须经过的第三国颁布延期付款令等。

（三）出口信用保险的作用

1. 对出口商的作用

在当今国际贸易环境中，竞争越来越激烈，更多的商品成为买方市场，出口商承受着比较大的压力。除了质量、价格等传统手段，支付条件已成为竞争的重要组成部分。采用信用销售，为海外客户提供资金融通能大大增强国际竞争力，但这无疑也加大了收汇风险。对出口商来说，如果投保了出口信用险，信保机构将帮助企业承担出口收汇方面的风险，解除企业的后顾之忧，从而增强了出口商的竞争力，有利于开拓新市场、开发新客户。同时它为出口商获得银行贷款提供便利，企业可以通过向银行授权转让赔款从而获得银行融资的方式获得现金流，以解决企业发展中的资金需要。它还可以帮助出口商跟踪买家资信状况、有效管理客户。

2. 对到海外投资的国内企业的作用

随着改革开放的不断深入，越来越多的中国企业走向世界，但海外投资企业，也面临投资地的市场风险、政策风险和汇率风险等诸多潜在的巨大风险。出口信用保险为此提出一套有效的解决方案。在海外投资项目论证伊始，便会介入可行性研究，并在随后各个阶段提供各种专业化的风险管理服务，使企业风险控制能力大幅提升，投资成功率也将随之提高。同时，还会根据企业实际需求设计保险方案，为企业在海外投资的股本或利润提供风险保障，有助于提高本国企业在国际投资市场的竞争力，从而激发国内企业赴海外投资的热情。

3. 对国家发展和宏观经济的作用

首先，出口信用保险根据国家政策和经济发展需要通过在不同产业实行不同限额和费率，可以推动产业结构的升级调整。其次，出口信用保险可结合国家的政策通过适度调控限额和费率，在风险能够控制的前提下，采取更加灵活的承保条件，如适度降低担保要求、放松付款条件等，推动企业开拓和占领风险较高但发展潜力巨大的新兴市场，实现我国出口市场多元化。再次，出口信用保险为投保的本国企业在海外蒙受的损失提供经济补偿，有助于切断国外经济危机通过贸易等方式向国内传播的渠道，有利于避免因众多出口企业的资金链断裂而导致国内金融体系出现危机。最后，出口信用保险通过设立国家限额，为出口企业提供国情风险分析，指导其正确识别风险，也可避免对单个国家的债权过于集中，从而分散国别风险。

相关链接

我国的出口信用保险

我国开始使用出口信用保险始于1989年，中国人民保险公司、中国进出口银行曾经尝试过做一部分出口信用保险。但出口信用保险业务真正迅速发展是在中国出口信用保险公司2001年12月正式成立之后。中国出口信用保险公司（以下简称"中国信保"）是由国家出资设立、支持中国对外经济贸易发展与合作、具有独立法人地位的国有政策性保险公司。其资本来源为出口信用保险风险基金，由国家财政预算安排。中国信保的主要任务是积极配合国家外交、外贸、产业、财政和金融等政策，通过政策性出口信用保险手段，支持货物、技术和服务等出口，特别是高科技、附加值大的机电产品等资本性货物出口，支持中国企业向海外投资，为企业开拓海外市场提供收汇风险保障，并在出口融资、信息咨询和应收账款管理等方面为企业提供快捷、便利的服务。

> 中国信保在信用风险管理领域深耕细作，成立了专门的国别风险研究中心和资信评估中心，资信数据库覆盖全球 3.2 亿家企业银行数据，拥有海内外资信信息渠道超过 400 家，资信调查业务覆盖全球所有国别、地区及主要行业。截至 2021 年年末，中国信保累计支持的国内外贸易和投资规模超过 6.16 万亿美元，为超过 24 万家企业提供了信用保险及相关服务，累计向企业支付赔款 178.48 亿美元，累计带动近 300 家银行为出口企业提供保单融资支持超过 4 万亿元人民币。

二、出口信用保险的主要业务[①]

（一）短期出口信用保险

1. 损失赔偿比例

被保险人可在一定限度内选择赔偿比例，由政治风险造成损失的最高赔偿比例为 90%；由破产、无力偿付债务、拖欠等其他商业风险造成损失的最高赔偿比例为 90%；由买方拒收货物所造成损失的最高赔偿比例为 80%；出口信用保险（福费廷）保险单下的最高参与比例可以达到 100%；中小企业综合保险下的最高赔偿比例为 90%。

2. 保险费的厘定

保险费取决于赔偿比例、进口国国家风险类别、支付方式和信用期限等因素。一般来说，赔偿比率越低、进口国风险越低、支付方式的风险度越低、信用期限越短，保险费率就越低；反之，则越高。

3. 业务类型

短期出口信用保险一般采用总括保单形式，适用于信用期限不超过 180 天（可扩展至 360 天）的出口商品，主要为从事经常性商品和劳务输出的出口商使用。它补偿出口企业按合同规定出口货物后，或作为信用证受益人按照信用证条款规定提交单据后，因政治风险或商业风险发生而直接导致的出口收汇损失。根据被保险人不同具体又可以分为：

（1）被保险人为出口企业。

①综合保险：综合保险补偿出口企业按合同约定或信用证约定出口货物后，因政治风险或商业风险发生而导致的直接损失。

②中小企业综合保险：中小企业综合保险承保中小型企业所有以信用证和非信用证支付方式出口产生的应收账款收汇风险。

③小微企业信保易：小微企业信保易是中国信保为小微企业量身订制的专属出口收汇风险保障方案，零门槛、零限制、一次交费，保障全年；计费方式简单，赔款支付及时。

④出口前附加险：出口前附加险是短期出口信用保险综合保险的附加险产品，主要承保货物出口前发生的信用风险，如进口商取消订单。

（2）被保险人为融资银行。

①出口信用保险（银行）保险单：出口信用保险（银行）保险单是以银行为被保险人，

[①] 以下业务介绍主要参考中国出口信用保险有限公司官方网站 www.sinosure.com.cn

保障银行在买入出口企业的应收账款（银行出口保理业务）后，因国外买方的商业风险及其所在国政治风险导致的直接损失。

②出口信用保险（福费廷）保险单：出口信用保险（福费廷）保险单是以银行为被保险人，保障银行在福费廷业务项下无追索权地买入出口企业在远期信用证项下已经承兑或承诺付款的未到期债权后，因国外开证行到期不付款导致的直接损失。

（二）中长期出口信用保险

中长期出口信用保险旨在鼓励我国出口企业积极参与国际竞争，特别是高科技、高附加值的机电产品和成套设备等资本性货物的出口以及海外工程承包项目，支持银行等金融机构为出口贸易提供信贷融资；中长期出口信用保险通过承担保单列明的商业风险和政治风险，使被保险人得以有效规避出口企业收回延期付款的风险以及融资机构收回贷款本金和利息的风险。

中长期出口信用保险又可以分为买方信贷保险、出口卖方信贷保险、再融资保险和海外融资租赁保险。

1. 买方信贷保险

买方信贷保险是指在买方信贷融资方式下，中国信保向金融机构提供的、用于保障其资金安全的保险产品。在买方信贷保险中，贷款银行是被保险人。投保人可以是出口商或贷款银行。买方信贷保险对被保险人按贷款协议的规定履行了义务后，由于商业风险或政治风险导致借款人未履行其在贷款协议项下的还本付息义务且担保人未履行其在担保合同项下的担保义务而引起的直接损失，保险人根据保单的规定，承担赔偿责任。

2. 出口卖方信贷保险

卖方信贷保险是在卖方信贷融资方式下，中国信保向出口方提供的、用于保障其收汇安全的保险产品，对因政治风险或商业风险引起的出口商在商务合同项下应收的延付款损失承担赔偿责任。

3. 再融资保险

再融资保险是指在金融机构无追索权地买断出口商务合同项下的中长期应收款后，中国信保向金融机构提供的、用于保障其资金安全的保险产品。

4. 海外融资租赁保险

海外融资租赁保险是指为出租人提供租赁项目所在国政治风险及承租人信用风险的风险保障。中国信保根据不同被保险人提供产品。出租人为被保险人时，在海外租赁方式下，中国信保向出租人提供用于保障其应收租金安全的保险。银行为被保险人时，在海外租赁方式下，中国信保向融资银行提供用于保障其应收租金安全的保险产品。

（三）短期出口特险

短期出口特险是专门为大型单机及成套设备等资本性货物出口和对外承包工程项目提供风险保障的一项产品。主要保障信用期限（债权确立之日起至买方应付款日止）不超过2年的业务，为出口方在履行合同义务过程中和结束后，由于保单规定的政治风险和商业风险原因而遭受的应收账款和成本投入损失提供保障。短期出口特险包括买方违约保险和特定合同保险。

（1）买方违约保险。买方违约保险是向中国出口企业提供的、承担因政治风险和商业风险导致的商务合同项下成本投入损失的短期出口信用保险产品，适用于机电产品、成套设备、工程承包、船舶等行业。

（2）特定合同保险。特定合同保险是为中国出口企业提供的、承担其出口商务合同项下因政治风险和商业风险导致的应收账款损失的保险产品，商务合同项下的出口标的物通常为机电产品、成套设备、高新技术产品等资本性或准资本性货物、大宗贸易商品及承包工程，以及与之相关的服务。

（四）担保业务

为中国信保客户的大型资本性货物出口、海外工程承包、海外投资并购等"走出去"项目及大宗商品出口等业务提供内保外贷为主的融资担保及履约、预付款等保函为主的非融资担保支持，配套中国信保的出口信用保险产品，为企业提供风险保障及信用增级的"一站式"服务。

担保业务中，在被担保人（债务人）不按基础合同履约或偿债时，中国信保在书面合同约定的责任范围内向担保受益人（债权人）代为偿付。

1. 担保范围

在出口贸易、对外工程承包和海外投资项目中，出口商或工程承包商按照有关合同履行合同约定的义务，中国信保作为担保人向交易的另一方或银行出具保函/保证合同，承诺在出口商或工程承包商未能履行合同约定时，由中国信保按照保函/保证合同的约定履行责任。

2. 产品分类

（1）非融资担保。非融资担保是中国信保以保函形式为保险客户的海外工程承包、成套设备（出口）等项目，向境外业主（买家）承担中方工程承包企业（出口商）的履约风险，包括投标保函、预付款保函、履约保函、质量保函等。

（2）融资担保。融资担保是中国信保以跨境担保的方式，向境外融资银行（或其他债权人）出具见索即付保函，承担特定境外借款人的还款风险，一般由该境外借款人的国内最高信用级别的母公司向中国信保提供全额反担保，或提供中国信保接受的其他形式的反担保。

除了上述四种主要业务外中国信保还提供海外投资保险、国内贸易信用保险、资信调查服务等业务。

三、出口信用保险项下的融资业务

出口信用保险项下的融资，是将出口信用保险与银行融资有机结合，通过发挥信用保险的风险保障功能而帮助企业获得银行融资的一项业务。该项业务使企业一定程度上摆脱了因为抵押、担保能力不足而无法获得银行融资的尴尬局面，为其盘活资金、扩大出口和销售、提高竞争力发挥重要作用。

1. 出口信用保险项下融资业务的模式

（1）赔款转让模式。出口商（销售商）在中国信保投保并将赔款权益转让给银行后，银行向其提供融资，在发生保险责任范围内的损失时，中国信保根据《赔款转让协议》的约定，将按照保险单约定理赔后应付给出口商（销售商）的赔款直接全额支付给融资银行的业务。

（2）应收账款转让模式。出口商（销售商）在中国信保投保并将保险单项下形成的应收账款转让与银行，银行向其提供融资，并成为转让范围内的保险单项下的被保险人，在发生保险责任范围内的损失时，中国信保根据保险单及《应收账款转让协议》的约定，将赔款支付给融资银行的业务。

（3）融资银行直接投保信用保险。由银行作为投保人和被保险人，将其持有的债权直接向中国信保进行投保，并获得中国信保信用风险保障的信用风险产品。在发生保险责任范围内的损失时，中国信保将根据保单约定，向银行承担相应的赔偿责任。

2. 出口信用保险项下融资业务的作用

对出口企业来说，信保融资可以降低授信准入标准，扩大授信贷款额度，获得 D/A、O/A 项下的贸易融资，从而享受银行低成本的融资支持，缓解资金周转压力，优化财务报表。对银行来说，则可以增加融资手段，丰富融资产品；控制贷款风险，带动本身业务的增长；通过信保机构掌握风险信息，健全授信体系。

3. 出口信用保险项下融资业务的范围

这包括以付款交单（D/P）、承兑交单（D/A）、赊销（O/A）、信用证为结算方式的出口合同。

4. 出口信用保险项下融资业务的程序

以小微信保易保单融资业务为例，具体程序为：

（1）中国信保与出口企业签署保险合同；
（2）中国信保、银行与出口企业签署《赔款转让协议》或《应收账款转让协议》；
（3）银行与出口企业签署融资协议；
（4）出口企业在货物出运后，从银行获得融资；
（5）出口商银行向进口商银行寄单；
（6）到期后进口商直接或通过银行支付货款，用于偿还银行出口商的借款。

如果发生风险，导致货款无法收回，中国信保核定损失并将赔款直接支付给银行。

出口信用保险项下融资业务流程如图 7-11 所示。

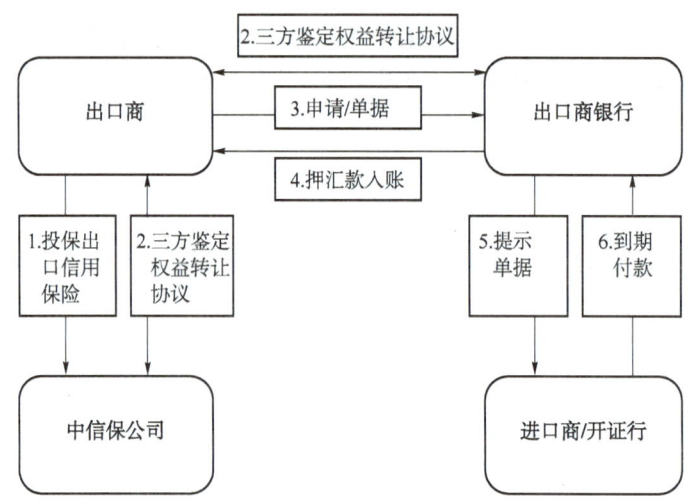

图 7-11　出口信用保险项下融资业务流程

出口信用保险项下贸易融资业务的办理条件主要包括：

（1）企业须具有出口经营权；

（2）出口货物已出运并已取得有关单据。企业已全面、恰当地履行销售合同规定的卖方义务，包括但不限于企业出口产品的质量、数量问题，装船期、港口、转运等因素；

（3）企业已投保短期出口信用保险、持有短期出口信用保险有效保险单及保险公司批复的有效买方信用险限额；

（4）企业按照《保险单明细表》中列明的施保范围向保险公司申报出运并交纳相应的保险费；

（5）企业同意将短期出口信用保险单有关权益转让给银行，并与保险公司及银行签订三方的《赔款转让协议》；

（6）未发现存在保险公司除外责任范围内的风险；

出口信用保险项下贸易融资业务的办理步骤主要包括：

（1）公司向中国出口信用保险公司进行投保后，与银行和中信保签订三方赔款转让协议；

（2）公司在保单项下出货报关后取得中国出口信用保险公司的确认，向银行申请融资；

（3）银行进行审批；

（4）银行审批通过后，进行放款；

（5）未来收到出口款项，用于归还融资。

实训练习

2018年7月，中国信保、A银行内蒙古分行及内蒙古C企业签订《赔款转让协议》，约定就保单适保范围所有出口办理融资，如发生风险且属于保险赔偿范围，中国信保将赔款直接支付至A银行内蒙古分行账户。协议生效后，C企业陆续向印尼买方B出口785万美元货物并在A银行内蒙古分行办理贸易融资。收到货物后，买方B表示因受到工程机械行业情况低迷和疫情影响，其销售出现下降，加之下游客户回款延迟，仅支付部分欠款，无法按期支付本案项下欠款。C企业遂向中国信保报损并申请索赔。

经中国信保追偿人员沟通，买方B承认贸易及收货事实，并就债务余额621万美元出具分期还款方案。中国信保遂立即启动定损核赔程序，在受理客户索赔20天后即出具定损意见，向融资银行支付赔款559万美元。支付赔款后，中国信保持续紧密跟进案件进展，评估买方还款能力，提示买方严格按照还款协议支付欠款，截至目前已累计收到追回款333万美元。

资料来源：中国信保机构合作部．保单融资的正确打开方式（案例篇）[EB/OL]．（2022.3.21）[2022.4.30]https://www.sinosure.com.cn/xwzx/xbsa/2022/03/211916.shtml

思考：在本案中中国信保发挥了哪些作用？

任务：请以小组为单位分角色演示出口信用保险项下融资业务的操作流程，并拍摄制作视频。

拓展任务

商务部数据显示，2022年1至5月，新增对外贸易经营者备案61 655家。其中，民营企业出口4.53万亿元，增长39.4%，占出口总值的56.3%。

如今，民营企业特别是小微企业在外贸领域表现出色，并已成为外贸出口的生力军。按照党中央、国务院部署，近些年通过持续推进"放管服"改革，特别是去年实施一系列普惠性纾困政策，有力促进了小微企业发展。

《金融时报》记者实地探访山东潍坊、淄博等地多家外贸小微企业，从它们那里了解到，中国出口信用保险公司有效发挥政策性保险作用，不断创新服务理念，强化科技赋能，推动小微企业数字化转型，重点培育成长性好的小微企业发展成为"小巨人"，助力企业拓市场、防风险、促融资、强管理，使出海的小微企业有底气、敢作为，有效护航外贸"小巨人"快速成长。

资料来源：中国金融新闻网．从"小微"到"小巨人"政策性出口信用保险助山东外贸"墙内开花里外香"［EB/OL］．（2021.6.9）［2022.4.30］http://news.10jqka.com.cn/20210609/c630059754.shtml

任务：以小组为单位，调研中国出口信用保险公司的短期出口信用保险业务类型和办理手续，撰写调研报告。

项目七 国际贸易融资

思政专栏

将出口信用保险作为稳外贸有力抓手

"贸融易"是由广东省商务厅、中国信保广东分公司和建行广东省分行携手搭建的政银保合作平台，为企业提供保障收汇安全、免抵押担保、灵活便利、利率具有市场竞争力的金融服务，帮助企业活融资快周转。广东省 G 公司是一家轻工制品小微企业，受新冠疫情影响，轻工行业海外订单萎缩，出口风险急剧上升，同时国内上下游资金链开始吃紧，企业急需资金周转。在线上办理"贸融易"金融服务后，企业当天即获得融资支持。目前，该企业已经累计支用贷款 570.6 万元，在获得出口收汇保障的同时又畅通了融资渠道。

"甬贸贷"融资平台是由宁波市商务局、市财政局、中国信保宁波分公司联合搭建的公共融资服务平台，以财政风险补助资金、信用保险和小额保证保险作为增信手段，帮助外贸企业拓宽融资渠道、降低融资成本。宁波市宁海县 C 企业是当地众多小微企业的典型代表，2020 年受疫情影响，企业春节后复工复产推迟了近两周，订单生产和备货时间大大压缩，急需资金采购原材料。企业了解到"甬贸贷"融资平台后，仅用 3 天时间便获得 65 万元专项贷款额度。企业负责人感叹："'甬贸贷'平台真是雪中送炭，而且没想到手续这么简便高效！"

2022 年 2 月 21 日，商务部与中国出口信用保险公司联合印发《关于加大出口信用保险支持做好跨周期调节进一步稳外贸的工作通知》，指出要将出口信用保险作为稳外贸工作有力抓手。在 2022 年 2 月 24 日商务部召开的例行发布会上，新闻发言人高峰表示，出口信用保险是国际通行的、符合世贸规则的贸易促进手段，对稳外贸稳外资发挥了重要作用。当前，我国外贸发展面临的不确定不稳定因素依然较多。按照党中央、国务院决策部署，商务部将会同中国出口信用保险公司，在落实好前期政策基础上，充分发挥出口信用保险风险保障和融资增信作用，推动各地商务主管部门与中信保公司各分支机构加强协作，结合各地实际研究出台有针对性的支持举措，推动各项措施在本地区落地见效，为外贸企业提供更有针对性的风险保障，帮助外贸企业增强抗风险能力，稳定发展信心。

高峰表示商务部和中信保将重点做好四方面工作：一是加大出口信用保险对中小微企业的服务支持力度，扩大中小微外贸企业覆盖面，针对性降低中小微企业投保成本，优化理赔追偿服务措施。二是加大对跨境电商、海外仓等外贸新业态的承保支持，强化产品模式创新，为企业提供个性化服务方案。三是加大产业链承保规模，深化对产业链细分领域的精准服务，充分发挥国内贸易险对扩大内需的积极作用，推动内外贸一体化发展。四是继续加大短期险保单融资力度，通过"政府+银行+保险""再贷款+保单融资"等方式，精准扶持中小微外贸企业，充分发挥保单增信作用，缓解企业的融资困难。

出口信用保险和跨境贸易融资对中小外贸企业的作用日益凸显，作为企业应充分了解并积极运用国家政策和优惠措施，加强与信保机构以及金融机构的联系，增强财务管理水平，健全风险控制体系，合理利用金融业务，从而助力企业积极参与市场竞争力。对于企业的业务人员和财务人员来说，树立风险防范意识，熟悉融资业务和避险手段，可以有效保障主营业务发展，更好地为国家经济建设做贡献。

参考来源：

[1] 中国信保机构合作部．保单融资的正确打开方式（案例篇）[EB/OL]．(2022.3.21) [2022.4.30] https://www.sinosure.com.cn/xwzx/xbsa/2022/03/211916.shtml

[2] 国际商报．商务部：将出口信用保险作为稳外贸有力抓手[EB/OL]．(2022.2.24) [2022.4.30] https://cj.sina.com.cn/articles/view/1916733321/723f0789019013jor

项目习题

一、判断题

1. 无论是信用证项下的出口押汇，还是托收项下的出口押汇，提供出口押汇的银行对卖方均有追索权。（　　）

2. 福费廷可以使出口商获得高达100%的融资额度，而且不占用出口商的授信额度。（　　）

3. L/C项下出口押汇，即期L/C须单证相符，远期须承兑。（　　）

4. 含出口商无法履行的"软条款"的信用证不能申请打包贷款，但限制提供融资的银行议付的信用证可以打包贷款。（　　）

5. 根据受信方的不同，国际贸易融资分为对出口商的信贷和对进口商的信贷。（　　）

6. 打包放款适用于信用证项下，货物装运之后出口商对流动性资金的融资需求。（　　）

7. 短期进口融资不包括承兑信用。（　　）

8. 在信保融资业务中，如果发生承保范围内的风险，由信保机构对卖方进行理赔，再由卖方偿还银行借款。（　　）

9. 对于银行而言，出口退税账户托管贷款业务的风险主要来自国家关于退税的政策风险、借款人的不良行为和还款意愿。（　　）

10. 订单融资与出口商业发票融资业务在融资时间点上相同。（　　）

二、单项选择题

1. 以下哪种情况下，银行会谨慎甚至不予办理出口信保融资业务？（　　）
A. 信保融资申请人具有稳定合法的还款来源，无重大不良信用记录
B. 进出口商贸易关系稳定，业务记录良好
C. 进出口双方为关联公司，信保公司不了解该情况
D. 出口应收账款应具有真实合法的贸易背景

2. 以下属于进口贸易融资的是（　　）。
A. 打包放款　　B. 出口保理　　C. 授信开证　　D. 福费廷

3. 以下属于出口贸易融资的是（　　）。
A. 提货担保　　B. 进口押汇　　C. 福费廷　　D. 授信开证

4. 以下不属于保理业务特点的是（　　）。
A. 保理商承担信贷风险　　B. 保理业务是一种广泛综合的业务
C. 费用低　　D. 预支货款

5. 下列不属于出口信贷的是（　　）。
A. 保付代理　　B. 卖方信贷　　C. 买方信贷　　D. 福费廷

6. 在国际双保理业务中，对进口商进行信用调查的是（　　）。
A. 出口商　　B. 保险公司　　C. 出口保理商　　D. 进口保理商

7. 下列业务需要银行向进口商提供资金的是（　　）。
A. 授信开证　　B. 承兑信用　　C. 进口押汇　　D. 提货担保

项目内容结构图

```
国际贸易融资
├── 短期国际贸易融资操作
│   ├── 短期出口融资
│   │   ├── 打包贷款
│   │   ├── 出口押汇
│   │   ├── 出口贴现
│   │   └── 发票融资
│   ├── 短期进口融资
│   │   ├── 授信开证
│   │   ├── 承兑信用
│   │   ├── 进口押汇
│   │   └── 提货担保
│   └── 保付代理业务
├── 中长期贸易融资操作
│   ├── 出口信贷的含义
│   ├── 出口信贷的特点
│   ├── 出口信贷的作用
│   └── 出口信贷的主要类型
│       ├── 卖方信贷
│       ├── 买方信贷
│       └── 福费廷
└── 出口信用保险项下的融资操作
    ├── 出口信用保险概述
    │   ├── 含义
    │   ├── 承保的风险
    │   └── 作用
    ├── 出口信用保险的主要业务
    │   ├── 短期出口信用保险
    │   ├── 中长期出口信用保险
    │   ├── 短期出口特险
    │   └── 担保业务
    └── 出口信用保险项下的融资业务
        ├── 模式
        ├── 作用
        ├── 范围
        └── 程序
```

项目学习评价表

班级：　　　　　　　　　　　　　　　　　　　　　　　　　　姓名：

评价类别	评价项目	评价等级
自我评价	学习兴趣	☆☆☆☆☆
	掌握程度	☆☆☆☆☆
	学习收获	☆☆☆☆☆
小组互评	沟通协调能力	☆☆☆☆☆
	参与策划讨论情况	☆☆☆☆☆
	承担任务实施情况	☆☆☆☆☆
教师评价	学习态度	☆☆☆☆☆
	课堂表现	☆☆☆☆☆
	项目完成情况	☆☆☆☆☆
综合评价		☆☆☆☆☆

参考文献

[1] 张宗英,冷静. 国际金融实务 [M]. 北京:对外经济贸易大学出版社,2010.
[2] 张宗英,纪建新. 国际金融实务(第二版)[M]. 北京:对外经济贸易大学出版社,2017.
[3] 刘舒年,温晓芳. 国际金融(第4版)[M]. 北京:对外经济贸易大学出版社,2010.
[4] 谢琼,吴启新. 国际金融(第2版)[M]. 北京:北京理工大学出版社,2015.
[5] 孙连铮,张会平. 国际金融(第四版)[M]. 北京:高等教育出版社,2019.
[6] 杜敏. 国际金融 [M]. 北京:北京理工大学出版社,2015.
[7] 孙连铮. 国际金融 [M]. 北京:高等教育出版社,2007.
[8] 姚君. 国际结算实务 [M]. 北京:中国人民大学出版社,2018.
[9] 章安平. 国际结算(第二版)[M]. 杭州:浙江大学出版社,2019.
[10] 章安平,汪卫芳. 国际结算操作(第二版)[M]. 北京:高等教育出版社,2020.
[11] 程炜杰,王丽. 外贸风险管理与纠纷处理 [M]. 北京:北京理工大学出版社,2021.